装配式建筑"十三五"规划"互联网+"创新系列教材

U0747807

ZHUANGPEISHI
HUNNINGTU
JIANZHU SHIGONG JISHU

装配式混凝土建筑施工技术

长沙远大教育科技有限公司
湖南城建职业技术学院　编　著

本书编著者　肖　在　徐运明　朱换良　童方平
　　　　　　李　勃　胡婷婷　吴　勇　刘　钽
　　　　　　陈湘宁　李融峰　李志荣　喻晓霞
　　　　　　聂　聪　胡艺川　胡前云　刘　政
　　　　　　邓　柳　段绍军　谭　觉　张村义
　　　　　　赵顺林

中南大学出版社
www.csupress.com.cn
·长沙·

内容简介

 本书共分为六章，包括装配式建筑的发展、常见的结构体系、常用的连接技术及节点构造、施工策划、施工技术、主要工序的施工方法、质量验收标准、项目案例分析等内容。

 本书内容具有原创性、权威性、应用性、规范性、指导性。全书与工程实际紧密结合，通俗易懂，为突出实用性，减少了文字描述篇幅，尽量配以插图说明。全书中采用了国家颁布的最新规范与标准，力求做到严谨规范。

 本书可作为高等学校装配式建筑方向的教学用书，也可供从事装配式建筑施工及管理的技术人员参考学习。

出版说明

Publication instructions

　　2016 年 9 月底国务院办公厅印发的《关于大力发展装配式建筑的指导意见》（国办发〔2016〕71 号）以及 2017 年 3 月中华人民共和国住房和城乡建设部印发的《"十三五"装配式建筑行动方案》等文件明确指出，未来 10 年内，在我国新建建筑中，装配式建筑比例将达到 30%。由此，我国每年将建造几亿平方米装配式建筑，这个规模和发展速度在世界建筑产业化进程中也是前所未有的，我国建筑界面临巨大的转型和产业升级压力。据统计，我国建筑产业化专业人才缺口已近 100 万人，人才匮乏成为制约建筑产业化发展的瓶颈。着力于发展低碳环保、适用经济的混凝土结构、钢结构等装配式建筑，反映了我国建筑建造市场的重大变革，同时标准化、数字化、智能化、模数化的建筑技术更强调专业技能人才队伍的创新建设。而教育必须服务社会经济发展，服从当前经济结构转型升级需求，土建类专业要想实现装配式建筑标准化设计、工厂化生产、装配化施工、一体化装修、信息化管理和智能化应用的要求，全面提升建筑品质，达到建筑业节能减排和可持续发展的目标，人才培养是其中最为关键的一项艰苦而又迫切的任务。

　　基于对我国建筑业经济结构转型升级、供给侧改革和行业发展趋势的认识，以及针对高职建筑工程技术专业人才培养方案改革及教育教学规律的把握，2018 年 4 月 17 日，湖南省职业教育与成人教育学会高职土木建筑类专业委员会、长沙远大住宅工业集团股份有限公司（以下简称远大住工）、湖南城建职业技术学院、中南大学出版社有限责任公司战略合作签约仪式暨"湖南装配式建筑产教联盟"揭牌成立大会在远大住工成功举行，由四方作为联合发起单位，共同挂牌成立了"湖南装配式建筑产教联盟"，以此建立稳定长效的校企合作机制，共建基于行业标准的人才培养模式，包括专业共建、师资培养、教材共建、课程共建、科研合作、基地建设、资格认证、就业推荐等，为行业和社会培养、输送装配式建筑专业人才，缓解供需矛盾，推动中国建筑产业走向绿色智造。

　　教材是实现教育目的的主要载体，目前契合装配式建筑的技术图书、师资、课程、教材等都相对空白，市场极缺可供借鉴的书籍，为此，由"湖南装配式建筑产教联盟"牵头成立了

《装配式建筑"十三五"规划"互联网＋"系列教材》编审委员会，编审委员会由全国土木建筑类专业委员会专家，中国工业化建筑学术委员会专家，高等学校土木工程专业教授、博士生导师、专业带头人，湖南省装配式建筑专家委员会技术专家，湖南省职业教育与成人教育学会高职土木建筑类专业委员会专家，远大住工行业专家、技术骨干等组成。编审委员会通过推荐、遴选等方式，聘请了一批学术水平高、教学经验丰富、实践能力强的骨干教师及一线装配式建筑设计、制造、施工、监理技术骨干组成编写队伍，共享资源，共智共赢，共铸精品，形成了装配式建筑图书出版中心，将出版一批在全国具有影响力的高质量"互联网＋"精品系列图书，包括：高校教材、技术图书、在职人员培训教材、职业资格证考试教材等系列图书，建设完整的开放式教学资源库。

远大住工是国内首家集研发设计、工业生产、工程施工、装备制造、运营服务为一体的新型建筑工业化企业，2007年被授予首批国家住宅产业化基地。深耕装配式建筑领域22年，具有6代产品技术体系，100多个城市布局，1000多项技术专利，参与多个国标及地方标准的编写，拥有逾1000个项目的实践经验，是中国建筑工业化的开拓者、领军者、"智造"者。湖南省高职土建专业委员会，是对高职高专教学进行研究、指导、咨询、服务的学术机构，具有学术上的专业性和权威性。湖南城建职业技术学院具有60年办学历程，为社会培养了12万多名高素质技术技能人才，培训了数万名企业经理、项目经理和建筑业专业技术人员，被誉为湖南建设人才的摇篮和百万建筑湘军的"黄埔军校"，同时还是全国装配式建筑科技创新基地(湖南省装配式建筑技术培训中心)。中南大学出版社拥有良好的土建类图书品牌和口碑，目前已出版土建类教材100多种，拥有优秀的作者资源、优秀的编辑出版队伍和广泛的市场销售渠道。此次战略合作，将是着眼各自优势资源的一次成功整合与拓展，未来各方将围绕"加速推进中国建筑产业现代化发展"的目标，共享研究成果，实现资源共享和优势互补，全力助推中国建筑产业转型升级。

本套教材依据学校定位及人才培养目标的要求编写，既具有普通教材的科学性、先进性、严谨性等共性，又体现了建工类教材的综合性、实践性、区域性、时效性、政策性等特色，其具体体现在以下几个方面。

1. 具有原创性、权威性

远大住工是国内装配式建筑的开拓者、领军者，是国内最具规模和实力的绿色建筑制造商，是首批国家住宅产业化基地，具有丰富的装配式混凝土制品设计研发、生产制造、质量管理的经验，同时拥有一批高素质的专业技术人才。本套教材全面阐述了远大住工集团深耕装配式建筑领域22年、6代技术、1000余个项目的技术成果与成功经验，涵盖了远大住工管理、技术手册100余册的核心内容，总结了远大住工近两年来着力为"远大系"公司成建制赋能学员2万余人的成功培训经验，其核心技术和管理模式为国内首创，本套教材填补了国内空白，具有原创性、权威性。

2.具有实践性、指导性

本套教材紧贴行业规范标准，对接职业岗位要求。作为高校与企业合作开发的教材，本套教材根据装配式建筑规范和施工、制造、设计等岗位的任职要求编写。其内容理论与实践有机结合，书中所有的生产技术、施工技术及管理经验均来自真实的工程实践，具有很强的实用性和可借鉴性。教材对装配式建筑全产业链企业，包括科研、咨询、设计、生产、施工、装修、管理等单位都具有重要的指导意义，能有效帮助当前的建筑工程技术和管理人员从容应对即将到来的装配式混凝土建筑大潮这一革命性变革。

3.具有先进性、规范性

本套教材系统地阐述了装配式混凝土建筑从构件生产到建筑产品实现的全过程的新生产工艺、新管理理论、新施工工艺、新验收标准。精准对接装配式建筑最新技术标准，装配式建筑技术的迅猛发展需要成熟的技术标准做支撑，2018年初，国家颁布了一系列装配式建筑的相关技术标准，而目前市场上没有精准对接新标准的相应出版物，本套教材依据最新的技术标准编写，具有先进性、规范性。

4.新形态立体化出版

本套教材将纸质出版与数字出版有机融合，通过"互联网＋"及在线平台增加在线资源，其在线学习平台"远大学堂"是全国首个上线运营的建筑工业现代化教育平台。书中采用AR技术、二维码技术等将现场施工技术、标准生产工艺与流程以及关键技术节点，以生动、灵活、动态、重复、直观的形式呈现，形成丰富的资源库。书中大量的工程实例、施工现场视频、操作动画、工程图片均来自远大住工实际商业成功运用项目。

本套教材旨在为加快推进我国装配式建筑的规模化发展提供有益的参考和借鉴，更好地指导各地建设主管部门推动装配式建筑发展，创新政策机制和监管模式；帮助装配式建筑全产业链企业，包括科研、咨询、设计、生产、施工、装修等单位，尽快了解并掌握装配式建筑技术及规范，提高装配式建筑的组织效率、生产质量和产品性能，加快推进装配式建筑的产业化与规模化发展。

衷心希望广大读者对本套教材提出宝贵的建议，我们将根据装配式建筑行业发展的趋势与高等教育改革和发展的要求，不断地对教材进行修订、改进、完善，精益求精，使之更好地适应人才培养的需要。为促进装配式建筑领域人才培养，缓解供需矛盾，满足行业需求，助力中国建筑业全面转型升级，全面走向绿色"智造"贡献绵薄之力。

中南大学出版社
2019年3月

前言

Preface

　　装配式建筑是指结构系统、外围护系统、设备与管线系统、内装系统的主要部分采用预制部品部件集成的建筑。大力发展装配式建筑是建造方式的重大变革，是推进供给侧结构性改革和新型城镇化发展的重要举措，有利于节约资源能源、减少施工污染、提升劳动生产效率和质量安全水平，有利于促进建筑业与信息化工业化深度融合、培育新产业新动能、推动化解过剩产能。《中共中央国务院关于进一步加强城市规划建设管理工作的若干意见》提出，要发展新型建造方式，大力推广装配式建筑，力争用 10 年左右的时间，使装配式建筑占新建建筑面积的比例达到 30%。全国各省市也相继出台加大装配式建筑发展的指导意见和相关配套措施，政策红利不断释放。

　　装配式建筑的发展需要大量技术技能人才支撑。湖南省《关于加快推进装配式建筑发展的实施意见》指出，"要加强人才培养，积极探索和建立装配式建筑人才引进培养机制，加强高层次管理人员的培养和储备"。目前，装配式建筑设计、施工、生产、安装等各环节都存在人才不足的问题，这是制约行业发展的最大瓶颈。据三湘都市报统计，截至 2017 年，我省装配式建筑的专业技术人员缺口近 8 万人。2018 年 7 月，湖南省住房和城乡建设厅印发《关于加强装配式建筑工程设计、生产、施工全过程管控的通知》(湘建科[2018]145 号)，提出要加强装配式建筑技术人员和作业人员的培训，全省装配式建筑项目各参建单位要加大培训力度，积极参加或组织各类培训，培养自有专业人才队伍；开展装配式建筑工人技能评价，健全岗前培训、岗位技术培训制度，大力提升设计人员、构件生产和装配施工的管理人员的能力和水平；创新教育培训方式，加强企业与相关高校、行业协会合作，联合培养适应我省装配式建筑发展需求的管理、开发、设计、生产和施工队伍。

　　本书编写团队发挥装配式建筑企业与职业院校的资源优势，对接《装配式混凝土建筑技术标准》《装配式混凝土结构技术规程》和《装配式建筑评价标准》，在总结装配式混凝土建筑施工经验的基础上，从概述、常用连接技术及连接节点构造、施工策划、施工技术、质量验收、项目案例等方面详细介绍了装配式混凝土建筑施工技术，为相关专业技术人员提供系统的学习资源，为职业院校装配式建筑教学和装配式建筑企业人才培训提供教材。

本书在编写过程中参考了大量的文献资料，收集了装配式建筑相关企业以及行业内专家的最新研究成果，谨向有关专家和原作者致以真诚的感谢。由于编者水平有限，书中难免有错漏之处，恳请广大读者批评指正。

编著者

2019 年 3 月

目录

Contents

第 1 章

概　述

　　装配式建筑是指将建筑的部分或全部构件在工厂预制完成，然后运输到施工现场，将构件通过可靠的连接方式加以组装而建成的建筑产品，主要有装配式混凝土结构、钢结构、现代木结构等三种结构形式。装配式建筑除应满足标准化设计、工厂化生产、装配化施工、一体化装修、信息化管理和智能化应用等全产业链工业化生产要求外，还应满足建筑全寿命周期运营、维护、改造等方面的要求。

装配式混凝土建筑施工发展及特点

　　我国开展预制混凝土结构的研究和应用始于 20 世纪 50 年代，直到 80 年代，预制混凝土结构在工业与民用建筑中一直有着比较广泛的应用。在 90 年代以后，由于种种因素，预制混凝土结构的应用尤其是在民用建筑中的应用逐渐减少，迎来了一个相对低潮的阶段。近年来，由于节能减排要求的提高，以及劳动力价格的大幅度上涨等因素，预制混凝土构件的应用开始摆脱低谷，呈现迅速上升的趋势，国内预制装配式混凝土结构体系也有一定的应用，并且都采用了先进的工业化、机械化生产技术。

　　装配式建筑具有工业化水平高、便于冬期施工、减少施工现场湿作业量、减少材料消耗、减少工地扬尘和建筑垃圾等优点，有利于实现提高建筑质量、提高生产效率、降低成本、实现节能减排和保护环境的目的。发展装配式建筑是建筑行业意义重大的变革，而技术体系和标准规范是引领这场变革的重要技术支撑。本书结合现行规范、标准图集和施工案例重点介绍目前常用的装配式混凝土建筑的结构体系、施工技术。

1.1　装配式混凝土结构体系

　　装配式混凝土结构是指由预制混凝土构件通过可靠的连接方式装配而成的混凝土结构，包括装配整体式混凝土结构、全装配混凝土结构等。在建筑工程中，简称装配式建筑；在结构工程中，简称装配式结构。

装配式混凝土结构体系简介

　　装配整体式混凝土结构是指由预制混凝土构件通过可靠的方式进行连接并与现场后浇混凝土、水泥基灌浆料形成整体的装配式混凝土结构。包含的结构类型主要有装配整体式剪力墙结构、装配整体式框架结构、装配整体式框架 – 现浇剪力墙结构等。

　　全装配混凝土结构主要应用于多层建筑。主要有多层装配式墙 – 板结构，这种结构的特点是全部墙、板采用预制构件，通过可靠的连接方式进行连接，采用干式工法施工。

根据预制混凝土构件在装配式混凝土建筑中的使用部位不同又可以分为三种类型：①竖向承重结构构件采用现浇结构，外围护墙、内隔墙、楼板、楼梯等采用预制混凝土构件；②部分竖向承重构件以及外围护墙、内隔墙、楼板、楼梯等采用预制构件；③全部竖向承重结构、水平构件和非结构构件均采用预制构件。上述三种装配式混凝土结构的预制率由低到高。目前三种类型均有运用，其中第一种类型与现浇混凝土结构最为接近。

1.1.1　装配整体式剪力墙结构体系

装配整体式混凝土剪力墙结构是指除底部加强区以外，根据结构抗震等级的不同，其竖向承重构件全部或部分采用预制墙板构件构成的装配式混凝土结构，简称装配整体式剪力墙结构。如图 1 - 1 所示，装配整体式剪力墙结构基本组成构件为墙、梁、板、楼梯等，一般情况下，楼板采用叠合楼板，墙为预制墙体，墙端部的暗柱及梁墙节点采用现浇。装配整体式剪力墙结构主要适用于高层建筑。

装配式剪力墙
结构施工动漫

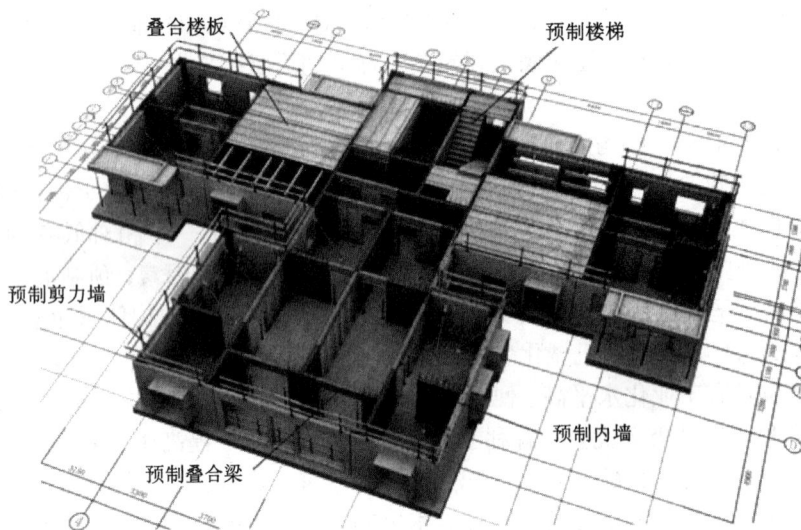

图 1 - 1　装配整体式剪力墙结构体系图

装配整体式剪力墙结构体系中，关键技术在于剪力墙构件之间的接缝连接形式。目前，预制墙体竖向接缝基本采用后浇混凝土区段连接，墙板水平钢筋在后浇段内锚固或者搭接，预制剪力墙竖向钢筋采用套筒灌浆、浆锚搭接等可靠的连接方式进行连接。墙体之间的接缝数量多且构造复杂，接缝的构造措施及施工质量对结构整体的抗震性能影响较大，使装配整体式剪力墙结构抗震性能很难完全等同现浇结构。国外对装配式剪力墙结构的研究较少。近年来，我国对装配式剪力墙结构已进行了大量的研究工作，但工程实践的数量还偏少，因此现行《装配式混凝土结构技术规程》（JGJ 1—2014）对装配式剪力墙结构采取从严要求的规定。如适当降低其最大适用高度，当预制剪力墙较多时，即预制剪力墙承担的底部剪力较大时，对其适用高度的限制更为严格。

现场施工时，由于这种结构预制构件标准化程度较高，预制墙体构件、楼板构件均为平面构件，生产、运输效率较高；竖向连接方式采用套筒灌浆、浆锚搭接等连接技术，构件安装时，要求安装精度达毫米级，安装精度要求高；水平连接节点部位为后浇混凝土，预制剪力墙T形、十字形连接节点钢筋密度大，施工操作难度大。图1-2为采用装配整体式剪力墙结构体系的杭州·三墩北经济适用房项目。

图 1-2 杭州·三墩北经济适用房项目效果图

1.1.2 装配整体式框架结构体系

装配整体式混凝土框架结构体系是指全部或部分框架梁、柱采用预制构件，采用可靠的方式进行连接，形成整体的装配式混凝土结构。其最大适用高度低于剪力墙结构及框架-剪力墙结构。如图1-3所示，装配整体式框架结构体系平面布置灵活，施工方便。因此在厂房、仓库、商场、停车场、办公楼、教学楼、医务楼、商务楼等建筑中广泛应用。

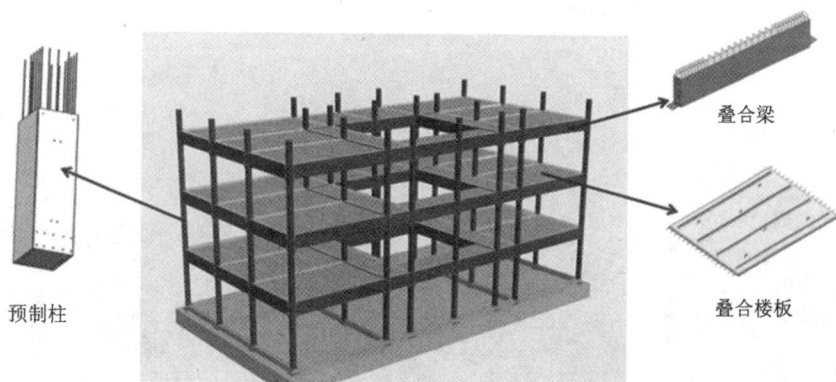

图 1-3 装配整体式框架结构体系图

根据国内外的研究成果表明，装配整体式框架结构，采用可靠的节点连接方式和合理的构造措施后，其性能等同于现浇混凝土框架结构。

装配整体式框架结构根据构件形式及连接方式，大致可分为两种：

（1）框架柱预制，梁、楼板、楼梯等采用预制叠合构件或预制构件。

当采用预制柱与叠合梁组成框架时，预制柱的纵向连接应符合下列规定：①当房屋高度不大于 12 m 或层数不超过 3 层时，可采用套筒灌浆、浆锚搭接、焊接等连接方式；②当房屋高度大于 12 m 或层数超过 3 层时，宜采用套筒灌浆连接。

梁钢筋在节点中锚固及连接方式是决定施工可行性及节点受力性能的关键。梁、柱构件尽量采用较粗直径、较大间距的钢筋布置方式，节点区的主梁钢筋较少，有利于节点的装配施工，保证施工质量。设计过程中，应充分考虑到施工装配的可行性，合理确定梁、柱截面尺寸，钢筋的数量、间距及位置等。同时应注意合理安排节点区箍筋、预制梁、梁上部钢筋的安装顺序，控制节点区箍筋的间距满足要求。

中国建筑科学研究院的低周反复荷载试验研究表明，在保证构造措施与施工质量时，该形式节点均具有良好的抗震性能，与现浇节点基本相同。

（2）框架柱现浇，梁、楼板、楼梯等采用预制叠合构件或预制构件。

当采用现浇柱与叠合梁组成框架时，节点做法与预制柱、叠合梁的节点做法类似，节点区混凝土应与梁板后浇混凝土同时现浇，柱内受力钢筋的连接方式与常规的现浇混凝土相同。柱的钢筋布置灵活，对加工精度及施工要求略低。

同济大学等单位完成的低周反复荷载试验研究表明，该形式节点均有良好的抗震性能，与现浇节点基本等同。

现场施工时，预制构件标准化程度高，构件种类较少，各类构件重量差异较小，起重机械性能利用充分，技术经济合理性较高；建筑物拼装节点标准化程度高，有利于提高工效；钢筋连接及锚固可全部采用统一形式，具有机械化施工程度高、质量可靠、结构安全、现场环保等特点。但装配式框架结构梁柱节点尤其是有多根梁相交时，钢筋密度大，要求加工精度高，操作难度较大。图 1-4 为采用装配整体式框架结构体系的长沙滨江长郡中学项目。

图 1-4　长沙滨江长郡中学项目

1.1.3　装配式框架－剪力墙结构体系

　　装配式框架－剪力墙结构是目前我国广泛应用的一种结构体系,在《装配式混凝土结构技术规程》(JGJ 1—2014)中明确规定,考虑目前的基础研究,建议剪力墙采用现浇结构,以保证结构整体的抗震性能。因此,现阶段这种结构主要是以装配整体式框架－现浇剪力墙结构(简称装配式框架－现浇剪力墙结构)为主。

装配式框架-剪力墙
结构施工动漫

　　如图1-5所示,装配式框架－现浇剪力墙结构体系中,框架柱全部或部分预制,剪力墙全部采用现浇。一般情况下,楼盖采用叠合板,梁采用预制,柱可以预制也可以现浇,剪力墙为现浇墙体,梁柱节点采用现浇。预制构件一般有墙(非剪力墙)、柱、梁、板、楼梯等。结构性能与现浇框架等同,整体结构使用高度与现浇的框架－剪力墙结构高度相同。装配式框架－现浇剪力墙结构既有框架结构布置灵活、使用方便的特点,又有较大的刚度和较强的抗震能力,因此可广泛地用于高层建筑中。

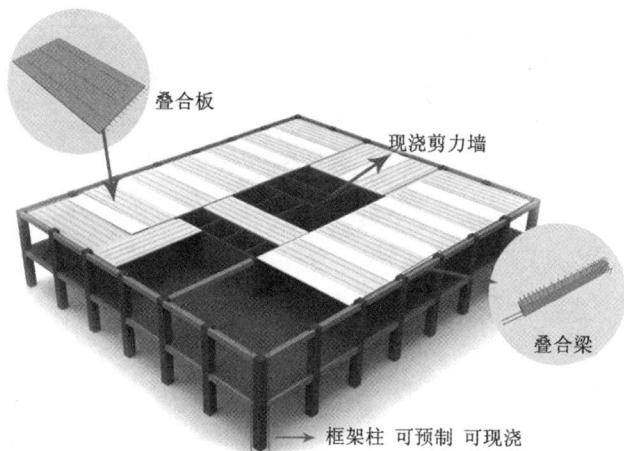

叠合板

现浇剪力墙

叠合梁

框架柱 可预制 可现浇

图1-5　装配式框架－现浇剪力墙结构体系图

　　当装配式框架－现浇剪力墙结构中框架柱也采用现浇时,即所有竖向受力构件现浇、水平构件叠合,这种结构完全可参考传统现浇混凝土结构的相关标准和规范。由于结构的可靠性及可实施性,这种结构被大规模地应用。这种体系的优点在于未改变传统混凝土建筑的结构,能适用现浇混凝土相关的规范,抗震性能好,预制构件标准化程度较高,预制柱、梁构件和楼板构件均为平面构件,生产、运输效率较高等。图1-6为张家界蓝湾博格酒店。

图1-6　张家界蓝湾博格酒店

1.1.4　多层全装配式混凝土墙 – 板结构

多层全装配式混凝土墙 – 板结构，是指全部的墙、板均采用预制构件，通过可靠的连接方式进行连接。如图 1 – 7 所示，这种结构中预制混凝土墙、板作为竖向承重及抗侧力构件，预制混凝土楼板作为楼盖，施工现场采用干式工法施工。

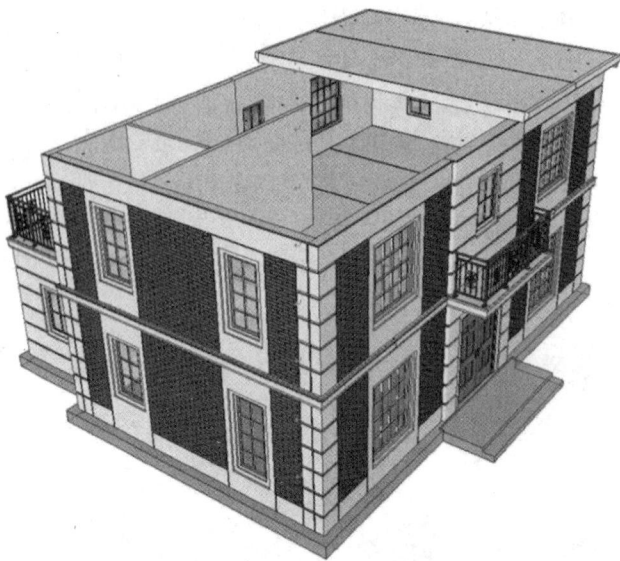

图 1 – 7　多层全装配式混凝土墙 – 板结构体系图

多层全装配式混凝土墙 – 板结构的连接方式以盒式连接应用最多。盒式连接是通过预埋在墙板内伸出的预留螺纹钢筋或螺栓套筒与相邻墙板的预埋连接盒子中的螺栓连接，之后在连接盒子内填充混凝土，主要用于多层建筑。图 1 – 8 为采用多层全装配式混凝土墙 – 板结构的长沙远大学院宿舍楼项目。

图 1 – 8　长沙远大学院宿舍楼项目

1.2　装配式混凝土建筑施工特性

20 世纪 80 年代，为了快速解决人们对住房的刚性需求，装配式大板建筑开始出现并快速发展。但到 90 年代初，装配式大板建筑"突然消亡"。究其原因，主要有：一是市场要求户型多样化、装饰个性化，装配式大板结构体系未能解决设计标准化与多样化的矛盾，造成工厂生产难度增加，成本增加；二是装配式大板结构体系未能很好地解决防水问题，在建成 15 年左右出现了大量渗漏现象；三是现浇混凝土建造技术(如大模板技术)较快发展，农民工进城，人工成本低廉，加速了大板结构体系的消亡；四是未能及时吸收新的技术、工艺及材料。

"青山绿水就是金山银山"，随着我国人口红利的减少和对生态环境的重视，建筑行业必须走节约资源能源、减少环境污染的工业化道路，采用装配式建筑是主要的手段之一。

装配式建筑与过去的装配式大板建筑有本质的区别。目前，装配式建筑的制造与施工技术，已克服抗震、渗漏、开裂等技术问题；装配式建筑和传统现浇方式建造成本的差异逐步缩小。同时通过标准化设计、工厂化生产、装配化施工、一体化装修、信息化管理和智能化应用，有效提高工程质量和安全，提高效率和缩短工期，降低资源能源消耗，减少建筑垃圾和扬尘噪声污染。

1. 标准化设计，协同作业程度高

采用标准化设计，装配式混凝土建筑的 PC 构件才能规模化生产与采购，从而带来经济效益。同时，PC 构件的工厂化生产有一个重要前提就是设计必须精细化、协同化。如果设计不精细，构件制作好了才发现问题，就会给施工带来很大的损失。装配式建筑的建造模式倒逼设计深入、细化、协同，由此提高设计质量和建筑品质。

另外，装配式建筑采用标准化设计利于实行建筑、结构、装饰的集成化、一体化，能大量减少质量隐患。如装配式混凝土建筑外墙保温可采用夹心保温方式，即"三明治板"，保温层外有超过 50 mm 厚的钢筋混凝土外页板，比起常规的粘贴保温板铺网刮薄浆料的工艺，其安全性、可靠性大大提高，保温层不会脱落，防火性能得到保证。最近几年，相继有高层建筑外墙保温层大面积脱落和火灾事故发生，主要原因是保温层黏结不牢，刮浆保护层太薄。"三明治板"解决了这两个问题。

装配式建筑建设过程中，施工单位不是最后参与进来的，在预制构件的深化设计阶段，施工单位就应根据实际情况对构件图纸进行深化设计，以满足后期施工需求。预制装配式结构建筑的设计流程为：①完成建筑方案设计（必要的话精装修设计也要前置）→②按现浇结构体系完成相关结构计算（局部要考虑到装配式的参数调整）及初步施工图设计→③完成预制件的深化设计（构件加工图，连接节点图，预留预埋加工图，安装平面布置图，保温连接件的设计等）→④完成整套施工图。

预制深化设计要求为：①预制构件制作详图应综合设计各专业和生产、施工的预留埋设要求绘制。当发现详图中有冲突时，应及时指出需要改进之处，以便设计方能及时修改。②核查预制构件详图，确保满足规范要求，符合安装需求。施工方应了解装配式建筑相关标准、规范，在深化设计时检查预制构件制作详图的内容和深度等要素是否满足预制构件制作、工程量统计的需求和安装施工要求。

2. 工厂化生产，生产效率高

装配式混凝土建筑是一种集约生产方式，构件制作可以实现机械化、自动化和智能化，大幅度提高生产效率。欧洲生产叠合楼板的专业工厂，年产 120 万平方米楼板，生产线上只有 6 名工人。而手工作业方式生产这么多的楼板大约需要 200 名工人。更为重要的是，工厂化生产可以提高建筑精度。现浇混凝土结构的施工误差往往以厘米计，而预制构件的误差以毫米计，误差大了就无法装配。预制混凝土构件在工厂模台上和精细的模具中生产，实现和控制品质比现场容易。同时，工厂化生产的构件在浇筑、振捣和养护环节也便于控制质量。

3. 装配化施工, 精度要求高

装配式混凝土构件在工厂内进行产业化生产预制完成后, 将被运输到施工现场, 采用机械化吊装装配。吊装过程及预制构件生产过程与现场各专业施工可同时进行。再加上装配式建筑施工方法不再遵循传统的操作面工序而转为工厂生产, 减少了操作面的施工工序, 降低了施工难度, 使工程建设的劳动效率得到很大的提高, 大大缩短了工程建设周期, 并且受天气影响小, 利于冬季施工。

由于工厂化生产, 构件尺寸经预制不可改变, 放线尺寸偏小会导致预制构件无法安装, 偏大又会导致拼缝过大。标高测量也须更加准确, 剪力墙的标高如果控制不好会造成叠合板不能平整安装, 或者导致剪力墙与板间缝隙过大需重新支模。装配式混凝土结构预留预埋时, 孔的位置和尺寸必须精准, 否则重新开槽及洞口会给施工增加难度甚至影响结构安全。对放线及标高测量精度、预留孔位置要求高。

4. 发包模式采用工程总承包(engineering procurement construction, EPC)模式

很多人认为, 装配式建筑就是将传统的建筑进行拆分, 将部分构件转移到工厂生产, 然后将生产的构件运到施工现场进行"组装"; 在管理上还是沿用了过去"层层分包、以包代管"的管理模式, 采用设计—采购—施工环节分开经营。由此造成业主、设计单位、施工单位互不信任、不协同; 业主注重各环节成本, 忽视工程整体成本; 设计单位按项目收费, 不注重工程的合理造价; 施工单位按图索骥, 不能发挥自己应有的价值。结果在实践中出现了很多问题。如由于原设计是按现浇的逻辑进行的, 因拆分方案不合理至少会造成土建造价上升30%; 工厂里生产的构件误差是 3~5 mm, 而在现场用手工安装的木模板误差是 3~5 cm, 很可能造成现场无法"组装"; 构件吊装时需要高度协调的组织管理, 如各工种不配合, 轻则费时返工, 重则造成伤亡事故; 构件与现浇的连接段, 是装配式建筑的薄弱环节, 必须进行严格的质量控制, 按设计要求实施到位, 如质量管控不到位, 很容易造成建筑整体质量的安全隐患。由于有不少装配式建筑实施单位缺乏经验, 技术水平低, 管理不到位, 造成工程质量不佳, 甚至还比不上传统现浇混凝土建筑, 极大制约了装配式建筑的发展。

国务院在《关于大力发展装配式建筑的指导意见》中指出, 发展装配式建筑的重要任务是"推广工程总承包", 推广工程总承包可以促进装配式建筑的发展。工程总承包(EPC)可以实现设计、制作、装配一体化, 有利于实现装配式建筑产品与技术标准化, 有利于工程建设成本的最优化, 有利于实现工程总体质量的控制, 有利于实现施工的绿色建造。

5. 现场施工工人转型升级

装配式混凝土结构施工安装过程相对复杂, 其建造过程对从业人员的工程实践经验以及技术水平、管理能力要求更高。施工人员不再是传统的施工现场农民工, 而是以产业工人、技术操作工人为主, 如构件装配工、构件制作工、预埋工、灌浆工、构件工艺员、信息管理员和构件质量检验员。

随着装配式建筑施工阶段对相关人员在技术、管理等方面要求的变化, 装配式建筑从业岗位萌生出了新的技术、管理岗位, 如表 1-1 所示。

表1-1　装配式建筑施工产生的新岗位和相关要求

类别	新增岗位	岗位要求	工作内容
施工	施工工装设计师	掌握装配式施工工艺、工法，掌握施工验收标准、规范	为装配式施工设计施工工具、设计施工工况图，研发新的装配式施工工法
	施工方案设计师	掌握传统施工方案编制要求，熟悉装配式施工工艺、工法和施工验收标准、规范	编制装配式施工方案，研究新的工艺、工法
	吊装施工员	熟悉传统施工技术工艺、标准和规程；掌握装配式施工工艺、工法	负责项目吊装现场管理，进行相关施工技术指导；与相关人员进行协调沟通，保障吊装进度，负责相关的技术及质量把关

　　装配式建筑的变革，可以总结为以下五大变革：制作方式由"手工"变为"机械"；场地由"工地"变为"工厂"；做法由"施工"变为"总装"；工厂生产人员由"技术工人"变为"操作工人"；现场作业人员由"农民工"变为"产业工人"。由于这样的变化，使装配式建筑施工过程中一些传统作业工种的工作内容发生改变，如表1-2所示。

表1-2　装配式建筑原工种新增工作内容

工种	工作内容
起重司机	司机必须与指挥人员密切配合，严格按指挥信号进行吊装机械(塔吊、吊车)操作。熟悉装配式吊装作业特点
信号指挥工	向起重司机、司索工发出旗语、手势、音响等信号。吊装作业人员在工作或吊动作业未结束时，不准擅自离开作业岗位
司索工	吊装作业中主要从事地面挂钩、吊装完成后摘钩等工作，司索工的工作质量与整个吊装装配作业安全关系极大
吊装工	对预制PC构件的就位、连接、安装进行PC装配的统称
装配工	对其他部品、部件进行专业安装(整体浴室、整体橱柜)
外墙防水工	对PC外墙板缝进行基础处理及防水进行施工作业
焊接工	对PC构件的临时固定或永久性连接进行电焊作业

6. BIM技术应用

　　(1)施工现场组织及工序模拟。

　　将施工进度计划写入BIM信息模型，将空间信息与时间信息整合在一个可视的4D模型中，就可以直观、精确地反映整个建筑的施工工程。提前预知本项目主要施工的控制方法、施工安排是否均衡，总体计划、场地布置是否合理，工序是否正确，并进行及时优化。

　　(2)施工安装培训。

　　通过虚拟建造，安装和施工管理人员可以非常清晰地获知装配式建筑的组装构成，避免二维图纸造成的理解偏差，保证项目如期进行。

（3）施工模拟碰撞检测。

通过碰撞检测分析，可以对传统二维模型下不易察觉的"错漏碰缺"进行收集更改。如预制构件内部各组成部分的碰撞检测，地暖管与电器管线潜在的交错碰撞问题。

（4）复杂节点的施工模拟。

通过施工模拟对复杂部位和关键施工节点进行提前预演，增加工人对施工环境和施工措施的熟悉度，提高施工效率。

第 2 章

常用连接技术及连接节点构造

　　装配式混凝土结构通过构件与构件、构件与后浇混凝土、构件与现浇混凝土等关键部位的连接来保证结构的整体受力性能。因此，连接技术的设计与施工是决定装配式混凝土建筑产品质量的关键环节。本章将分别介绍目前国内装配式混凝土建筑中常用的连接技术及连接节点构造。

2.1　常用连接技术

装配式混凝土结构连接技术

　　目前，我国主要采用等同现浇的设计概念，高层建筑基本采用装配整体式混凝土结构，即预制构件之间通过可靠的连接方式，与现场后浇混凝土、水泥基灌浆料等形成整体的装配式混凝土结构。现行《装配式混凝土结构技术规程》中，对于预制构件受力钢筋的连接方式，推荐采用钢筋套筒灌浆连接技术和浆锚搭接连接技术。前者在美国和日本等地震高发国家已经得到普遍应用，后者也已经具备了应用的技术基础。

2.1.1　钢筋套筒灌浆连接技术

　　钢筋套筒灌浆连接技术在欧美以及日本等国家的应用已有 40 多年的历史。它们对钢筋套筒灌浆连接技术进行了大量的试验研究。采用这项技术的建筑物也经历了多次地震的考验，包括日本一些大地震的考验。美国认证协会（ACI）明确地将这种连接技术的接头归类为机械连接接头，并将这项技术广泛应用于预制构件受力钢筋的连接，同时也用于现浇混凝土受力钢筋连接。

　　随着装配式建筑技术的发展，国内也对钢筋套筒灌浆连接技术进行了大量的研究与实践。目前已有大量的试验数据和成功案例验证了钢筋套筒灌浆技术的可行性，这种技术目前主要用于柱、剪力墙等竖向构件的受力钢筋连接。

　　1. 工作机理

　　钢筋套筒灌浆连接是指在预制混凝土构件内预埋的金属套筒中插入带肋钢筋并灌注水泥基灌浆料而实现的钢筋连接方式。

　　这种连接方式是基于灌浆套筒内灌浆料有较高的抗压强度，同时自身还具有微膨胀特性,当它受到灌浆套筒的约束时,在灌浆料与灌浆套筒内侧筒壁间产生较大的正向应力,钢筋借此正向应力在其带肋的粗糙表面产生摩擦力,借以传递钢筋轴向力。因此,套筒灌浆连接结构要求灌浆料有较高的抗压强度,钢筋套筒应具有较大的刚度和较小的变形能力。钢筋套筒灌浆连接接头的另一个关键技术,在于灌浆料的质量。灌浆料应具有高强、早强、无收缩和微膨胀等基本特性,以使其能与套筒、被连接钢筋更有效地结合在一起共同工作,同时满足装配式结构快速化施工的要求。

2.钢筋套筒灌浆连接材料

(1)灌浆套筒

灌浆套筒在预制构件生产时进行预埋,可分为全灌浆套筒(图 2-1)、半灌浆套筒(图 2-2)两种形式。全灌浆套筒的两端钢筋均采用灌浆套筒连接,主要用于水平构件的钢筋连接;半灌浆套筒的一端钢筋采用灌浆套筒连接,另一端钢筋采用其他方式连接(如锚固在预制混凝土构件中),主要用于竖向构件的钢筋连接。

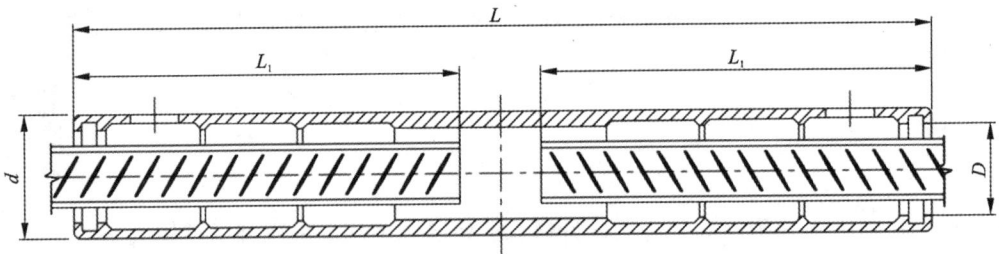

图 2-1 全灌浆套筒

L 表示套筒长度 L_1 表示钢筋插入最小深度 D 表示灌浆端口孔径 d 表示套筒外径

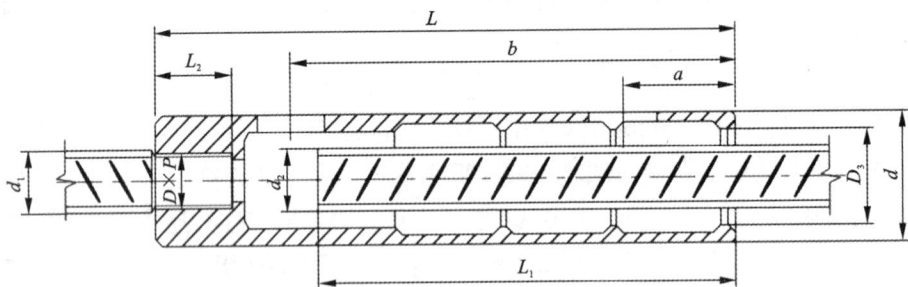

图 2-2 半灌浆套筒

L 表示套筒长度,L_1 表示灌浆端连接钢筋插入深度,L_2 表示内螺纹孔深度,a 表示灌浆孔位置,b 表示出浆孔位置,d 表示套筒外径,d_1 表示螺纹端连接钢筋直径,d_2 表示灌浆端连接钢筋直径,D 表示内螺纹公称直径,D_3 表示灌浆端钢筋插入口孔径,P 表示内螺纹螺距

(2)钢筋

采用套筒灌浆连接技术的受力钢筋应采用符合现行国家标准规定的带肋钢筋;钢筋直径不宜小于 12 mm,也不宜大于 40 mm。

灌浆套筒灌浆段最小内径与连接钢筋公称直径的差值不宜小于表 2-1 规定的数值，灌浆连接端用于钢筋锚固的深度不宜小于插入钢筋公称直径的 8 倍。

表 2-1　灌浆套筒灌浆段最小内径尺寸要求

钢筋直径/mm	灌浆套筒灌浆段最小内径与连接钢筋 公称直径差最小值/mm
12 ~ 25	10
28 ~ 40	15

（3）灌浆料

灌浆料以水泥为基本材料，配以细骨料、混凝土外加剂和其他材料组成。加水拌和后具有良好的流动性、早强、高强、微膨胀等性能，填充于套筒与带肋钢筋间隙。

其中细骨料最大粒径不宜超过 2.36 mm。其他性能须满足表 2-2 的要求。

表 2-2　套筒灌浆料的技术性能

检测项目		性能指标
流动度/mm	初始	≥300
	30 min	≥260
抗压强度/MPa	1 d	≥35
	3 d	≥60
	28 d	≥85
竖向膨胀率/%	3 h	≥0.02
	24 h 与 3 h 差值	0.02 ~ 0.05
氯离子含量/%		≤0.03
泌水率/%		0

3. 连接形式

水平构件的钢筋连接采用全灌浆套筒，如图 2-3 所示，套筒两端的连接均在现场完成。竖向构件的钢筋连接采用半灌浆套筒，如图 2-4 所示，套筒的连接一般可分为两个阶段：第一个阶段在构件生产工厂完成，套筒的一端与构件底端竖向钢筋可靠连接，浇筑构件混凝土时将钢筋和套筒预埋在构件内；第二个阶段在施工现场完成，底部带灌浆套筒的构件与底层预留钢筋精准对接安装，并采用各种灌浆保证措施，在施工现场完成注浆连接。

图 2 – 3 灌浆套筒水平连接

套筒灌浆施工视频

图 2 – 4 灌浆套筒竖向连接

4. 套筒灌浆连接在预制剪力墙中的应用

预制剪力墙竖向钢筋采用套筒灌浆连接时，可根据构件类型、钢筋数量、直径大小合理确定采用套筒灌浆连接技术的钢筋数量。如预制剪力墙构件由于竖向分布钢筋直径小且数量多，全部连接会导致施工烦琐且造价高，连接接头数量太多对剪力墙的抗震性能也有不利影响。因此，预制剪力墙的竖向分布钢筋宜采用双排连接，而边缘构件的竖向钢筋则应逐根连接。

当采用竖向分布钢筋梅花形部分连接时，连接钢筋的配筋率应符合规范规定的最小配筋率，连接钢筋的直径不小于 12 mm，同侧的间距不应大于 600 mm，未连接的竖向分布钢筋的直径不应小于 6 mm（图 2 – 5）。

当墙体厚度不大于 200 mm 时，丙类建筑预制剪力墙的竖向分布钢筋可采用单排连接。采用单排连接时，剪力墙两侧竖向分布钢筋与配置于墙体中部的连接钢筋搭接连接，连接钢筋位于内、外侧被连接钢筋的中间；连接钢筋受拉承载力不应小于上下层被连接钢筋受拉承载力较大值的 1.1 倍，间距不宜大于 300 mm，上下层剪力墙连接钢筋的长度应符合规范要求。钢筋连接长度范围内应配置拉筋，同一连接接头内的拉筋面积不应小于连接钢筋的面积；拉筋沿竖向的间距不应大于水平分布钢筋间距，且不宜大于 150 mm，拉筋沿水平方向的

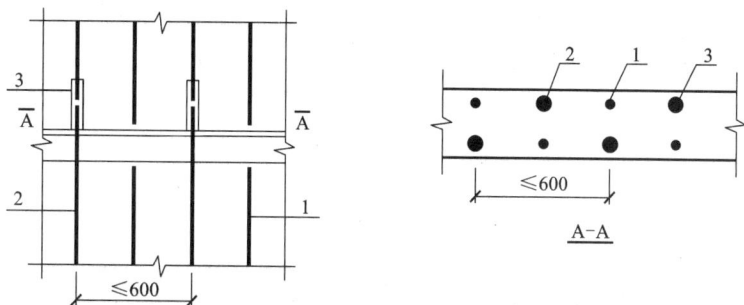

图 2 - 5　竖向分布钢筋梅花形套筒灌浆连接构造示意

1—未连接的竖向分布钢筋；2—连接的竖向分布钢筋；3—灌浆套筒

间距不应大于竖向分布钢筋的间距，直径不应小于 6 mm；拉筋应紧靠连接钢筋，并钩住最外层分布钢筋(图 2 - 6)。

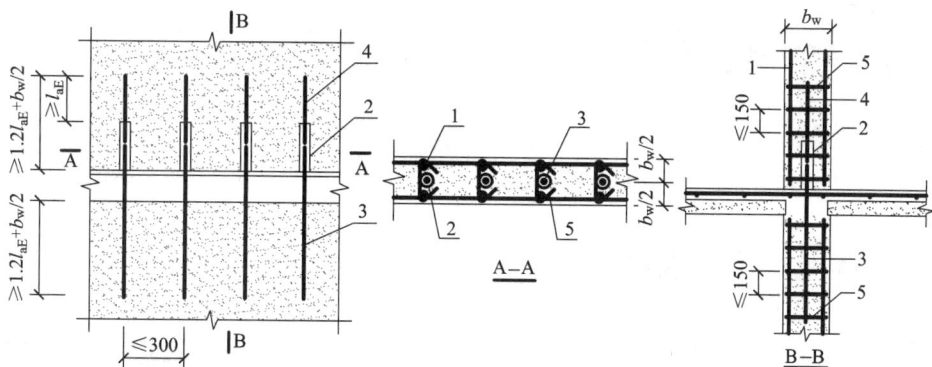

图 2 - 6　竖向分布钢筋单排套筒灌浆连接构造示意

1—上层预制剪力墙竖向分布钢筋；2—灌浆套筒；3—下层剪力墙连接钢筋；4—上层剪力墙连接钢筋；5—拉筋

2.1.2　钢筋浆锚搭接连接技术

钢筋浆锚搭接连接是指在预制混凝土构件中预留孔道，在孔道中插入需要搭接的钢筋，并灌注水泥基灌浆料而实现的钢筋搭接连接方式。该技术适用于直径较小钢筋的连接，具有施工方便、造价较低的特点。

这种连接方式在欧洲有多年的研究成果和应用历史，也称为间接搭接或间接锚固。我国 1989 年版的《混凝土结构设计规范》的条文说明中，已将欧洲标准对间接搭接的要求进行了说明。近年来，国内的科研单位及企业对各种形式的钢筋浆锚搭接连接接头进行了试验研究工作，已有了一定的研究成果和实践经验。

1.工作机理

钢筋采用浆锚搭接连接技术，构件安装时需将搭接的钢筋插入孔洞内一定深度，然后通过灌浆孔和出浆孔向孔洞内灌入具有高强、早强、无收缩和微膨胀等特性的灌浆料，灌浆料经凝结硬化后，即完成了两根钢筋的搭接，从而实现力的传递，即钢筋中的应力通过灌浆料传递给预制混凝土构件。当采用这种连接方式时，对预留孔成孔工艺、孔道形状和长度、构造要求、灌浆料和被连接的钢筋应进行力学性能及适用性的试验验证。

2. 连接形式

按照成孔方式主要有预留孔洞插筋后灌浆（图 2-7）和金属波纹管浆锚搭接连接（图 2-8）两种形式。

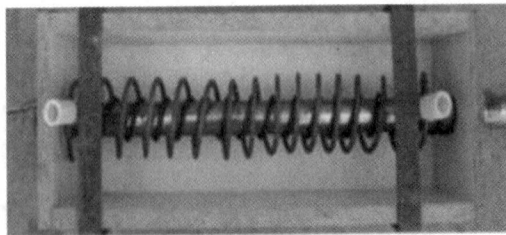

图 2-7　预留孔洞插筋后灌浆的间接搭接连接

图 2-8　金属波纹管浆锚搭接连接

浆锚搭接的连接过程分为两个阶段。第一阶段在工厂预制，即在上层预制构件的底部预埋金属波纹管或螺旋箍筋，并与被连接钢筋绑扎，然后浇筑混凝土，实现工程预制构件的准确预埋工作；第二个阶段在施工现场完成，下层预制构件伸出连接钢筋，插入到上层预制构件的预留孔洞中并灌浆锚固，连接钢筋与被连接

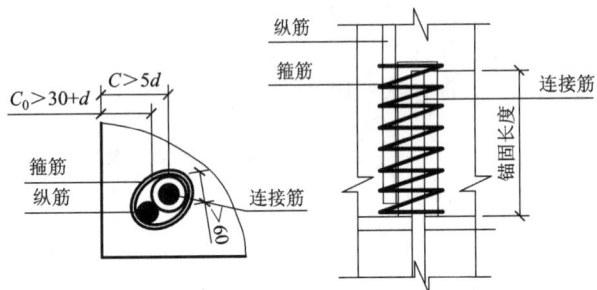

图 2-9　浆锚搭接连接

C_0—预留孔边缘至混凝土表面的距离

钢筋间互不接触，形成间接搭接，从而保证钢筋受力的连续性（图 2-9）。

3. 浆锚搭接连接在预制剪力墙中的应用

预制剪力墙竖向钢筋采用浆锚搭接连接时，边缘构件的竖向钢筋应逐根连接，其他构件的竖向分布钢筋宜采用双排连接，但根据应用情况的不同也可采用梅花形部分连接和单排连接。

当采用竖向分布钢筋梅花形部分连接时，连接钢筋的配筋率、下层预制剪力墙连接钢筋深入预留灌浆孔道内的长度、连接钢筋的直径、同侧的间距、未连接的竖向分布钢筋直径要求与 P14 页中套筒灌浆钢筋连接采用梅花形部份连接时的规定一致（图 2-10）。

当墙体厚度不大于 200 mm 时，丙类建筑预制剪力墙的竖向分布钢筋可采用单排连接。

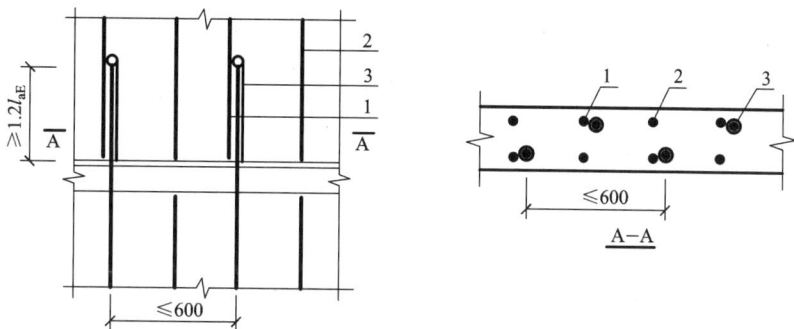

图 2-10 竖向分布钢筋梅花形浆锚搭接连接构造示意

1—连接的竖向分布钢筋；2—未连接的竖向分布钢筋；3—预留灌浆孔道

采用单排连接时，剪力墙两侧竖向分布钢筋与配置于墙体中部的连接钢筋搭接连接，连接钢筋位于内、外侧被连接钢筋的中间；连接钢筋受拉承载力、间距、上下层剪力墙连接钢筋的埋置长度等要求与套筒灌浆单排连接的规定一致，连接构造见图 2-11。

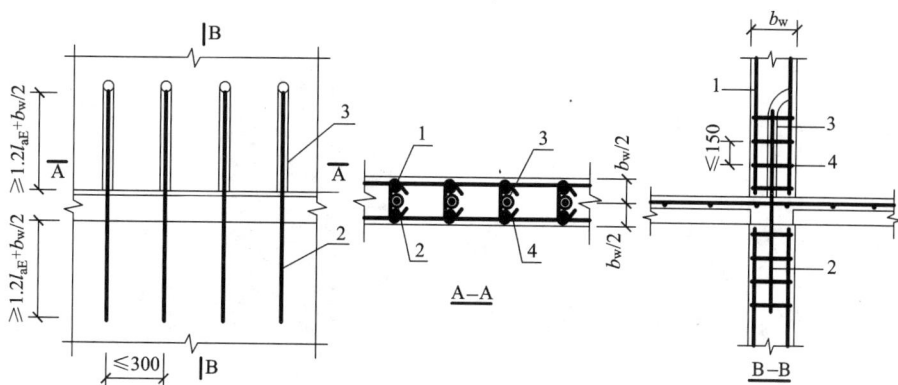

图 2-11 竖向分布钢筋单排浆锚搭接连接构造示意

1—上层预制剪力墙竖向钢筋；2—下层剪力墙连接钢筋；3—预留灌浆孔道；4—拉筋

我国目前对钢筋浆锚搭接接头尚无统一的技术标准，因此提出了较为严格的要求，要求使用前对接头进行力学性能及使用性能的试验验证，即对按一整套技术，包括混凝土孔洞成形方式、约束配筋方式、钢筋布置方式、灌浆料、灌浆方法等形成的接头进行力学性能试验，并对采用此类接头技术的预制构件进行各项力学及抗震性能的试验验证，经有关部门组织的专家鉴定后方可使用。根据现行国家标准《混凝土结构设计规范》（GB 50010—2010）对钢筋连接和锚固的要求，为保证结构延性，在结构抗震性能比较重要且钢筋直径较大的剪力墙边缘构件中不宜采用。直径大于 20 mm 的钢筋不宜采用浆锚搭接连接，直接承受动力荷载构件的纵向钢筋不应采用浆锚搭接连接。

2.2　常用连接节点构造

装配式混凝土结构的节点构造，应根据抗震设防烈度、建筑高度及房屋类别合理确定。重要且复杂的节点，其连接的受力性能应通过试验确定，试验方法应符合相应规定。装配式混凝土结构的节点和连接应同时满足使用和施工阶段的强度、刚度和稳定性的要求，同时应力求构造简单，传力直接，受力明确。

2.2.1　装配整体式剪力墙结构常用连接节点构造

装配整体式剪力墙结构构件的连接主要有两类：第一类是上下层预制剪力墙的连接，第二类为同一楼层内相邻预制剪力墙板之间的连接。

1. 上下层预制剪力墙的连接构造

上下层预制剪力墙连接主要是竖向受力钢筋的连接。按照现行《装配式混凝土建筑技术标准》规定，预制剪力墙竖向钢筋的连接可以采用套筒灌浆连接、浆锚搭接连接、挤压套筒连接等连接方式，并分别符合相应规定。图 2 - 12 为预制剪力墙采用套筒灌浆连接的节点大样图。

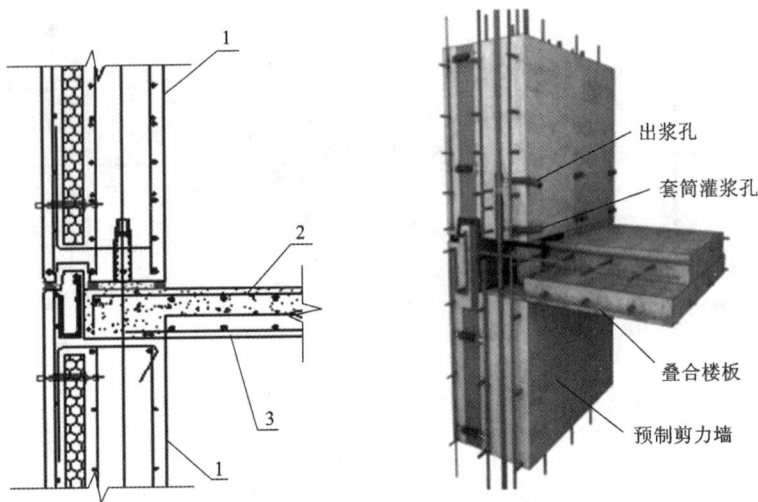

图 2 - 12　上下层预制剪力墙连接节点大样图
1—预制外墙；2—楼板现浇层；3—叠合楼板

预制剪力墙竖向钢筋采用套筒灌浆连接时，如图 2 - 13 所示，自套筒底部至套筒顶部并向上延伸 300 mm 的范围内，预制剪力墙的水平分布钢筋应加密，加密区水平分布钢筋的最大间距及最小直径应符合表 2 - 3 的规定，套筒上端第一道水平分布钢筋距离套筒顶部不应大于 50 mm。

2. 同一楼层内相邻预制剪力墙板的连接构造

根据现行《装配式混凝土建筑技术标准》，楼层内相邻预制剪力墙间应采用整体式接缝连接，且应符合以下规定。

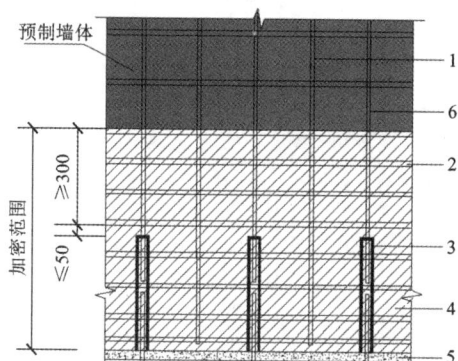

图 2-13 水平分布钢筋的加密构造示意图

1—不连接的竖向分布钢筋；2—水平分布钢筋；
3—灌浆套筒；4—水平分布钢筋加密区(阴影区域)；
5—坐浆层；6—连接的竖向分布钢筋

表 2-3 加密区水平分布钢筋的要求

抗震等级	最大间距/mm	最小直径/mm
一、二级	100	8
三、四级	150	8

(1)当接缝位于纵横墙交界处的约束边缘构件区域时，如图 2-14、图 2-15 所示，约束边缘构件的阴影区域宜全部采用后浇混凝土，纵向钢筋主要配置在后浇段内，且在后浇段内应配置封闭箍筋及拉筋，预制墙板中的水平分布筋在后浇段内锚固。

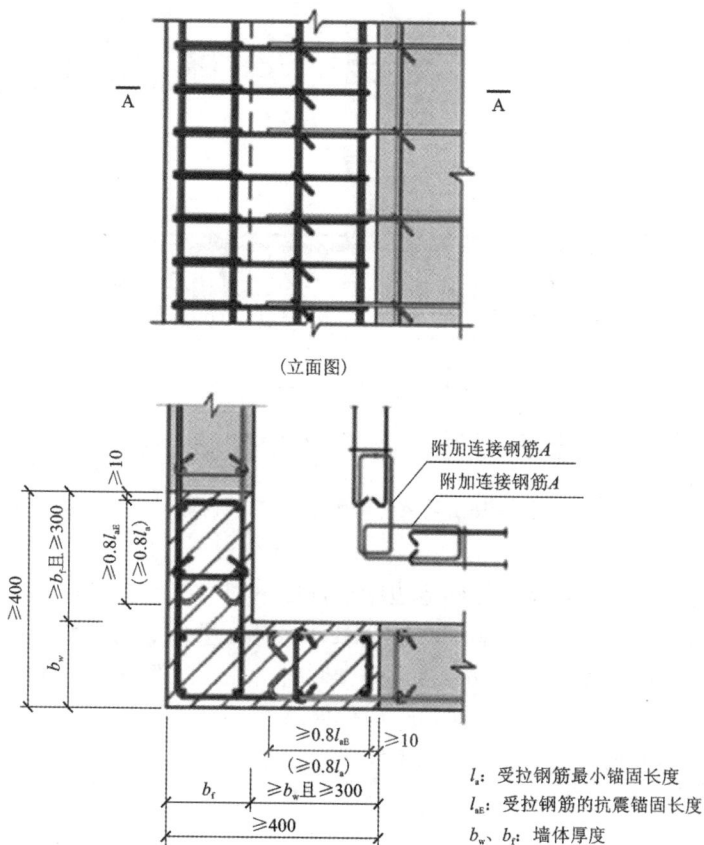

(立面图)

l_a: 受拉钢筋最小锚固长度

l_{aE}: 受拉钢筋的抗震锚固长度

b_w、b_f: 墙体厚度

图 2-14 约束边缘转角柱竖向接缝构造

（立面图）

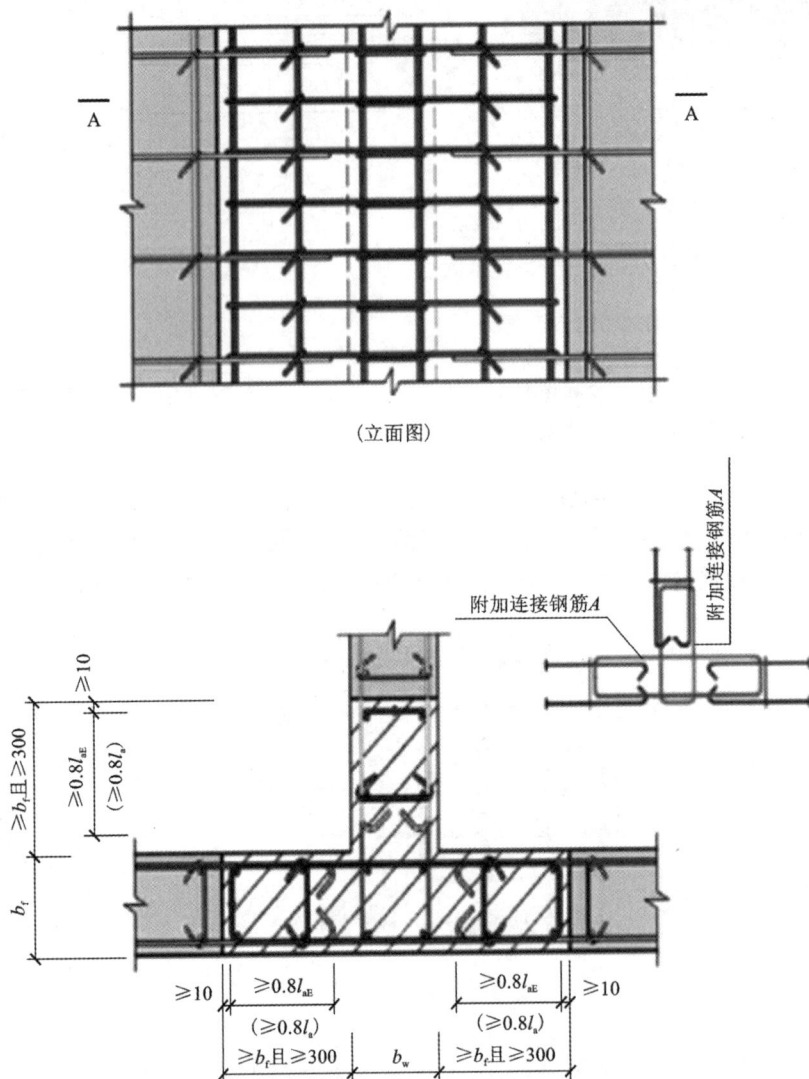

图 2-15 约束边缘翼墙竖向接缝构造

（2）当接缝位于纵横墙交界处的构造边缘构件区域时，如图 2-16 所示，构造边缘构件宜全部采用后浇混凝土。为了满足构件的设计要求或施工要求，也可部分后浇部分预制，如图 2-17 所示。当构造边缘构件部分后浇部分预制时，需要合理布置预制构件及后浇段中的钢筋，使边缘构件内形成封闭箍筋。非边缘构件区域，剪力墙拼接位置，剪力墙水平钢筋在后浇段内可采用锚环的形式锚固，两侧伸出的锚环宜相互搭接。当仅在一面墙上设置后浇段时，后浇段的长度不宜小于 300 mm。

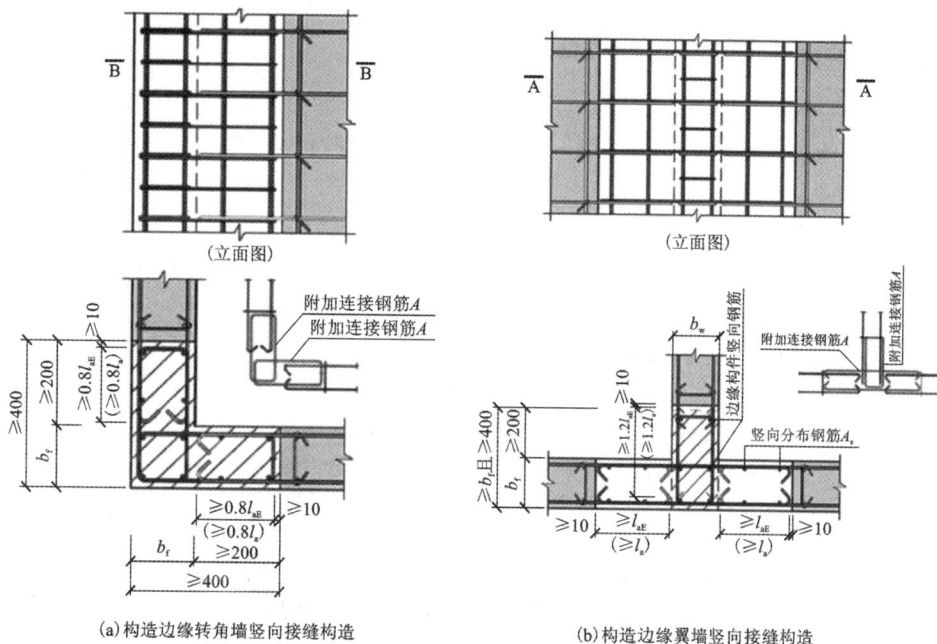

(a)构造边缘转角墙竖向接缝构造　　　　(b)构造边缘翼墙竖向接缝构造

图 2－16　构造边缘全部现浇构造示意图

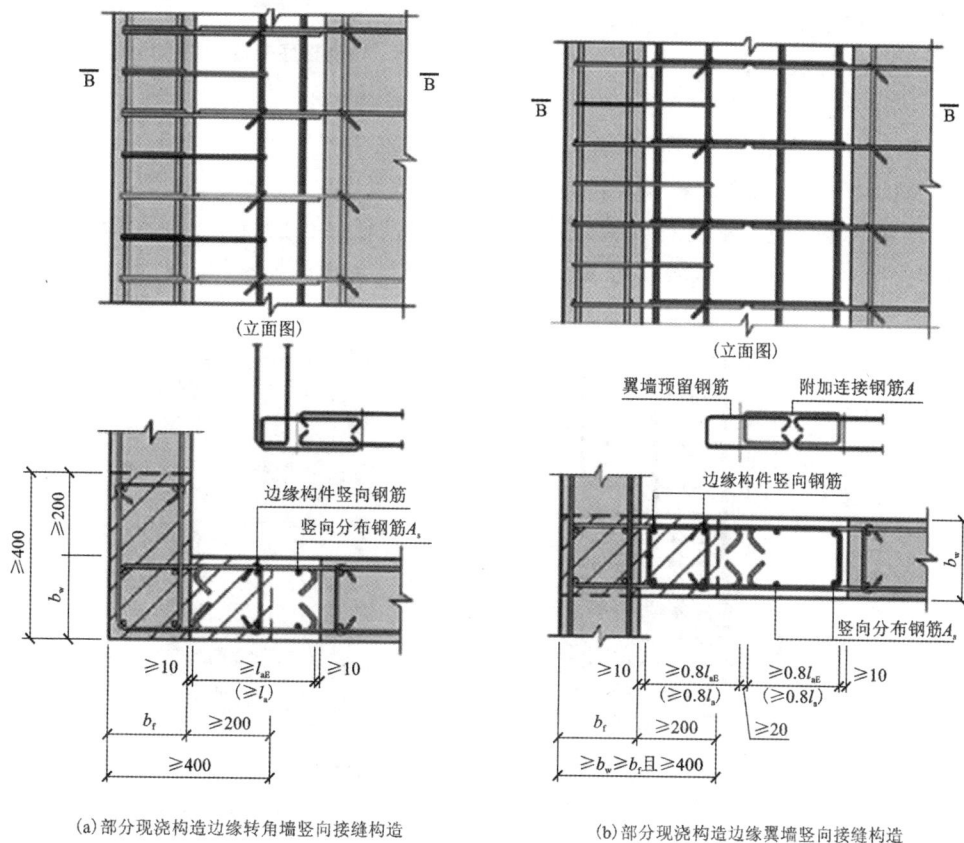

(a)部分现浇构造边缘转角墙竖向接缝构造　　　(b)部分现浇构造边缘翼墙竖向接缝构造

图 2－17　构造边缘部分现浇构造示意图

2.2.2 装配整体式框架结构常用连接节点构造

在装配整体式框架结构中,连接节点构造主要有三种类型:第一类为预制柱与楼面(柱底)的连接节点构造,第二类为叠合梁与框架柱的连接节点构造,第三类为次梁与主梁的连接节点构造。

1.预制柱与楼面(柱底)的连接节点构造

根据国内外多年的研究成果,在地震区的装配整体式框架结构中,当采用了可靠的节点连接方式和合理的构造措施后,其性能可等同现浇混凝土框架结构。当层数较多时,柱的纵向钢筋采用套筒灌浆连接可保证结构安全。

当采用套筒灌浆连接时,如图2-18所示,柱纵向受力钢筋应贯穿后浇节点区,柱底接缝设置在楼面标高处,厚度宜为20 mm,灌浆与套筒灌浆可同时进行,采用同样的灌浆料一次完成。预制柱底部应有键槽,且键槽的形式应考虑到灌浆填缝时气体的排除问题。后浇节点上表面设置粗糙面,可增加与灌浆层的黏结力与摩擦系数。预制柱宜采用较大直径的钢筋及较大的柱截面,可减少钢筋根数,增大间距,一般钢筋直径不小于20 mm,矩形柱截面宽度或圆形柱截面直径不宜小于400 mm,且不宜小于同方向梁宽的1.5倍,以便于柱钢筋连接节点区钢筋布置。

图2-18 预制柱底接缝构造示意图

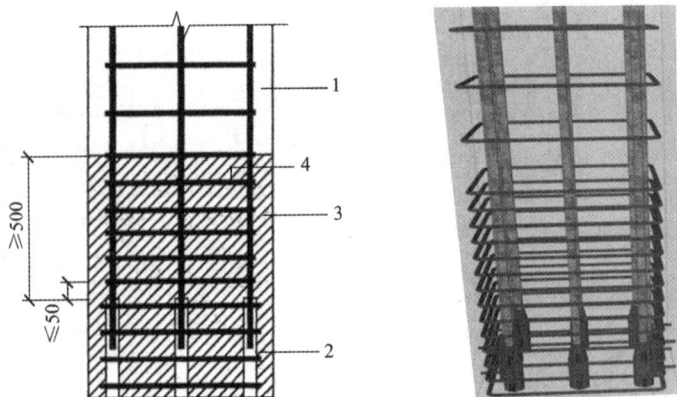

（图示标注：柱上端；螺纹端钢筋；水泥灌浆直螺纹连接套筒；出浆孔接头T-1；PVC管；灌浆孔接头T-1；PVC管；灌浆端钢筋）

套筒连接区域柱截面刚度及承载力较大,柱的塑性铰区可能会上移到套筒连接区域以上,因此至少应将套筒连接区域以上500 mm高度区域的柱箍筋加密(图2-19)。

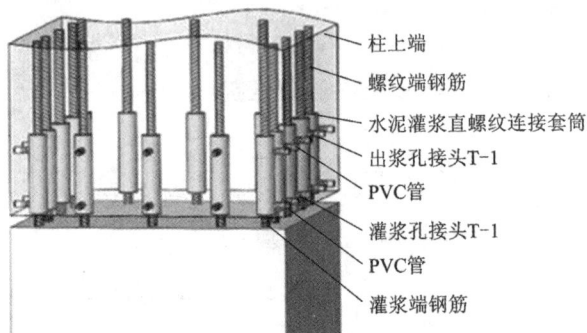

图2-19 柱底加密构造示意图

1—预制柱;2—套筒灌浆连接接头;3—箍筋加密区(阴影区域);4—加密区箍筋

2. 叠合梁与框架柱的连接节点构造

叠合梁与框架柱的连接，梁、柱应尽量采用较粗直径、较大间距的钢筋排布方式，以减少节点核心区的主筋钢筋，利于节点的装配化施工，保证施工质量。在设计过程中，应充分考虑到施工装配的可行性，合理确定梁柱截面尺寸及钢筋的数量、间距及位置等，可采用弯锚避让的方式，弯折角度不宜大于 1∶6（锚固钢筋端部弯起距离∶锚固钢筋水平投影长度）。节点区施工时，应注意合理安排节点区箍筋、预制梁、梁上部钢筋的安装顺序，梁纵向受力钢筋应伸入柱头后浇节点区内锚固或连接。下面介绍框架中间层中节点及顶层端节点的构造。

（1）框架中间层中节点。如图 2 - 20 所示，中节点两侧的梁下部纵向受力钢筋宜锚固在后浇节点区内，也可采用机械连接或焊接的方式直接连接，梁上部纵向受力钢筋应贯穿后浇节点区。

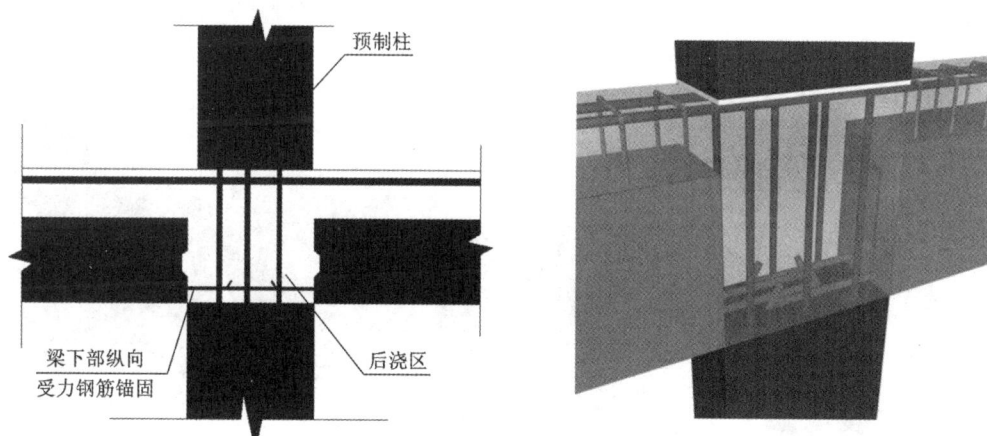

图 2 - 20　框架中间层中节点

（2）框架顶层端节点。梁下部纵向受力钢筋应锚固在后浇节点区内，且宜采用锚固板的锚固方式；柱宜伸出屋面并将柱纵向受力钢筋锚固在伸出段内，伸出段长度不宜小于 500 mm，伸出段内箍筋间距不应大于 5d，且不应大于 100 mm；柱纵向钢筋宜采用锚固板锚固，锚固长度不应小于 40d，梁上部纵向受力钢筋宜采用锚固板锚固（图 2 - 21）。当柱不伸出屋面时，柱外侧纵向受力钢筋也可与梁上部纵向受力钢筋在后浇节点区搭接，柱内侧纵向受力钢筋宜采用锚固板锚固（图 2 - 22）。

3. 次梁与主梁的连接节点构造

对于叠合楼盖结构，次梁与主梁的连接可采用后浇混凝土节点，即主梁上预留后浇段，混凝土断开而钢筋连续，以便穿过和锚固次梁钢筋。当主梁截面较高而次梁截面较小时，主梁预制混凝土也可不完全断开，而采用预留凹槽的形式供次梁钢筋穿过。次梁端部可设计为刚接和铰接。次梁钢筋在主梁内锚固时，锚固长度要满足规范要求。

（1）端部节点。主梁只有一侧有次梁，次梁下部纵向钢筋伸入主梁后浇段内的长度不小于 12d。次梁上部纵向钢筋应在主梁后浇段内锚固，采用弯折锚固或锚固板锚固时，锚固直段长度不小于 0.6l_{ab}；当钢筋应力不大于钢筋强度设计值的 50% 时，锚固直段长度不应小于 0.35l_{ab}；弯折锚固在弯折后直段长度不应小于 12d（图 2 - 23）。

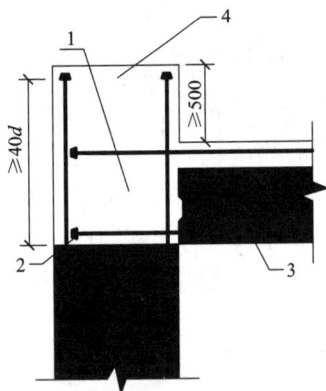

图 2 - 21 柱伸出屋面

1—后浇区；2—梁下部纵向受力钢筋；3—预制梁；
4—柱延伸段；5—柱纵向受力钢筋

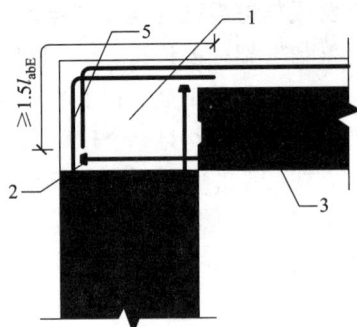

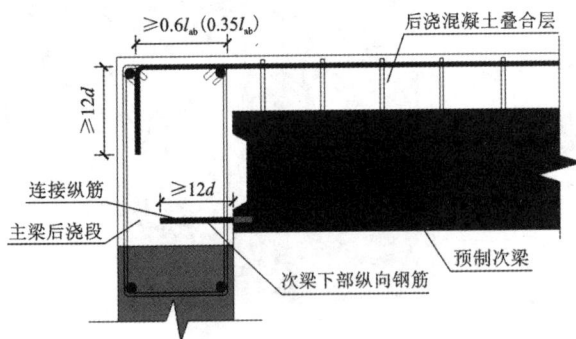

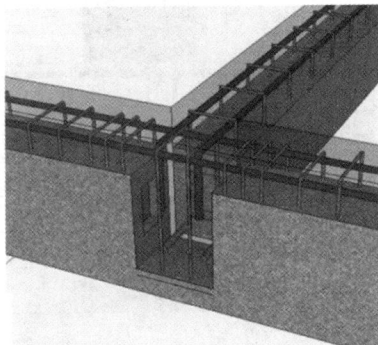

图 2 - 22 柱不伸出屋面

1—后浇区；2—梁下部纵向受力钢筋；3—预制梁；
4—柱延伸段；5—柱纵向受力钢筋

图 2 - 23 框架结构端部节点构造图

（2）中间节点。主梁两侧有次梁，两侧次梁的下部纵向钢筋伸入主梁后浇段内长度不应小于 $12d$；次梁上部纵向钢筋应在现浇层内贯通（图 2 - 24）。

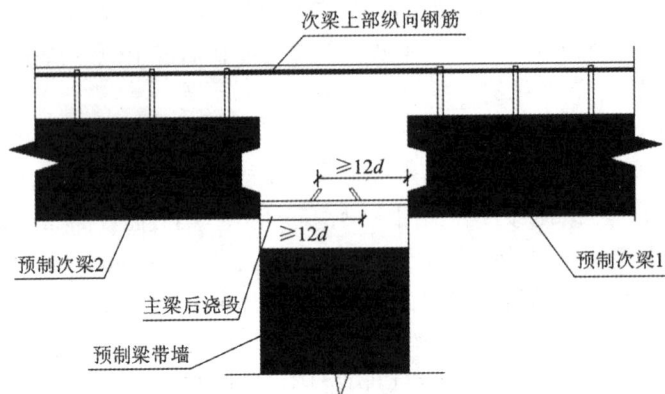

图 2 - 24 框架结构中间节点

2.2.3　装配式框架－现浇剪力墙结构常用连接节点构造

装配式框架－现浇剪力墙结构由装配整体式框架和现浇剪力墙两部分组成。对于与装配整体式框架、装配整体式剪力墙相同的连接节点这里不再阐述，仅介绍叠合梁与现浇结构、外墙挂板与主体结构的连接节点构造。

1.叠合梁与现浇结构的连接节点构造

预制叠合梁安装时，构件两端应伸入柱、剪力墙内 15 mm，梁端设置剪力键，梁底部钢筋锚入现浇结构。当无法采用直锚时，应采用弯锚，锚固长度应满足设计及规范要求。当两根以上的梁相交于同一节点时，应在设计阶段采取钢筋的避让措施。梁的叠合部分与现浇部分结合处应增加附加钢筋，增强抗剪能力。

（1）叠合梁与现浇剪力墙、叠合楼板连接节点构造如图 2–25 所示。

（2）叠合梁与现浇柱连接节点构造如图 2–26 所示。

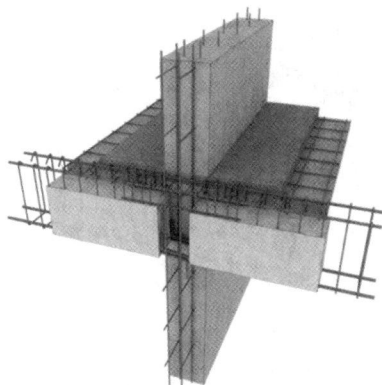

图 2–25　叠合梁与现浇剪力墙、叠合楼板连接节点构造

图 2–26　叠合梁与现浇柱连接节点构造

2.外墙挂板与主体结构的连接节点构造

外墙挂板是安装在主体结构上，起围护、装饰作用的非承重预制混凝土外墙板。外墙挂板与主体结构宜采用柔性连接，连接节点应具有足够的承载力和适应主体结构变形的能力，并应采取可靠的防腐、防锈和防火措施。

如图 2–27 所示，外墙挂板由内页板、保温板、外页板组成。外页板上部

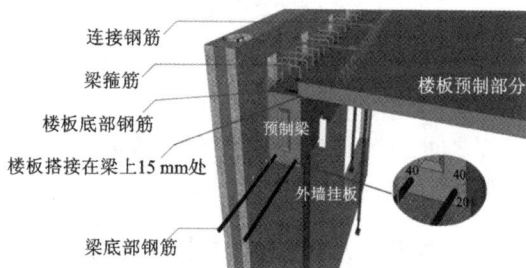

图 2–27　外墙挂板连接节点构造

与现浇混凝土接触部分设置剪力键。外墙挂板上部的锚固钢筋通过叠合梁锚固至叠合板现浇混凝土内，锚固长度应满足设计及规范要求。

2.2.4 多层装配式混凝土墙-板结构常用连接节点构造

多层装配式混凝土墙-板结构纵横墙交接处及楼层内相邻承重墙板之间可采用水平钢筋锚环灌浆连接,如图2-28所示,并应符合下列规定:

(1)应在交接处的预制墙板边缘设置构造边缘构件。

(2)竖向接缝处应设置后浇段,后浇段横截面面积不宜小于0.01 m²,且截面边长不宜小于80 mm;后浇段应采用水泥基灌浆料灌实,水泥基灌浆料强度不应低于预制墙板混凝土强度等级。

(3)预制墙板侧边应预留水平钢筋锚环,其直径、间距、锚固长度应符合规范要求,竖向接缝内应配置截面面积不小于200 mm²的节点后插钢筋,且应插入墙板侧边的钢筋锚环内。

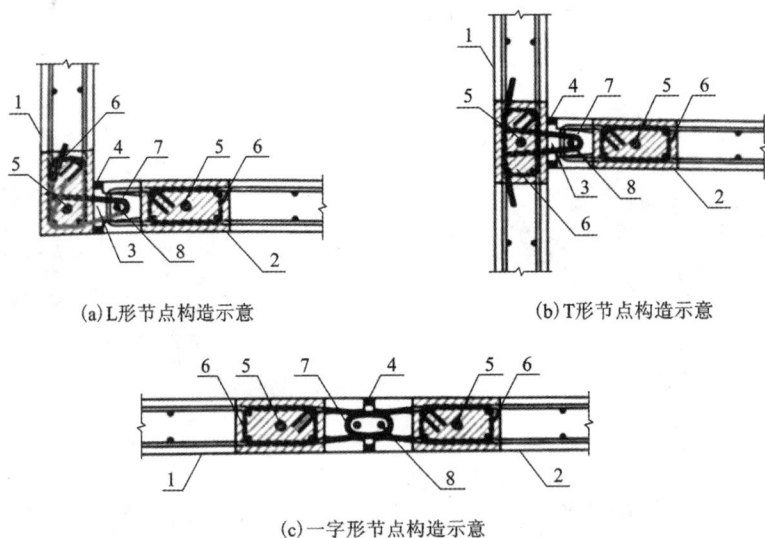

(a)L形节点构造示意   (b)T形节点构造示意

(c)一字形节点构造示意

图2-28 水平钢筋锚环灌浆连接构造示意图

1—纵向预制墙体;2—横向预制墙体;3—后浇段;4—密封条;5—边缘构件纵向受力钢筋;
6—边缘构件箍筋;7—预留水平钢筋锚环;8—节点后插纵筋

远大住工借鉴钢结构的连接方式,在预制混凝土构件中预埋一些特制的钢盒(简称PK盒),通过与预埋在相邻墙板内伸出的预留螺纹钢筋或螺栓套筒相连,使墙板和基础之间、墙板和墙板之间、墙板和楼板之间以及楼板和楼板之间可以通过螺栓进行连接。图2-29和图2-30为采用该技术的墙板T形连接节点和一字形连接节点。

2.2.5 叠合楼盖及预制楼梯常用连接节点构造

装配整体式混凝土结构的楼盖宜采用叠合楼盖。采用叠合楼盖时,预制板厚度不宜小于6 mm,后浇混凝土叠合层厚度不应小于6 mm。跨度大于3 m时,宜采用桁架钢筋混凝土叠合板;跨度大于6 m时,宜采用预应力混凝土预制板。叠合板的连接构造主要分为两类:第一类为板与板的连接构造,包括单向叠合板板侧分离式拼缝连接、双向叠合板整体式接缝连接等;第二类为叠合板与板端支座的连接。

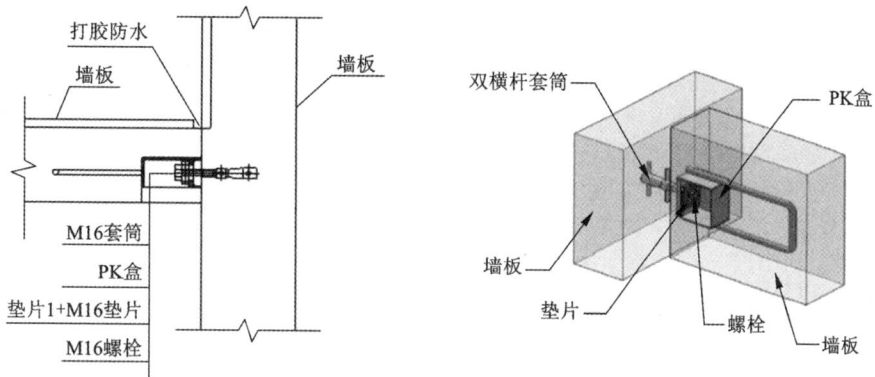

图 2 – 29　墙板 T 形连接节点

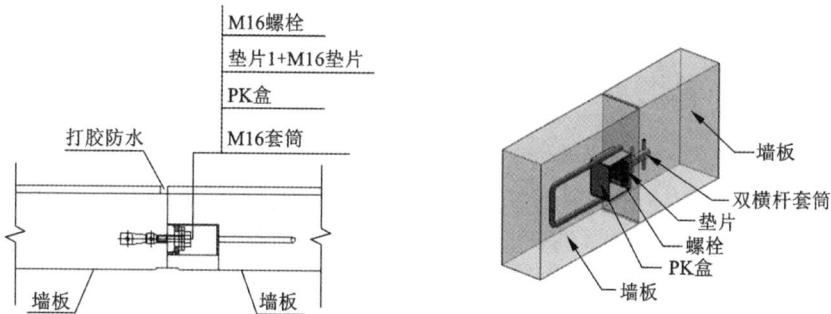

图 2 – 30　墙板一字形连接节点

1. 单向叠合板板侧分离式拼缝连接构造

单向叠合板板侧分离式拼缝的接缝处，紧邻预制板顶面宜设置垂直于板缝的附加钢筋。附加钢筋在两侧后浇混凝土叠合层的锚固长度不应小于 $15d$，附加钢筋截面面积不宜小于预制板中同方向钢筋面积，钢筋直径不宜小于 6 mm、间距不宜大于 250 mm（图 2 – 31）。

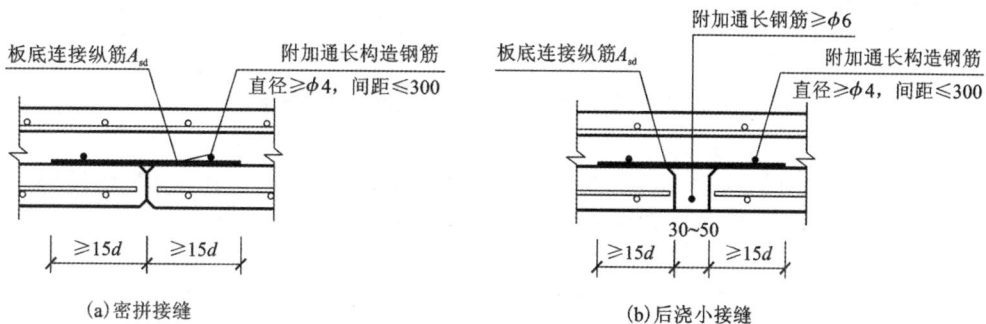

图 2 – 31　单向叠合板板侧分离式拼缝连接构造示意图

2. 双向叠合板整体式接缝连接构造

双向叠合板整体式接缝宜设置在叠合板的次要受力方向且避开最大弯矩截面。接缝可采用后浇带形式,后浇带的宽度宜小于200 mm,后浇带两侧板底纵向钢筋可在后浇带中搭接连接、弯折锚固(图2-32)。

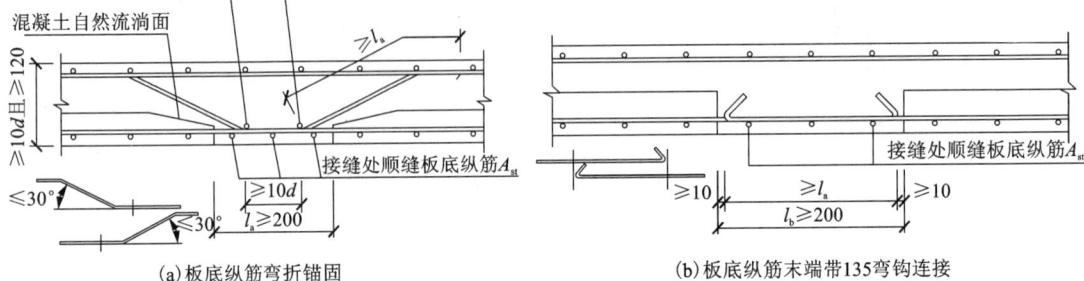

图 2-32 双向叠合板整体式接缝连接构造示意图

3. 叠合板与板端支座的连接构造

预制板内的纵向受力钢筋宜从板端伸出并锚入支撑梁或墙的后浇混凝土中,锚固长度不应小于5d(d为纵向受力钢筋直径),且宜伸过支座中心线(图2-33)。

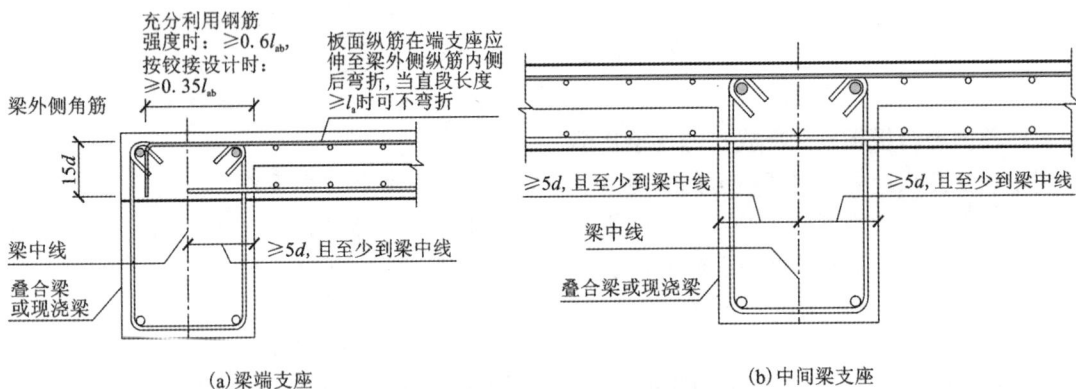

图 2-33 叠合板底部钢筋伸入支座构造示意图

当板底分布钢筋不深入支座时,宜在紧邻预制板顶面的后浇混凝土叠合层中设置附加钢筋,附加钢筋截面面积不宜小于预制板内同向分布的钢筋面积,间距不宜大于600 mm,在板的后浇混凝土叠合层内锚固长度不应小于15d,在支座内锚固长度不应小于15d,且宜伸过支座中心线(图2-34)。

4. 预制楼梯连接构造

预制楼梯外形美观、施工速度快、模板消耗少,它通过搁置式(图2-35)或固定式(图2-36)与主体结构连接在一起。

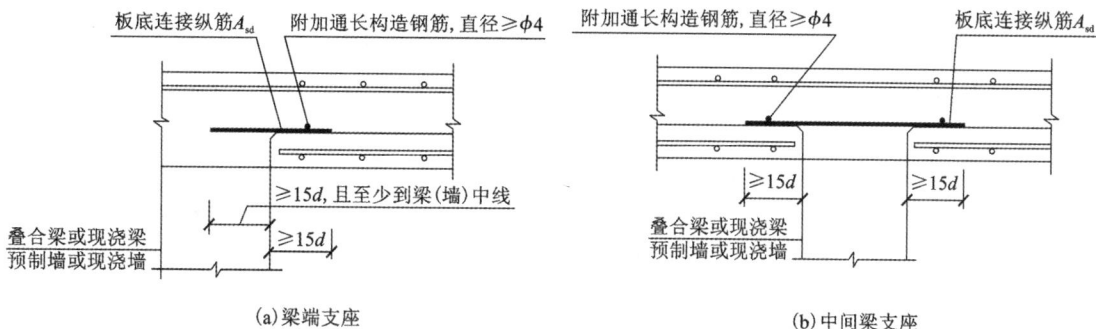

(a)梁端支座　　　　　　　　　　　　　　(b)中间梁支座

图 2-34　叠合板底部钢筋不伸入支座构造示意图

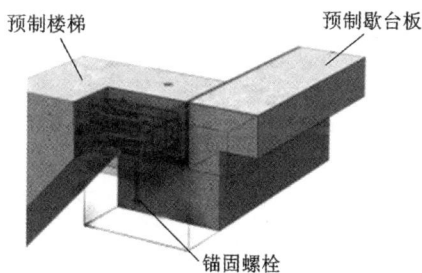

图 2-35　搁置式连接

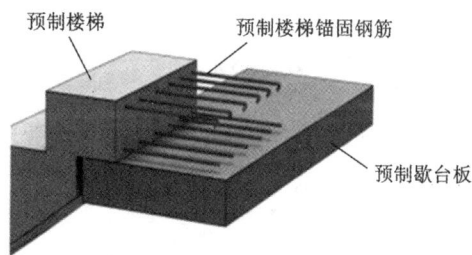

图 2-36　固定式连接

（1）搁置式连接节点构造

如图 2-37 所示，在现浇或叠合的梯梁上预埋螺栓，并在预制梯段的两端相应位置预留孔洞，施工时，将梯段安装在已完工的梯梁上，使预留孔正好对准预埋螺栓，安装后通过处理形成铰接。一般梯段上部形成固定铰支座，下部形成滑动铰支座。

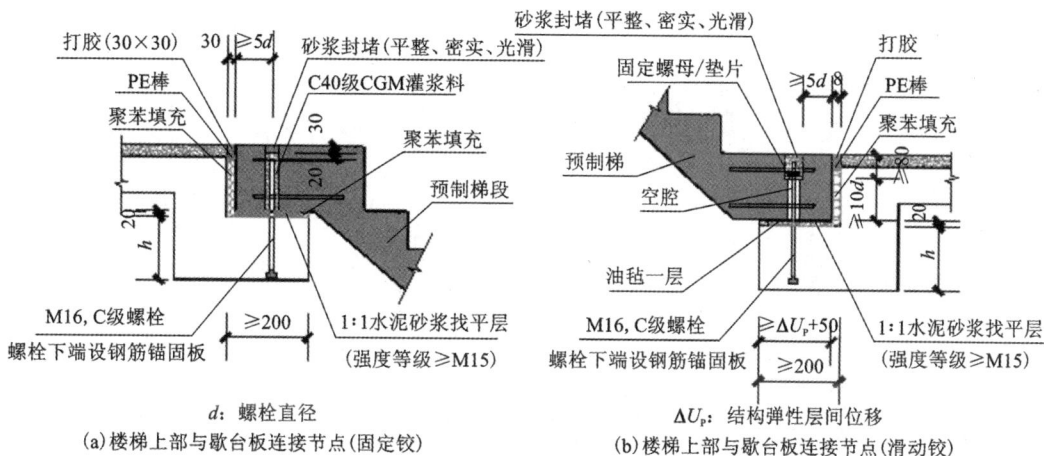

d：螺栓直径

(a)楼梯上部与歇台板连接节点(固定铰)

ΔU_p：结构弹性层间位移

(b)楼梯上部与歇台板连接节点(滑动铰)

图 2-37　搁置式楼梯连接构造示意图

（2）固定式连接节点构造

如图 2 - 38 所示，在预制梯段两端留置锚固钢筋，歇台板处预留后浇段，梯段安装好后，现场后浇混凝土，形成梯段上下端的固定连接。

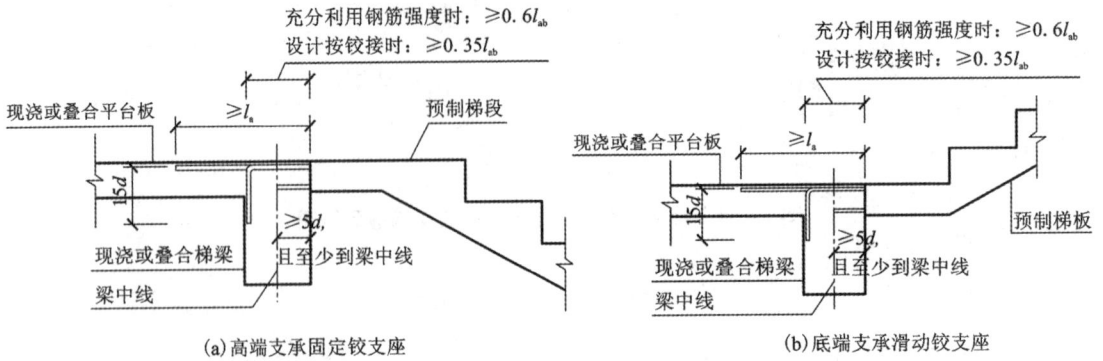

图 2 - 38　固定式楼梯连接构造示意图

第 3 章

施工策划

施工策划是通过调查研究和收集资料,在充分掌握信息的基础上,针对项目施工活动的全过程做预先的考虑和设想,以便在施工活动的时间、空间、结构三维关系中选择最佳的结合点组合资源,获得最好的经济效益、社会效益和环境效益。施工策划是响应装配式混凝土建筑精益建造的重要环节,是协同作业的重要体现,更是提高建筑产品施工质量、降低施工成本的重要举措。

施工策划的主要内容包含平面布置、安装策划和材料准备。

3.1　平面布置

施工现场平面布置是指在施工用地范围内,对各项生产、生活设施及其他辅助设施等进行规划和布置。

施工现场就是建筑产品的组装厂。由于建筑工程和施工场地不同,使得施工现场平面布置因人、因地而异。合理布置施工现场,对保证工程施工顺利进行具有重要意义。施工现场平面布置应遵循方便、经济、高效、安全、环保、节能的原则。

施工现场平面布置图是在拟建工程的建筑平面上(包括周围环境),布置为施工服务的各种临时建筑、临时设施及材料、施工机械等,是施工方案在现场的空间体现。它反映已有建筑与拟建工程间、临时建筑与临时设施间的相互空间关系(图 3 - 1)。布置的恰当与否、执行的好坏,对现场的施工组织、文明施工、施工进度、工程成本、工程质量和安全都将产生直接影响。

施工现场平面布置图一般需分施工阶段来编制。如基础阶段施工现场平面布置图、主体结构阶段施工现场平面布置图、装修工程阶段施工现场平面布置图等。

1. 设计内容

(1)一切地上、地下已有和拟建的建筑物、构筑物及其他设施的位置和尺寸。

(2)一切为施工服务的临时设施的布置,其中包括:

①工地上各种运输业务用的建筑物和道路;

②各种加工厂、半成品制备站及机械化装置;

③各种建筑材料、半成品、构配件的仓库及堆场;

④行政管理用的办公室、施工人员的宿舍以及文化福利用的临时建筑物;

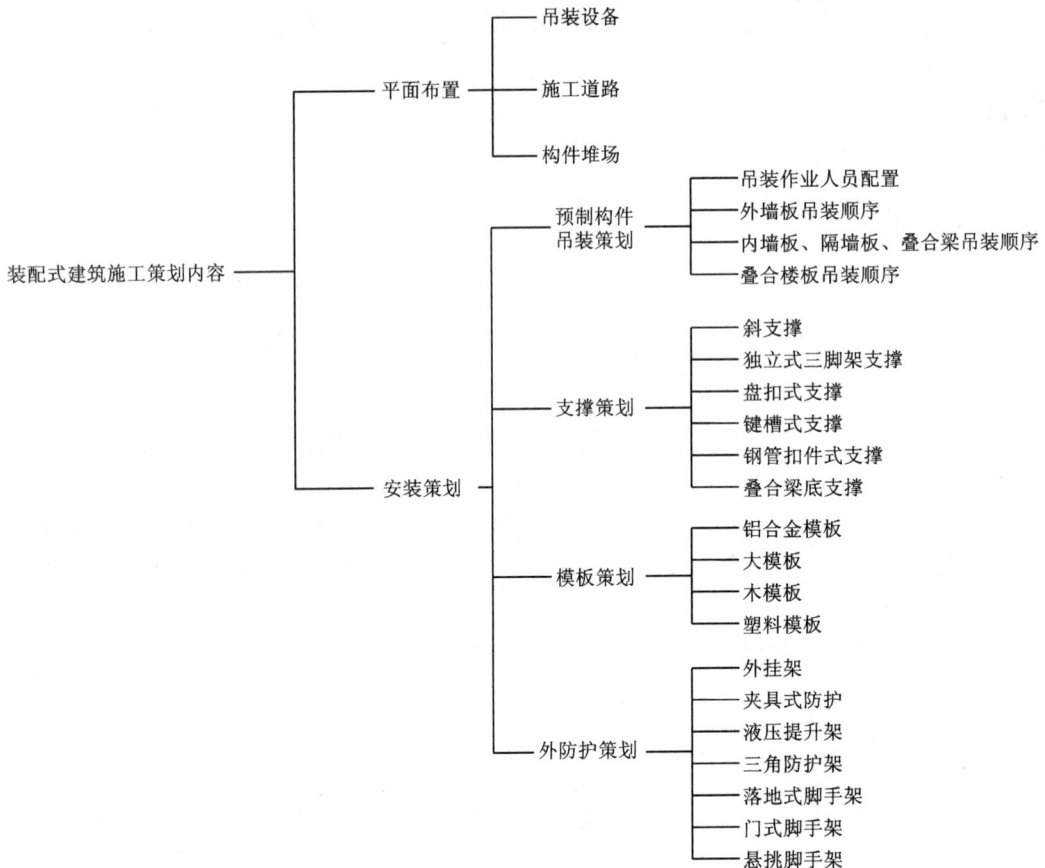

图 3-1　施工策划内容

⑤临时给、排水的管线，动力、照明供电线路；

⑥保安及防火的设施等。

2. 设计依据

(1)设计资料。包括：建筑总平面图、竖向设计图、地貌图、区域规划图、建设项目范围内有关的一切已有和拟建的地下管网位置图等。

(2)已调查收集到的地区资料。包括：建筑企业情况，材料和设备情况，交通运输条件，水、电等条件，社会劳动力和生活设施情况，可能参加施工的各企业力量状况等。

(3)施工部署和主要分部分项工程的施工方案。

(4)施工总进度计划。

(5)各种材料、构件、加工品、施工机械和运输工具需要量一览表。

(6)构件加工厂、仓库等临时建筑一览表。

(7)工地业务量计算结果及施工组织设计参考资料。

3. 设计原则

(1)在满足施工条件的前提下，要布置紧凑，尽可能减少施工占地面积，少占或不占农田。

（2）使场内运输距离最短，尽量做到短运距、少搬运，减少材料的二次搬运。各种材料、构件等要根据施工进度并保证能连续施工的前提下，有计划地组织分期分批进场，充分利用场地；合理安排生产流程，材料、构件要尽可能布置在使用地点附近，需要使用垂直设备的材料尽可能布置在垂直运输机具附近，力求减少运距，达到节约用工和减少材料损耗的目的。

（3）在保证工程施工顺利进行的条件下，尽量减少临时设施的搭设。合理使用场地，一切临时性建筑设施，尽量不占用拟建的永久性建筑物的位置，以免造成不应有的搬迁和浪费；各种临时设施的布置，应便于生产和生活。

（4）各项布置内容应符合劳动保护、技术安全、防火和防洪的要求。为此，机械设备的钢丝绳、缆风绳以及电缆、电线、管道等不要妨碍交通，保证道路畅通；各种易燃库、棚（如油毡库、油料库、木工棚等）及沥青灶、化粪池应布置在下风向，并远离生活区；炸药、雷管要严格控制并由专人保管；根据工程具体情况，考虑各种劳保、安全、消防设施；在山区雨期施工时，应考虑防洪、排涝等措施，做到有备无患。

4. 施工平面设计步骤

（1）确定起重设备的数量及其位置；

（2）布置运输道路；

（3）布置材料和构件堆场、仓库、加工场地的位置；

（4）布置行政管理、文化、生活福利用临时房屋；

（5）布置临时水电管线；

（6）主要技术与经济指标。

施工现场平面布置图如图3-2所示。

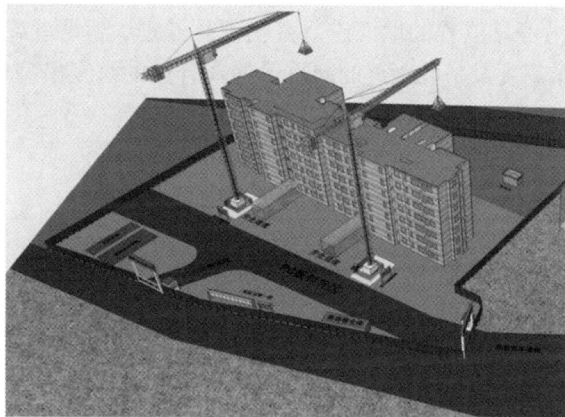

图3-2 施工现场平面布置图

以下详细介绍在平面布置的各项工作中，吊装设备及选型、PC构件运输道路的规划、PC构件施工现场的堆放要求三方面的内容。

3.1.1 吊装设备及选型

装配式混凝土建筑的构件吊装具有构件重、数量多、接头复杂、安装精度要求高等特点。项目施工主要围绕预制构件的吊装展开。因此，吊装设备型号、数量、位置将直接影响到整个项目的工期以及 PC 构件的拆分设计。

装配式混凝土建筑选用的吊装设备主要有汽车吊、塔吊(图 3-3)。

汽车吊　　　　　　　　　塔吊

图 3-3　常用吊装设备

1. 汽车吊

汽车吊的优点是机动性好,转移迅速;缺点是工作时须支腿,不能负荷行驶,也不适合在松软或泥泞的场地上工作,适用于建筑单体面积较小的多层建筑。

选择汽车吊须综合考虑以下因素:

(1)根据项目预制构件的重量及总平面图初步确定汽车吊所在位置,然后根据汽车吊参数来确定汽车吊型号,优先选择满足施工要求且较小的汽车吊型号。

(2)汽车吊的布置位置还需满足汽车吊的尺寸以及支腿纵、横向跨距范围要求(表 3-1)。

(3)对汽车吊的起吊停靠位置的地面进行夯实硬化处理,满足承载力要求。

(4)根据汽车吊起重高度及吊装距离的起重量选择合适的汽车吊型号(图 3-4、图 3-5)。应注意汽车吊是否带配重及不同配重的情况下起重量不相同(表 3-2、表 3-3)。

表 3-1　××牌汽车 100 t 吊技术参数

项目		数值	备注
工作性能参数	最大额定总起重量/kg	100000	
	基本臂最大起重力矩/(kN·m)	3430	3528(带活动配重时)
	最长主臂最大起重力矩/(kN·m)	1756	1876(带活动配重时)
	基本臂最大起升高度/m	13.9	
	主臂最大起升高度/m	50.9	不考虑吊臂变形
	副臂最大起升高度/m	69.3	
工作速度	主、副卷扬单绳起升最大速度/(m·min^{-1})	134	
	起重臂伸出时间/s	90	
	起重臂起臂时间/s	50	
	回转速度/(r·min^{-1})	0~1.5	

续表 3－1

项目		数值	备注
行驶参数	最高行驶速度/(km·h⁻¹)	≥75	
	最大爬坡度/%	32	
	最小转弯半径/m	≤12	
	最小离地间隙/m	0.29	
	自由加速烟度排放限值/FSN	≤2.5	
	尾气排放限值	符合 GB 3847—1999、GB 17691—2001 标准规定	
	百公里油耗/L	80	
质量参数	行驶状态自重(总质量)/kg	66000	
	整车整备质量/kg	65800	
	前轴轴荷/kg	27000	
	中后桥轴荷/kg	39000	
尺寸参数	外形尺寸(长×宽×高)/(mm×mm×mm)	15300×3000×3920	
	支腿纵向跨距/m	6.74	
	支腿横向跨距/m	7.80	
	主臂长/m	13.0~50.4	
	主臂仰角/(°)	−2~80	
	副臂长/m	10.8~18.5	

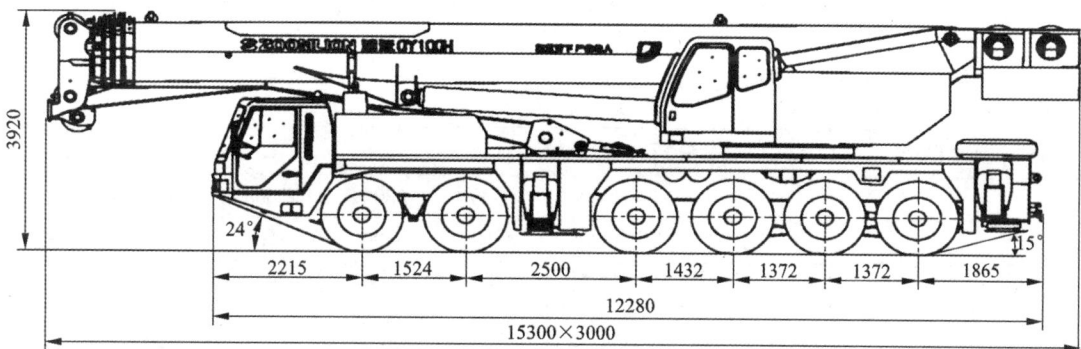

图 3－4　汽车吊尺寸参数

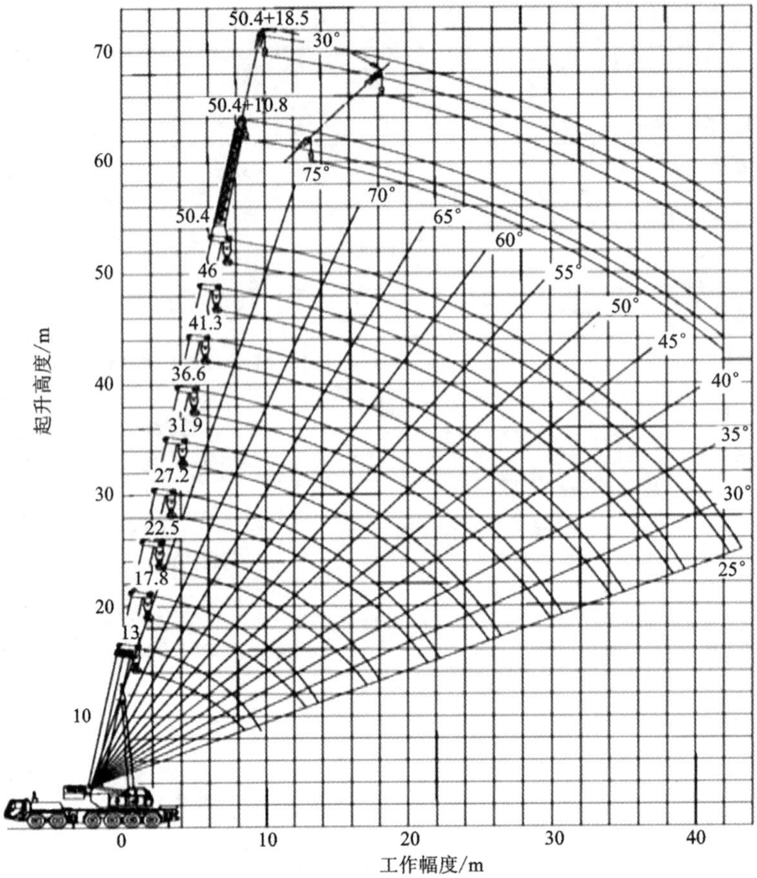

图 3 - 5　起升高度曲线

表 3 - 2　××牌汽车吊起重参数(不带配重)　　　　　　　　kg

工作幅度/m	主臂(不带活动配重时)/m								
	支腿全伸,侧方、后方作业								
	13.0	17.8	22.5	27.2	31.9	36.6	41.3	46.0	50.4
20.0				5400	6300	6800	7200	7500	7700
22.0				3900	4800	5400	5800	6200	6400
24.0					3600	4300	4700	5000	5200
26.0					2500	3300	3700	4000	4300
28.0					1700	2500	2800	3200	3500
30.0						1500	1900	2500	2800
32.0						1000	1500	1800	2200
34.0							1000	1300	1700
36.0								800	1200
38.0									800

表 3 – 3　　××牌汽车吊起重参数（带配重）　　　　　　kg

工作幅度/m	主臂（带活动配重时）/m								
	支腿全伸，侧方、后方作业								
	13.0	17.8	22.5	27.2	31.9	36.6	41.3	46.0	50.4
20.0				9000	9700	10300	10900	11000	9300
22.0				7200	7900	8500	9000	9400	8700
24.0				6200	7000	7600	7900	8000
26.0				5000	5800	6300	6500	6900
28.0					4900	5200	5600	5800
30.0					3900	4300	4800	4900
32.0					3000	3600	3900	4200
34.0						2800	3200	3600
36.0						2200	2700	2900
38.0							2200	2400

2. 塔吊

塔吊适用于占地面积大的多层建筑及所有的中高层以上建筑，是被优先选做构件的起重设备（图 3 – 6）。

选择塔吊需综合考虑以下因素：

（1）根据项目预制构件的重量及总平面图初步确定塔吊所在位置；根据塔吊参数，以 5 m 为一个梯段找出最重构件的位置，来确定塔吊型号，优先选择满足施工要求且较小的塔吊型号。

（2）平面中塔吊附着方向与塔身所形成的角度一般为 30°～60°，附着所在剪力墙的宽度不得小于埋件宽度，长度需满足要求。

（3）塔吊基础参照设备厂家资料，不满足地基承载力要求时须对地基进行处理。

（4）塔吊所在位置应满足塔吊拆卸要求，即塔臂平行于建筑物外边缘，且两者之间净距离大于等于 1.5 m；塔吊拆卸时前后臂正下方不得有障碍物。

（5）钢扁担吊具的重量约为 500 kg，起重时应考虑该重量。

（6）塔吊之间间距以及距已有建筑物、高压电线等的安全距离需满足《塔式起重机安全规程》GB 5144—2006 中的有关规定：

①塔机的尾部与周围建筑物及其外围施工设施之间的安全距离不小于 0.6 m。

②有架空输电线的场合，塔机的任何部位与输电线的安全距离，应符合表 3 – 4 中的规定。如因条件限制不能保证表 3 – 4 中的安全距离，应与有关部门协商，并采取安全防护措施方可架设。

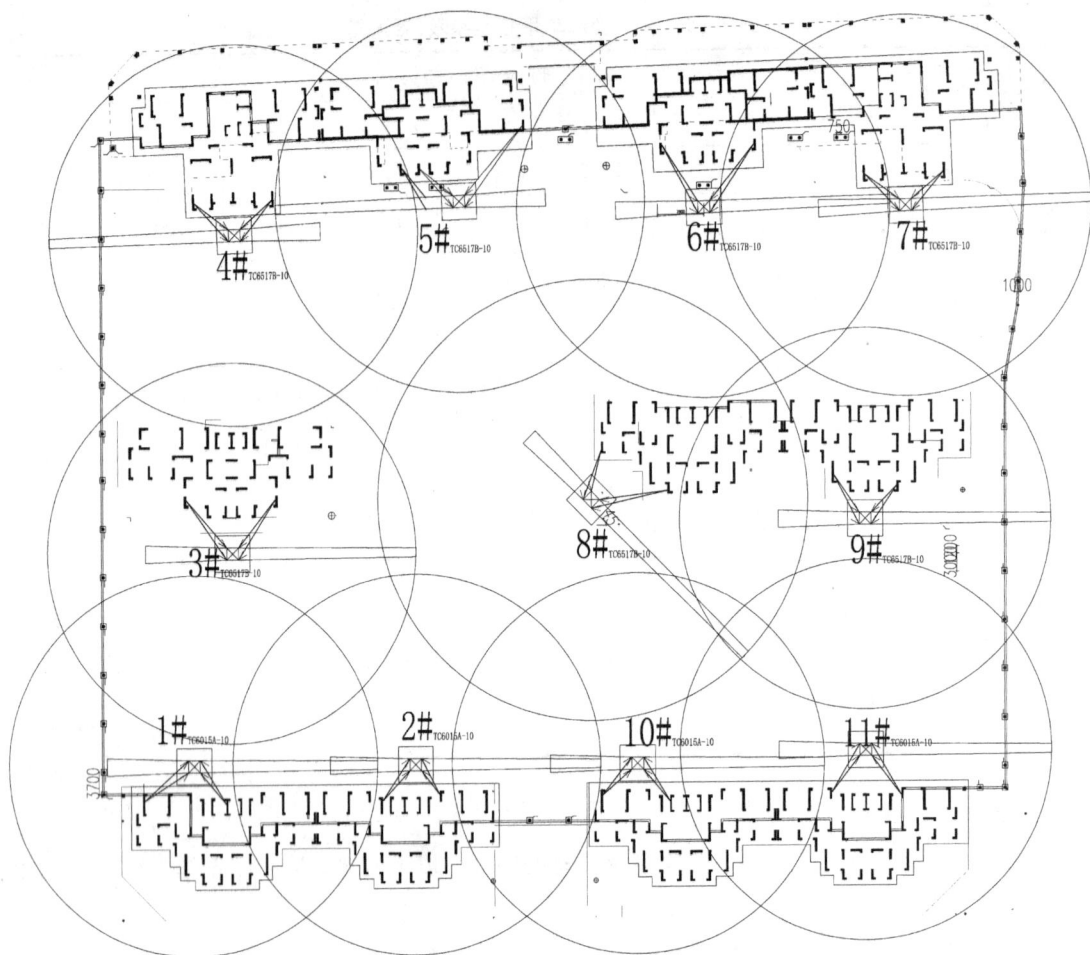

图3-6　塔吊总平面布置图

表3-4　塔机与输电线安全距离一览表

安全距离	电压/kV				
	<1	1~15	20~40	60~100	220
沿垂直方向/m	1.5	3.0	4.0	5.0	6.0
沿水平方向/m	1.0	1.5	2.0	4.0	6.0

③两台塔机之间最小架设距离应保证处于低位塔机的起重臂端部与另一台塔机的塔身之间至少有2 m的距离；处于高位塔机最低位置的部件（吊钩升至最高点或平衡重的最低部位）与处于低位塔机最高位置的部件的直接垂直距离不应小于2 m。

3.1.2　PC构件运输道路的规划

由于装配式混凝土建筑的PC构件需要从工厂运输到现场，平面布置必须考虑运输车的重量、尺寸大小，合理规划运输道路。

（1）施工道路宜结合永久道路布置，车载重量参照运输车辆最大载重量，车重＋构件约为50 t，道路承载力需满足载重量要求，构件运输车行驶道路一般采用混凝土硬化处理或根据现场实际情况，铺设钢板或路基箱，道路两侧应有排水构造设施。

（2）施工道路宜设置成环形道路。根据PC构件运输车长，现场布置道路时设计宽度不宜小于4 m，会车区道路不宜小于8 m，转弯半径不宜小于15 m（图3-7）。

（3）当没有条件设置环形道路时需设置不小于12 m×8 m的回车场（图3-8）。

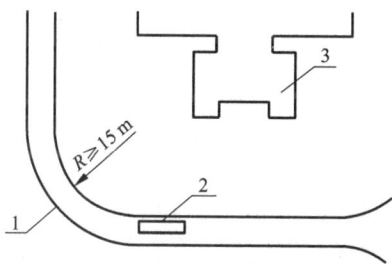

图3-7 施工道路转弯半径

1—转弯道路；2—构件运输车；3—建筑物

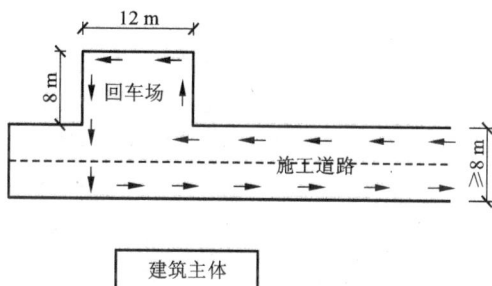

图3-8 现场PC构件运输车回车场示意图

（4）施工现场PC构件运输道路坡度布置宜满足：施工现场道路坡度≤15°（图3-9）。

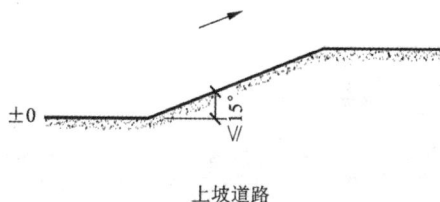

上坡道路

图3-9 PC构件运输车行驶道路坡度示意图

（5）运输车辆若需经过地下室顶板时，应提前规划行车路线并对路线范围内地下室顶板结构进行验算和加固处理，加固处理方案须经原设计单位核算（图3-10）。

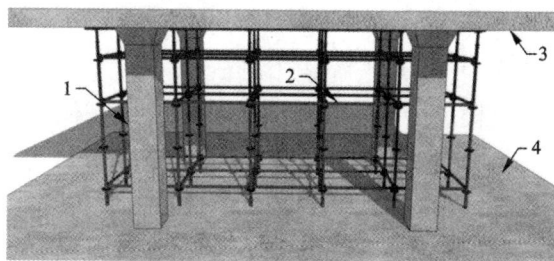

图3-10 PC构件运输车通行道路地下室顶板加固示意图

1—地下室柱；2—支撑架体；3—地下室顶板；4—地下室底板

3.1.3 PC 构件施工现场的堆放要求

PC 构件的堆场是否合理，直接影响吊装效率及吊装质量。PC 构件堆场的大小根据项目实际情况确定，当施工场地宽裕时，宜在构件堆场预存一层 PC 构件，以便应对突发情况；当施工场地受限时，应提前一天将第二天需要吊装的 PC 构件运抵构件堆场堆放。

PC 构件的堆场应设置在起重设备工作范围内，不得有障碍物，并应有满足预制构件周转使用的场地。如构件堆场设置在地库顶板上时，须核算地库顶板的荷载(图 3-11、图 3-12)。

图 3-11   施工现场 PC 墙板的存放

图 3-12   施工现场叠合楼板的存放

PC 构件项目现场存放区的布置考虑的因素：

(1)存放区地面在硬化前必须夯实，然后再进行硬化，硬化厚度应≥200 mm，以防止构件堆放地面沉降造成 PC 板堆放倾斜；

(2)存放区周围设置排水沟，避免土质湿陷沉降；

(3)存放区必须在同一栋楼塔吊覆盖范围以内，避免占用其他栋塔吊而影响进度；

(4)存放区不占用施工道路或者影响施工道路材料构件运输；

(5)存放区设置安全警示标志，非操作工人严禁靠近；

(6)存放区所在位置要靠近施工道路，卸货区不得占用施工道路；

(7)存放区必须做好构件分类分区存放，严禁不同施工材料一同堆放；

(8)存放区必须做好安全防范措施，不得有深基坑，如果有，则必须做好护墙以防塌陷；

(9)存放区不得占用现场消防场地；

（10）存放区的存放量要满足施工进度需求。

3.2　安装策划

安装策划的主要内容包括预制构件吊装策划、支撑策划、模板策划和外防护策划。

3.2.1　预制构件吊装策划

预制构件的吊装策划包含吊装作业人员配置、外墙板吊装顺序、内墙板吊装顺序、隔墙板吊装顺序、叠合梁吊装顺序、叠合楼板吊装顺序等。在编制吊装顺序时，一般情况下，先吊装外围护构件，再吊装内墙板、叠合梁、隔墙板，最后吊装叠合楼板和楼梯。

1. 吊装作业人员配置

吊装作业人员配置见表 3－5。

表 3－5　吊装作业人员配置

序号	操作工种	工种类型	人数	工作内容
1	塔吊司机	特种工人	1	吊运构件
2	塔吊指挥员	特种工人	2	指挥吊装和落位
3	吊装工人	特种工人	8	挂钩、取钩、调直、安装斜支撑及连接件

注：一般一台塔吊配置一个吊装班组。

2. 外墙板吊装顺序

（1）确定外墙板吊装顺序时，宜从大阳角开始吊装，或者先吊装楼梯间或电梯井处的外墙板。

（2）确定首先须吊装的墙板后，再逐一按顺时针或逆时针顺序进行编制，切勿中间漏编墙板而临时插入，以免增加吊装施工难度。

（3）不宜与其他内墙、梁一起吊装的内墙或梁，可以编制在外墙板吊装顺序中。

（4）吊装顺序编制时需用"开始""结束"字样标示吊装开始位置及结束位置。

3. 内墙板、叠合梁、隔墙板吊装顺序

（1）内墙板与叠合梁穿插吊装并应考虑分区施工，以方便后续其他工种的施工作业。

（2）梁高的先吊，梁低的后吊（如：两根相邻的梁，1 号梁截面尺寸为 500 mm × 300 mm，2 号梁截面尺寸为 400 mm × 300 mm，应先吊装 1 号梁）。

（3）当出现三根梁底部钢筋分别下锚、直锚、上锚时，应先吊装钢筋向下锚的梁，其次吊装钢筋直锚的梁，最后吊装钢筋上锚的梁。

（4）当竖向现浇构件采用整体大模板时，隔墙板吊装安排在柱子或剪力墙混凝土浇筑完成且拆模后。编制吊装顺序时，应遵循分区分段的吊装原则，逐一从一个方向向另外一个方向吊装。

叠合梁的吊装顺序编制应该考虑底筋的避让。具体的底筋避让形式如图 3－13 所示。

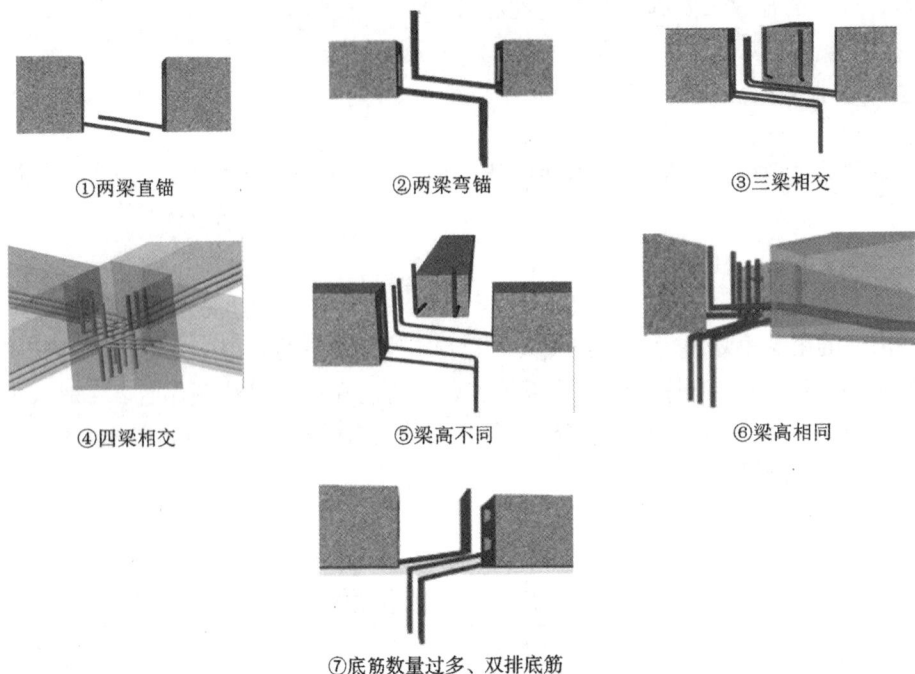

| ①两梁直锚 | ②两梁弯锚 | ③三梁相交 |
| ④四梁相交 | ⑤梁高不同 | ⑥梁高相同 |

⑦底筋数量过多、双排底筋

图 3-13　底筋避让形式

4. 叠合楼板吊装顺序

（1）优先吊装梯段及平台板，方便材料的转运和人员的出入，空调板在相邻楼板吊装完成后同时段内吊装，便于防护的搭设。

（2）待梯段吊装完成，再将梯段周围楼板吊装完成，以先临边后中间的原则顺时针或者逆时针吊装楼板。

（3）楼板吊装时，可考虑分区分段施工，方便后续钢筋绑扎及水电预埋的搭接施工。

（4）如平台板为现浇构件，梯段预制时，须等平台板混凝土强度达到设计强度 75% 以上方可吊装梯段。

3.2.2　支撑策划

支撑分为竖向构件的支撑和水平构件的支撑。

竖向支撑为斜支撑，主要分为两种，一种是带拉钩的斜支撑（图 3-14），另一种是自攻钉斜支撑（图 3-15），前者适用于预埋管线较多的位置，后者适用于预埋管线较少的位置和一些特殊位置。

水平构件的支撑分为叠合板底支撑和叠合梁底支撑。叠合板底支撑分为独立式三角架支撑体系、工具式支撑体系（如盘扣式、轮扣式、碗扣式等）、键槽式支撑体系和钢管扣件式支撑体系等，不同的支撑体系在实际使用的过程中操作步骤、注意事项和适用范围各不相同。叠合梁底支撑分为 Z 形梁底支撑和 U 形梁底支撑。

1. 斜支撑

PC 构件的斜支撑的主要作用是临时固定竖向预制构件及调整竖向预制构件的安装垂直度。斜支撑由单杆组成，两头都设有可调螺杆，调节方便、操作简单、稳定性强。

图 3 - 14　拉钩斜支撑

图 3 - 15　自攻钉斜支撑

（1）斜支撑平面布置的基本原则。

①根据墙板的长度确定斜支撑的根数，4 m 以下的墙板布设两根支撑，4 m 以上的墙板布设三根支撑，且布置在 PC 构件的同一侧（先布置板两端的斜支撑，后布置中间的斜支撑）。

②斜支撑的连接方式为竖向预留套筒、水平预埋拉环。

③斜支撑的安装位置需考虑模板安装，建议距现浇剪力墙≥500 mm。带窗框的预制构件，斜支撑预埋套筒不应安装在窗框以内。

④同一块预制构件的斜支撑拉环不能共用。

⑤斜支撑预埋拉环的方向须与斜支撑方向在同一平行线上。

⑥斜支撑的布置需考虑施工通道。

⑦斜支撑的样式需通用，特殊部位（电梯井、楼梯间等）特殊设计。

⑧阳角处两块 PC 构件上的斜支撑在平面图上有相交时，两根斜支撑投影的交点分别距 PC 构件的距离差至少大于 100 mm。

（2）拉钩斜支撑的套筒预留预埋。

①墙板需在相应位置预埋套筒，套筒规格根据不同构件采用的型号不同。

②斜支撑距地面高度不宜小于构件高度的 2/3，且不应小于构件高度的 1/2。

③楼板需在相应位置预埋支撑环（图 3 - 16），支撑环一般采用 ϕ14 mm 圆钢。

（3）根据层高及 PC 构件的高度不同，一般选用 2 m（使用长度 2.5 ~ 2.7 m）或 2.5 m（使用长度 3.0 ~ 3.2 m）长斜支撑。

2. 独立式三脚架支撑

独立式三脚架支撑主要由三脚架、独立立杆、独立顶托、工字木四部分组成。其中独立立杆分为上部的插管与下部的套管两部分，主要用于叠合板底支撑（图 3 - 17、图 3 - 18）。

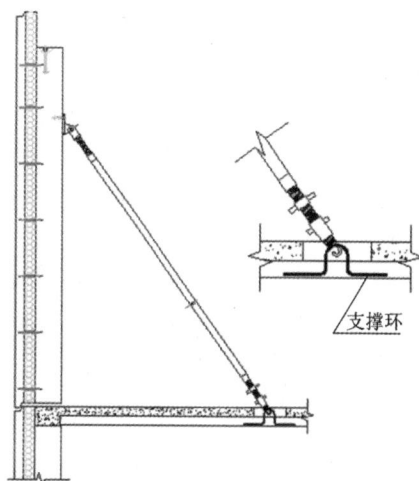

图 3 - 16　支撑环预埋大样

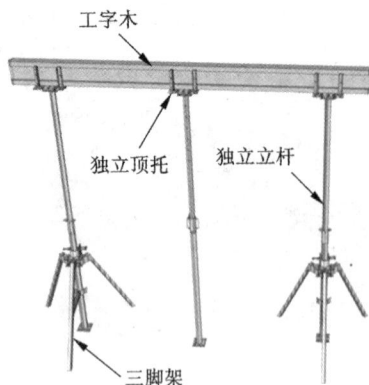

图 3 – 17　独立式三脚架支撑

图 3 – 18　独立式三脚架支撑体系应用案例

（1）布置原则。

①工字木长端距墙边不宜小于 300 mm，侧边距墙边不宜大于 700 mm。

②独立立杆距墙边不宜小于 300 mm、大于 800 mm。

③独立立杆间距宜小于 1.8 m，当同一根工字木下两根立杆间距大于 1.8 m 时，需在中间位置再加一根立杆，中间位置的立杆可以不安装三脚架；工字木方向需与预应力钢筋（桁架钢筋）方向垂直。

④工字木端头搭接处不应小于 300 mm；

⑤独立支撑体系不适用于悬挑构件，如空调板、外阳台、楼梯休息平台等处。

（2）优点。

①应用方便：独立支撑可伸缩调节长度尺寸，相互之间无固定水平连接杆件，独立支撑顶部配有相应的支撑头同主次梁，连接、安装、拆除方便。

②施工速度快：独立支撑系统结构简单，用钢量少，劳动力效率高。以塔式住宅楼为例，每层 600 ~ 800 m² 支模面积仅需半天时间，为其他支撑系统的 1/3 ~ 1/2。

③节省大量钢材：在同样的支模面积条件下，独立支撑比碗扣式支模架、钢管扣件式支模架耗钢量少，约为碗扣架或钢管架的 30%。

④降低施工成本：由于减少了水平模板及支撑系统的一次投入量，又能实现梁板模板早拆，加速模板及支撑系统的周转，同时，节约了大量人工费，因此能明显降低施工成本。

⑤施工现场文明通畅：独立支撑的施工现场，立杆少，无水平杆，因而人员通行、材料搬运畅通，现场文明整洁。

⑥垂直运输减少：独立支撑可由人工从楼梯间或传料孔运至上一层，也可集中到卸料平台上，由塔吊垂直运输。由于独立支撑用钢量少，因此垂直运输量明显减少。

（3）缺点。

由于独立三脚架支撑稳定性较差，一般不适用于跨度过大或层高超过 3.0 m 的项目，同时不宜作为悬挑及现浇构件的板底支撑来使用。

3. 盘扣式支撑

盘扣式支撑分为立杆、横杆、斜杆。其中立杆上带有圆盘，圆盘上有八个孔，四个小孔为横杆专用，四个大孔为斜杆专用。横杆、斜杆的连接方式均为插销式的，可以确保杆件与立杆牢固连接。立杆的连接方式以四方管连接棒为主，而连接棒已固定在立杆上，不需用另外的接头组件来组合，以防止组件丢失(图 3 – 19、图 3 – 20)。

　　盘扣式支撑具有用量少、重量轻、操作方便等优点，适用范围广。

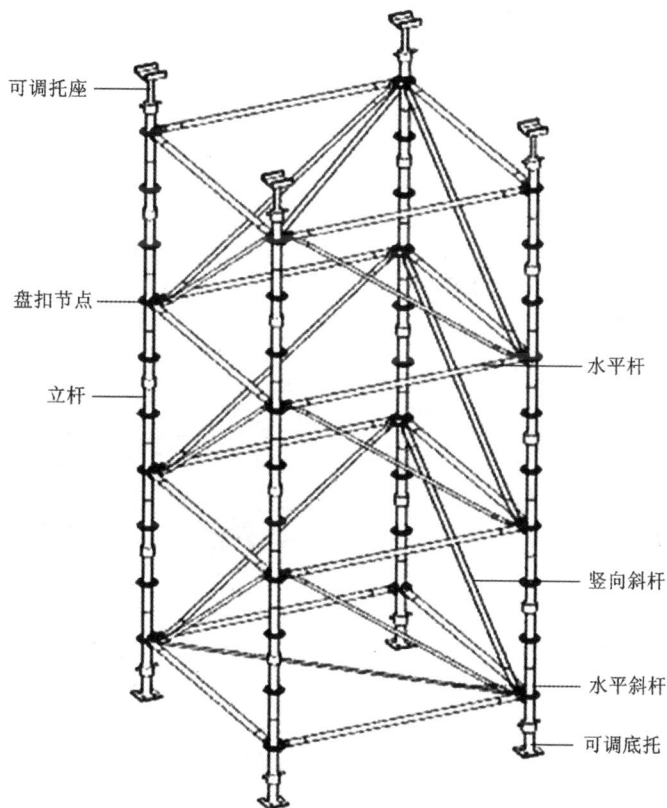

图 3 – 19　盘扣式支撑

图 3 – 20　盘扣式支撑体系应用案例

4.键槽式支撑

承插型键槽式支撑由承插型键槽式钢管承重支架、可调丝杆代替主龙骨的水平加强杆、活动扣件、可调早拆头组成。承插型键槽式支撑搭设简便,坚固耐用,适用范围广。较盘扣式支撑减少了插销零散构配件的使用,精简了施工工艺流程,减少了材料的损耗,但对扣件质量及工人操作水平的要求较高。承插型键槽式支撑具有显著的经济效益和良好的社会效益,是一种工具化的新型支撑体系(图3-21、图3-22)。

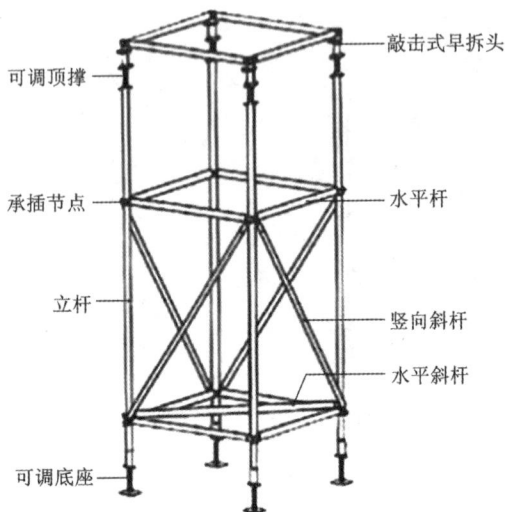

图3-21 键槽式支撑

图3-22 键槽式支撑体系应用案例

5.叠合梁底支撑

选择叠合梁底支撑类型时应考虑叠合梁尺寸、搭设位置、搭设高度等因素,现场施工应严格按照施工图纸进行,以提高施工效率、避免事故发生。远大住工根据多年项目经验设计开发了几种叠合梁底支撑体系,如表3-6所示。

表3-6 远大住工叠合梁支撑体系

序号	类型	图例		备注
1	Z形梁底支撑			适用于外墙板无洞口处
2	U1形梁底支撑			适用于叠合梁底与外墙窗洞口平齐位置

续表 3 – 6

序号	类型	图例		备注
3	U2 形梁底支撑			适用于外墙窗洞口带窗框处
4	脚手架梁底支撑			适用于内墙、隔墙之间的梁的支撑

布置原则：

（1）叠合梁长度超过 4 m 时，宜采用 3 个支撑点。

（2）梁支撑立杆距离剪力墙或柱不得小于 500 mm 且不大于 1000 mm（在条件允许的情况下，优先取值 700 mm，特殊情况特殊考虑）。

（3）当叠合梁底与外墙窗洞口平齐时，布置 U1 形梁底夹具；布置间距为外墙板窗端口面 200～300 mm。

（4）当叠合梁底与外墙窗洞口平齐并预埋了成品窗框时，采用 U2 形梁底夹具；梁底支撑布置间距为外墙板窗端口 200～300 mm。

（5）当叠合梁宽大于下部墙板时，在墙板两端预留套筒与 Z 形连接件固定，距墙端 500～600 mm 两端布置，每块板不少于 4 个 Z 形连接件。

6. 主要技术经济指标分析

以一栋单层建筑面积 900 m² 的 30 层标准层，层高为 3 m 的高层作为计算载体。支撑面积按 1:1 计算，总建筑面积 27000 m²，一般内支撑材料除木方外均为租赁，准备 3 层用量。根据远大住工多年项目经验、三类叠合梁府支撑主要经济指标如表 3 – 7～表 3 – 9。

表 3 – 7　独立式三角支撑　　　　　　　　　　　　　元/m²

分项	计算依据	费用计算
材料费	按建筑面积	12
人工费		5
合计		17

表 3 – 8　盘扣式支撑　　　　　　　　　　　　　元/m²

分项	计算依据	费用计算
材料费	按建筑面积	8
人工费		10
合计		18

表 3 – 9　键槽式支撑　　　　　　　　　　　　　　　元/m²

分项	计算依据	费用计算
材料费	按建筑面积	7
人工费		10
合计		17

3.2.3　模板策划

模板策划的主要内容是合理选择模板类型,科学制订模板支撑方案。装配式混凝土建筑的预制构件在工厂生产,模板体系不同于全现浇结构,本节仅介绍现浇结构部分常用的几种模板体系,便于选型。

1. 铝合金模板

铝合金模板由铝合金材料制作而成,包括平面模板和转角模板等(图 3 – 23、图 3 – 24)。

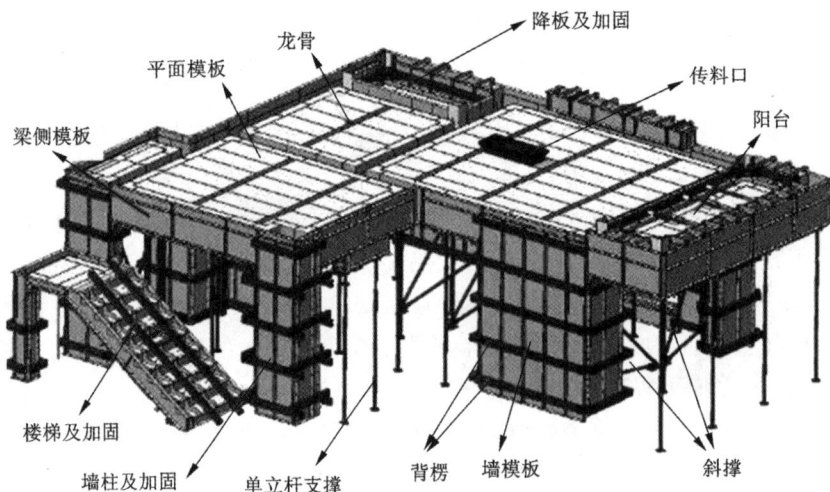

图 3 – 23　铝合金模板体系安装效果图

(1)优点。

①重量轻、刚度高。

②施工质量效果好:混凝土使用铝合金模板进行浇筑,可以达到清水混凝土的要求。

③安装、拆卸方便,对于操作人员来说容易上手,普通操作工人经简单培训后即可上岗独立操作。

④循环次数多,均摊成本低:在正常使用、规范施工的情况下,铝合金模板的循环使用次数可达 300 次以上,平均摊派的使用成本相应较低。

⑤应用范围广:铝合金模板需经过精确的前期设计,能够应用于所有的建筑构件,如承重墙、柱、梁、楼板、楼梯、阳台等,使用铝合金模板能保证建筑的质量并减少偏差。

(a)铝合金模板支撑　　　　　　　　(b)铝合金墙板模板安装

图 3 -24　铝合金模板体系应用案例

⑥施工效率高：铝合金模板为快拆模板系统，根据不同的气候条件，一般 18~36 小时即可拆模，可最大限度地提高工程装拆速度，从而缩短工期，降低施工成本。

⑦施工现场安全、干净：使用铝合金模板进行施工，现场不会产生残剩木片及铁钉等杂物，施工现场看起来更加干净、整洁、安全。

（2）缺点。

①现场设计变更不宜过大：在对铝合金模板进行前期深化设计时，建筑及结构图纸须十分准确，对项目的技术工作要求较高，铝合金模板加工出厂后难以修改，需要及时做好有效的沟通及图纸的变更和会审工作。

②前期一次性投入大：铝合金模板每平方米的单价相对较高，故其前期一次性投入较大，在使用过程中需特别注意对铝合金模板的回收保养。

③工艺较新，操作人员技术水平参差不齐，需要对操作人员进行培训，培训后进行技能考核，考核合格后方能上岗作业。

④不太适合用于异形现浇构件的模板支设。

2. 大模板

大模板由面板、加劲肋、竖楞、支撑桁架、稳定机构和操作平台、穿墙螺栓等组成。大模板构造简单，采用场外平面组装，现场直接吊装使用，组装方便，简化了现场安装工艺，施工速度快，并且一次组装可以重复多次使用（图 3 -25、图 3 -26）。

（1）优点。

①刚度好，不易变形，模板内表面平整，整体性好，机械化施工程度高，施工操作较为简单快捷。

②使用大模板体系能大大减少支模时间，较其他模板节约人工，劳务成本较低，工效较高。

③施工效率高，在项目完工后，可对模板进行改装，改装后，模板可以继续周转到其他项目使用。

（2）缺点。

①对地面平整度要求高，安装拆卸过程较困难且大模板底部易发生漏浆。

②模板的制作成本较高，不易修改，大模板需起重设备配合，对施工场地占用较大，依

赖塔吊进行安装转运。

③竖向及水平现浇构件需分两次浇筑，对工期不利，且竖向浇注高度不易控制。

④单组模板体量较大，对现场操作空间要求较大。

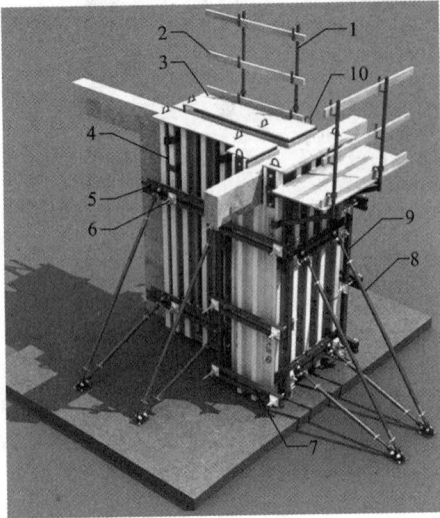

图 3 – 25　大模板体系安装效果图

1—操作平台；2—栏杆；3—脚踏板；4—木工字梁；

5—背楞；6—对拉螺杆组件；7—端模背楞；

8—大模板斜支撑；9—竖向背楞；10—大模板吊具

图 3 – 26　大模板体系应用案例

3. 木模板

木模板及其支架系统一般在加工厂或现场木工棚加工成组件，然后在现场拼装而成。由于木模板具有组装灵活、加工便利的优点，市场占有率高（图 3 – 27、图 3 – 28）。木模板体系需要就地加工，散拆散支，材料损耗很大，不利于环保，要求作业人员具有较高的技术水平，且装拆费时又费力，且在室外作业，劳动强度非常高。

（1）优点。

①自重轻，安装、拆卸、转运、加工方便。

②应对设计变更能力强，能够为各种异形结构构件进行支模。

③木模板的导热系数小，仅为 0.14 ~ 0.16 kcal/（m² · h），远小于钢模板导热系数，有利于冬季施工保温。

（2）缺点。

①建筑木质模板刚度较差，混凝土成形后观感质量不高。

②抗混凝土侧压力能力不强，易发生爆模，造成人员伤亡及材料浪费。

③现场材料堆放比较杂乱，模板铁钉较多，对现场操作人员的安全存在威胁。

④材料的周转次数较少，木模板的周转次数超过 4 次易发生翘曲，使用不当时，周转次数不会超过 10 次。

⑤厚度公差不易掌握，导致建筑结构界面尺寸偏差。

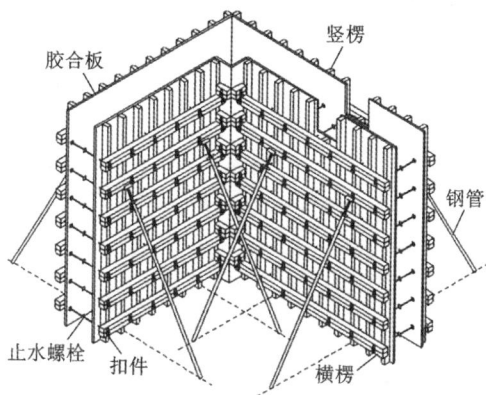

图 3-27 木模板体系安装效果图

图 3-28 木模板体系应用案例

4. 塑料模板

塑料模板是在消化吸收欧洲先进的设备制造技术和加工经验基础上坚持以先进的产品和工艺技术，通过高温 200℃ 挤压而成的复合材料。塑料模板是一种节能型和绿色环保产品，是继木模板、组合钢模板、竹木胶合模板、全钢大模板之后又一新型换代产品（图 3-29、图 3-30）。

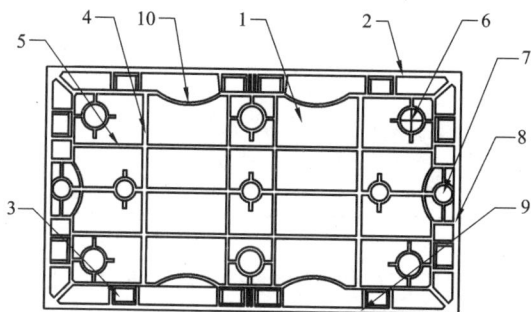

图 3-29 塑料模板体系安装图

1—主体；2—矩形盒；3—连接通孔；4—纵向加强板筋；
5—横向加强板筋；6—连接螺母；7—卸力连接孔；
8—纵侧壁；9—横侧壁；10—环形唇边

图 3-30 塑料模板体系应用案例

（1）优点。

①自重轻，安装、拆卸、转运方便，能满足各种长方体、正方体、L 形、U 形的建筑支模的要求。

②模板表面的平整度、光洁度超过了现有清水混凝土模板的技术要求，有阻燃、防腐、抗水及抗化学品腐蚀的功能，有较好的力学性能和电绝缘性能，从而使得清洁、保养费用减少。

③塑料模板是通过高温挤压而成的复合材料，当周转次数达到 30 次以上后还能够回收再造。

（2）缺点。

①塑料建筑模板的强度和刚度太小，不能满足大跨度、厚度较大剪力墙结构，且一次性投入较高。

②材料较厚，对剪力墙较多的装配式建筑不适用。

③塑料建筑模板的承载量低，只适合小间距的加固，操作不够灵活。

④电焊渣易烫坏塑料模板。

⑤塑料建筑模板的热胀冷缩系数大，塑料板材的热胀冷缩系数比钢铁、木材大，因此塑料建筑模板受气温影响较大。

5. 主要技术经济指标分析

以一栋单层建筑面积 900 m² 的 30 层标准层，层高为 3 m 的高层作为计算载体。总建筑面积 27000 m²，混凝土接触面积比按 1:1.2 计算，所需模板数量为 32400 m²（表 3-10）。

表 3-10   使用木模+方木+钢管的传统混凝土结构模板体系

分项	计算依据	费用计算
材料费	①每套模板周转 10 次，配置 3.5 套模板，模板单价约 50 元/m²； ②工期 7 天/层，总工期 5 个月，内模架钢管 200 kg/m²，扣件 140 只/吨钢管，钢管 80 元/(t·月)；扣件 0.25 元/(只·月)； ③每平方米模板配 4 m 木方，每米木方约 9 元	①1.2×900×3.5×50=189000 元 ②钢管：900×0.2×80×5=72000 元 扣件：900×0.2×0.25×5×140=31500 元 ③1.2×900×3.5×4×9=136080 元 (①+②+③)/27000≈16 元/m²
人工费	按建筑面积	13 元/m²
辅材及消耗费用	按建筑面积	3 元/m²
合计		32 元/m²

整体式铝合金模板可采用租赁或购买的方式，根据厂家提供理论数据，可最多重复使用 300 次，如结构造型发生变化，则需要返厂重新加工，每次按 30% 的返厂率计算，返厂部分需要另外增加 700 元/m² 的加工费（表 3-11、表 3-12）。

表 3-11   铝合金模板（租赁）

分项	计算依据	费用计算
租费	包括辅材，按建筑平方米计算	10 元/m²×1.2=12 元/m²
人工费	按建筑面积	10 元/m²
合计		22 元/m²

表 3 – 12 铝合金模板(购买)

分项	计算依据		费用计算
材料费	①按铝合金模板面积		①1200 元/m²
	②周转 30 次	按建筑面积	②1200 × 900 × 1.2/27000 = 48 元/m²
	③周转 60 次	在上一次的模板上加工,需增加 700 元/m²,同样修建一栋单层建筑面积 900 m² 的 30 层建筑	③(1200 × 900 × 1.2 + 900 × 1.2 × 0.3 × 700)/(27000 × 2) = 28.2 元/m²
	④周转 90 次		④(1200 × 900 × 1.2 + 900 × 1.2 × 0.3 × 700 × 2)/(27000 × 3) = 21.6 元/m²
	⑤周转 120 次		⑤(1200 × 900 × 1.2 + 900 × 1.2 × 0.3 × 700 × 3)/(27000 × 4) = 18.3 元/m²
	⑥周转 300 次		⑥(1200 × 900 × 1.2 + 900 × 1.2 × 0.3 × 700 × 9)/(27000 × 10) = 12.4 元/m²
人工费	按建筑面积		10 元/m²
合计			58 元/m²(周转 30 次) 38.2 元/m²(周转 60 次) 31.6 元/m²(周转 90 次) 28.3 元/m²(周转 120 次) 22.4 元/m²(周转 300 次)

塑料模板一般为直接采购,可周转使用 60 次,无须返厂维修(表 3 – 13)。

表 3 – 13 塑料模板

分项	计算依据		费用计算
材料费	①按塑料模板面积		①180 元/m²
	②周转 30 次	按建筑面积	②180 × 900 × 1.2/27000 = 7.2 元/m²
	③周转 60 次		②180 × 900 × 1.2/(27000 × 2) = 3.6 元/m²
人工费	按建筑面积		12 元/m²
合计			19.2 元/m²(周转 30 次) 15.6 元/m²(周转 60 次)

大模板一般为直接采购,可周转使用 120 次,如结构造型发生变化,则需要返厂重新加工,每次按 40% 的返厂率计算,返厂部分需要另外增加 150 元/m² 的加工费(表 3 – 14)。

表 3 - 14　大模板

分项	计算依据		费用计算
材料费	①按大模板面积	在上一次的模板上加工，需增加 150 元/m² ，同样修建一栋单层建筑面积 900 m² 的 30 层建筑	①400 元/m²
	②周转 30 次		②400 ×900 ×1.2/27000 = 16 元/m²
	③周转 60 次		③(400 ×900 ×1.2 + 900 ×1.2 ×0.4 ×150)/ (27000 ×2) = 9.2 元/m²
	④周转 90 次		④(400 ×900 ×1.2 + 900 ×1.2 ×0.4 ×150 ×2)/ (27000 ×3) = 6.9 元/m²
	⑤周转 120 次		⑤(400 ×900 ×1.2 + 900 ×1.2 ×0.4 ×150 ×3)/ (27000 ×4) = 5.8 元/m²
人工费	按建筑面积		10 元/m²
机械费及其他费用	按建筑面积		2 元/m²
合计			28 元/m²(周转 30 次) 21.2 元/m²(周转 60 次) 18.9 元/m²(周转 90 次) 17.8 元/m²(周转 120 次)

3.2.4　外防护策划

装配式建筑常用的外防护类型有：装配式建筑专用外挂式作业平台、夹具式防护、三角防护架等。

1. 装配式建筑专用外挂式作业平台

在装配式建筑施工现场，外挂式作业平台(简称外挂架)可作为建筑临边防护，并且为工人进行外墙施工提供作业空间，可有效地避免高空坠物等安全隐患，防止发生人员伤亡和财产损失，提高施工的安全性(图 3 - 31、图 3 - 32)。

(1)优点。

①产品标准化程度较高，通用性强，可以循环使用。

②安装、提升、拆除简便；较其他传统外防护所需人工少，机械化程度高。

③外挂架支点均设置在预制外墙板上，且不需要在外墙板上开洞，适用于有预制外墙的项目。

(2)缺点。

①前期投入较传统外防护类型更大，对层数较少的项目分摊成本较高。

②前期设计及加工工作量较大，对前期设计精度要求较高，需要设计及现场管理人员沟通协调。

③不适用于外立面异形构件较多的项目、外立面没有预制构件的项目(不方便设置挂点)。

外挂式作业平台通用性好，可适应层高 2.9 ~ 3.2 m 的民用建筑，安装简易，可重复利用。外挂架作业平台一般高度为 2H(层高) + 2.1 m，宽度为 0.7 m，长度一般根据建筑物的周边尺寸进行分解。

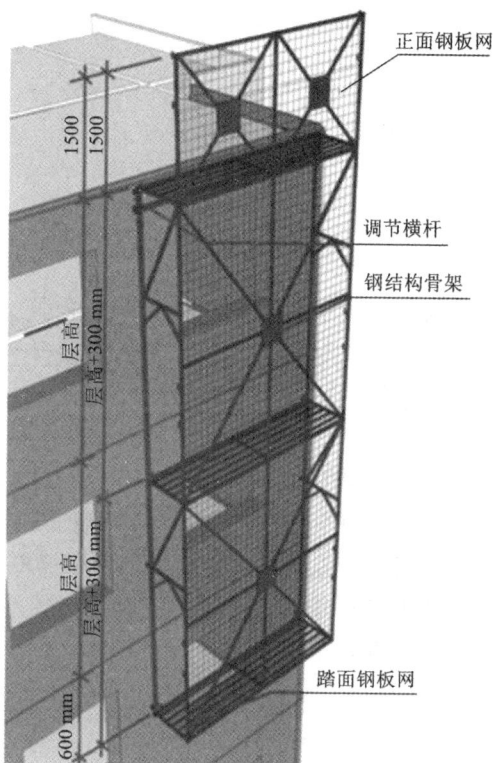

图 3-31 装配式建筑专用外挂式作业平台

图 3-32 装配式建筑专用外挂式作业平台应用案例

2. 夹具式防护

夹具式防护是一种将建筑工地临时钢管扣件栏杆的节点加以改造，利用节点构件与工地普通钢管迅速拼接成工地临时防护栏杆，平时只需对节点构件进行周转及仓储。构件主要由立杆及横杆组成，在施工现场进行组装，拆除时施工简单，材料可以循环利用，大大降低相关材料的消耗（图 3-33、图 3-34）。

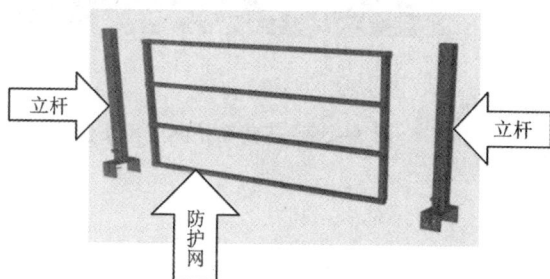

图 3-33 夹具式防护

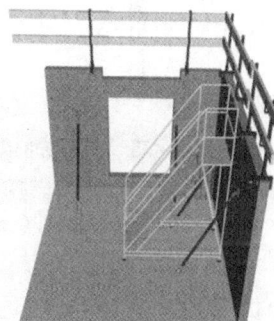

图 3-34 夹具式防护应用案例

（1）优点。

①防护由夹具立杆、横杆、扣件组成，安装、拆除简便。

②需要用到的材料较少。

③综合成本较低。

（2）缺点。

①由于立杆是安装在外围护构件上，抗冲击能力小。

②在吊装外围护构件时会出现防护空缺期，需搭设防护平台配合。

③夹具对外立面墙板设计有要求。

夹具式防护可大大增强建筑施工工地的标准化程度，同时又能提高栏杆的搭设速度，以及栏杆的安全美观性，而且还能给施工企业节省标准化栏杆周转的运输和储存成本。适用于外立面由预制外围护构件，且外围护构件上口高于楼面现浇完成面。

3. 三角防护架

三角防护架由防护架和三脚架焊接而成（图 3 - 35、图 3 - 36），搭设脚手架的钢管应采用现行国家标准《直缝电焊钢管》GB/T 13793—2016 或《低压流体输送用焊接钢管》GB/T 3092—1993 中规定的 3 号普通钢管，其质量符合现行国家标准《碳素结构钢》GB/T 700—2006 中 Q235A 钢的规定，扣件为可锻铸造扣件，其材质应符合原建设部《钢管脚手架扣件》GB 15831 的要求。三角形外挂架与预埋件连接必须牢固，并且不得使用有缺陷的材料。

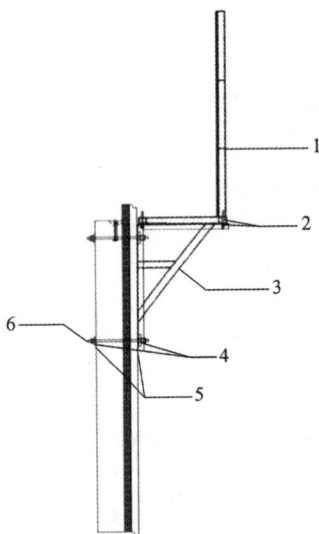

图 3 - 35　三角防护架

图 3 - 36　三角防护架应用案例

1—防护架；2—M14 高强螺栓；3—三脚架；4—M20 螺帽；
5—80 mm×80 mm×10 mm 方形垫片；6—M20 高强全丝螺杆

（1）优点。

①安装搭设操作简便。

②分摊成本较低，适用于高层建筑。

③稳定性较好，适用于有预制外墙的装配式项目。

（2）缺点。

①由于在外墙上预留了较多的对穿孔，对后期外墙防水的处理不利。

②提升过程烦琐复杂，提升时需要占用大量的塔吊使用时间。

三角防护架通过在预制墙体上预留孔洞进行挂设，整装整拆，可以节省施工周期，施工速度快、施工方法简单，适用于有预制外墙的高层装配式建筑。

4. 主要技术经济指标分析

以一栋单层建筑面积 900 m^2 的 30 层，层高为 3 m 标准层的高层作为计算载体。总建筑面积 27000 m^2。

高层建筑一般是落地式双排钢管脚手架与悬挑脚手架组合使用，落地式双排钢管脚手架（表 3 – 15）按最高搭设 50 m，悬挑式脚手架（表 3 – 16）按最高搭设 20 m。故 1～16 层为落地式双排钢管脚手架、17～30 层每隔 6 层悬挑一层槽钢，总计悬挑 3 次。在使用过程中只需塔吊吊运材料即可。

表 3 – 15　落地式双排钢管脚手架　　　　　　　　　　　　　　　元/m^2

分项	计算依据	费用计算
材料费	按建筑面积	4
人工费		13
合计		17

表 3 – 16　悬挑式脚手架　　　　　　　　　　　　　　　元/m^2

分项	计算依据	费用计算
材料费（包含工字钢、钢丝绳等）	按建筑面积	6
人工费		13
合计		19

装配式建筑专用外挂式作业平台（表 3 – 17）一般需要设计、加工，由于其通用性强，在建筑层高相同的情况下可以周转使用 4 个项目，如建筑外形发生变化时，一般 10% 的外挂架需要重新设计、加工。在使用过程中需要塔吊配合安装、提升、拆除，每次提升占用塔吊时间为 0.5 个工日，整栋建筑完成总计占用塔吊时间为 15 个工日，一般高层塔吊为 TC 6517 或起重量相似的吊机。

三角防护架（表 3 – 18）一般需要设计、加工，且每个三角防护架对应一块预制外墙，其通用性不如外挂架，可周转使用 4 个项目，如建筑外形发生变化时，一般 30% 的三角防护架需要重新设计、加工。在使用过程中需要塔吊配合安装、提升、拆除，每次提升占用塔吊时间为 0.5 个工日，整栋建筑完成总计占用塔吊时间为 15 个工日，一般高层塔吊为 TC 6517 或起重量相似的吊机。

表 3 – 17　装配式建筑专用外挂式作业平台

分项	计算依据		费用计算
材料费	①按外架重量		①8500 元/t
	②周转使用 1 次	30 kg/m² 按建筑面积	②0.03 × 900 × 8500/27000 = 8.5 元/m²
	③周转使用 2 次	在上一次的外架基础上加工，有 10% 的外架量需重新设计、加工，同样修建一栋单层建筑面积 900 m² 的 30 层建筑	③0.03 × 900 × 8500 × 110%/(27000 × 2) = 4.7 元/m²
	④周转使用 3 次		④0.03 × 900 × 8500 × 110% × 110%/(27000 × 3) = 3.4 元/m²
	⑤周转使用 4 次		⑤0.03 × 900 × 8500 × 110% × 110% × 110%/(27000 × 4) = 2.8 元/m²
人工费	按建筑面积		8 元/m²
机械费及其他费用	按建筑面积		1 元/m²
合计			17.5 元/m²（周转使用 1 次） 13.7 元/m²（周转使用 2 次） 12.4 元/m²（周转使用 3 次） 11.8 元/m²（周转使用 4 次）

表 3 – 18　三角防护架

分项	计算依据		费用计算
材料费	①按外架重量		①8000 元/t
	②周转使用 1 次	28 kg/m² 按建筑面积	②0.028 × 900 × 8000/27000 = 7.5 元/m²
	③周转使用 2 次	在上一次的外架基础上加工，有 30% 的外架量需重新设计、加工，同样修建一栋单层建筑面积 900 m² 的 30 层建筑	③0.028 × 900 × 8000 × 130%/(27000 × 2) = 4.9 元/m²
	④周转使用 3 次		④0.028 × 900 × 8000 × 130% × 130%/(27000 × 3) = 4.2 元/m²
	⑤周转使用 4 次		⑤0.028 × 900 × 8000 × 130% × 130% × 130%/(27000 × 4) = 4.1 元/m²
人工费	按建筑面积		9 元/m²
机械费及其他费用	按建筑面积		1 元/m²
合计			17.5 元/m²（周转使用 1 次） 14.9 元/m²（周转使用 2 次） 14.2 元/m²（周转使用 3 次） 14.1 元/m²（周转使用 4 次）

附着式升降脚手架（表 3 – 19）一般为租赁，在使用过程中除前期搭设及项目完工后需要塔吊配合，其余爬升过程无须塔吊配合。

表 3 – 19　附着式升降脚手架　　　　　　　　　　　　　　　　元/m²

分项	计算依据	费用计算
租赁费		12
人工费	按建筑面积	6
机械费及其他费用		2
合计		20

夹具式防护架(表 3 – 20)一般为采购成品夹具式立杆以及防护网,在搭设、拆除时不需要塔吊配合,均为人工搬运传递。

表 3 – 20　夹具式防护架　　　　　　　　　　　　　　　　　　元/m²

分项	计算依据	费用计算
材料费		5
人工费	按建筑面积	2
合计		7

3.3　材料准备

在正式吊装施工前,施工人员应检查各类施工器具、材料,确保器具、材料种类齐全,型号、尺寸符合要求,数量不少于一层的用量。

材料应根据它的不同性质存放于符合要求的专门材料库房,应避免潮湿、雨淋,防爆、防腐蚀;各种材料应标示清楚,分类存放。

施工现场应建立限额领料制度。对于材料的发放,要实行"先进先出,推陈储新"的原则,项目部的物资耗用应结合分部、分项工程的核算,严格实行限额领料制度,在施工前必须由项目施工人员开签限额领料单,限额领料单必须按栏目要求填写,不可缺项。对贵重和用量较大的物品,可以根据使用情况,凭领料小票分多次发放。对易破损的物品,材料员在发放时需做较详细的验交,并由领用双方在凭证上签字认可。

3.3.1　常用设备及工器具

表 3 – 21 为常用设备及工器具。

表 3 – 21　常用设备及工器具

序号	名称	图例	备注
1	塔吊		适用于占地面积大的建筑或高层建筑

续表 3 – 21

序号	名称	图例	备注
2	汽车吊		适用于占地面积较小的多层建筑等
3	焊机		用于钢筋连接、连接件加固等
4	切割机		用于钢材加工
5	电锤		用于墙板引孔
6	电动扳手		用于紧固固定螺栓和自攻钉
7	液化气喷火枪		用于加热防水卷材

续表 3 – 21

序号	名称	图例	备注	
8	灌浆机		用于预制剪力墙灌浆	
9	鼓风机		用于灌浆前疏通灌浆孔,保证灌浆孔畅通	
10	手动灌浆枪		用于预制剪力墙灌浆	灌浆
11	电子秤		用于称量拌置灌浆料	
12	搅拌器		用于搅拌灌浆料	

3.3.2　常用辅材

1. 常用吊装工具(表 3 – 22)

表 3 – 22　常用吊装工具

序号	名称	图例	计算规则	备注
1	钢梁		塔吊数 ×1	竖向预制构件吊装工具
2	吊架		塔吊数 ×1	叠合楼板吊装工具
3	吊爪		吊装班组数 ×8	与预制构件上的吊钉连接
4	卸扣		吊装班组数 ×8	直接与被吊物连接,用于索具与末端配件之间
5	吊钩		吊装班组数 ×4	借助于滑轮组等部件悬挂在起重设备的钢丝绳上
6	钢丝绳		整栋层数 /15 ×2 × 塔吊数	预制构件吊装

续表 3 – 22

序号	名称	图例	计算规则	备注
7	缆风绳		钢梁 ×2	墙板落位时使墙板保持稳定
8	防坠器		吊装班组数 ×6	安全防护用品
9	悬挂双背安全带		吊装班组数 ×6	安全防护用品
10	检测尺		吊装班组数 ×1	测量墙板垂直度
11	人字梯		吊装班组数 ×2	方便人员取钩
12	防水卷材		单层拼缝总长度 ×100 × 总层数	外墙拼缝处防漏浆

续表 3 – 22

序号	名称	图例	计算规则	备注
13	抗裂填缝砂浆		根据设计图纸确定	用于拼缝处理
14	耐碱网格布		根据设计图纸确定	用于拼缝处理

以上材料中,钢丝绳的型号及数量需通过计算选择。

钢丝绳的数量根据吊点的数量确定,钢丝绳规格根据本项目中最重预制构件计算确认,钢丝绳的长度根据本项目中相邻吊点之间最大间距计算确认。即:

钢丝绳的容许拉应力可按下式计算:

$$[F_g] = \alpha F_g / k \tag{3-1}$$

式中:$[F_g]$——钢丝绳的容许拉力,kN;

　　　F_g——钢丝绳的钢丝破断拉力总和,kN;

　　　α——考虑钢丝绳之间荷载不均匀系数,对 6×19、6×37、6×61 钢丝绳,α 分别取 0.85、0.82、0.80;

　　　K——钢丝绳使用安全系数,按表 3 – 23 取用。

可从表 3 – 24 ~ 表 3 – 26 查到,如无表时,可近似地按下式计算:

$$F_g = 0.5d^2 \tag{3-2}$$

式中:d——钢丝绳直径。

表 3 – 23　钢丝绳安全系数及需要滑车直径

钢丝绳用途		安全系数(K)	滑车直径
缆风绳及拖拉绳		3.5	≥12d
用于滑车时	手动的	4.5	≥16d
	机动的	5 ~ 6	≥16d
做吊索	无绕曲时	5 ~ 7	—
	有绕曲时	6 ~ 8	≥20d
做地锚绳		5 ~ 6	—
做捆绑吊索		8 ~ 10	—
用于载人升降机		14	≥30d

注:d 为钢丝绳直径。

表 3 – 24 6×19 钢丝绳的主要规格及荷载性能

直径/mm		钢丝总截面面积	参考重量/(kg·100⁻¹·m⁻¹)	钢丝绳公称抗拉强度/MPa				
钢丝绳	钢丝			1400	1550	1800	1850	2000
				钢丝破断拉力总和($\sum S \geqslant$)/kN				
6.2	0.4	14.32	13.5	20.0	22.1	24.3	26.4	28.6
7.7	0.5	22.37	21.1	31.3	34.6	38.0	41.3	44.7
9.3	0.6	32.22	30.5	45.1	49.6	54.7	59.6	64.4
11.0	0.7	43.85	41.4	61.3	67.9	74.5	81.1	87.7
12.5	0.8	57.27	54.1	80.1	88.7	97.3	105.5	114.5
14.0	0.9	72.49	68.5	101.0	112.0	123.0	134.0	144.5
15.5	1.0	89.49	84.8	125.0	138.5	152.0	165.5	178.5
17.0	1.1	108.28	102.3	151.5	167.5	184.0	200.0	216.5
18.5	1.2	128.70	121.8	180.0	199.5	219.0	233.0	257.5
20.0	1.3	151.24	142.9	211.5	234.0	257.0	279.5	302.0
21.5	1.4	175.40	165.8	245.5	271.5	298	324	350.5
23.0	1.5	201.35	190.0	281.5	312.0	342.0	372.0	402.5
24.5	1.6	220.09	216.5	320.5	355.0	389.0	423.5	458.0
26.0	1.7	258.63	244.4	362.0	400.5	439.6	478.0	517.0
28.0	1.8	289.95	274.0	405.5	449.0	492.5	536.0	578.0
31.0	2.0	357.96	338.3	501.0	554.5	608.5	662.0	715.5
34.0	2.2	433.13	409.3	606.0	671.0	736.0	801.0	—
37.0	2.4	515.46	487.1	721.5	798.5	876.0	953.5	—
40.0	2.6	604.95	571.7	846.5	937.5	1025.0	1115.0	—
43.0	2.8	701.60	630.0	982.0	1108.5	1190.0	1295.0	—
46.0	3.0	805.41	761.1	1125.0	1245.0	1365.0	1490.0	—

表 3 – 25 6×37 钢丝绳的主要规格及荷载性能

直径/mm		钢丝总截面面积	参考重量/(kg·100⁻¹·m⁻¹)	钢丝绳公称抗拉强度/MPa				
钢丝绳	钢丝			1400	1550	1800	1850	2000
				钢丝破断拉力总和($\sum S \geqslant$)/kN				
8.7	0.4	27.88	26.2	39.0	43.2	47.3	51.5	55.7
11.0	0.5	43.57	41.0	60.9	67.5	74.0	80.6	87.1
13.0	0.6	62.74	59.0	87.8	97.2	106.5	116.0	125.0
15.0	0.7	85.39	80.3	119.5	132.0	145.0	157.5	170.5
17.5	0.8	111.53	104.8	156.0	172.5	189.5	206.0	223.0
19.5	0.9	141.16	132.7	197.5	218.5	239.5	261.0	282.0

续表 3 − 25

直径/mm		钢丝总截面面积	参考重量/(kg·100⁻¹·m⁻¹)	钢丝绳公称抗拉强度/MPa				
				1400	1550	1800	1850	2000
钢丝绳	钢丝			钢丝破断拉力总和($\sum S \geqslant$)/kN				
21.5	1.0	174.27	163.8	243.5	270.0	296.0	322.0	348.5
24.0	1.1	210.87	198.2	295.0	326.5	358.0	390.0	421.5
26.0	1.2	250.95	235.9	351.0	388.5	426.5	464.0	501.5
28.0	1.3	294.52	276.8	412.0	456.5	500.5	544.5	589.0
30.0	1.4	341.57	321.1	478.0	529.0	580.5	631.5	683.0
32.5	1.5	392.11	368.6	548.5	607.5	666.5	725.0	784.0
34.5	1.6	446.13	419.4	624.5	691.5	758.0	825.0	892.0
36.5	1.7	503.64	473.4	705.0	780.5	856.0	931.5	1005.0
39.0	1.8	564.63	530.8	790.0	875.0	959.5	1040.0	1125.0
43.0	2.0	697.08	655.3	975.5	1080.0	1185.0	1285.0	1390.0
47.5	2.2	843.47	792.9	1180.0	1305.0	1430.0	1560.0	—
52.0	2.4	1003.80	943.6	1405.0	1555.0	1705.0	1855.0	—
56.0	2.6	1178.07	1107.4	1645.0	1825.0	2000.0	2175.0	—

表 3 − 26　6×61 钢丝绳的主要规格及荷载性能

直径/mm		钢丝总截面面积	参考重量/(kg·100⁻¹·m⁻¹)	钢丝绳公称抗拉强度/MPa				
				1400	1550	1800	1850	2000
钢丝绳	钢丝			钢丝破断拉力总和($\sum S \geqslant$)/kN				
16.5	0.6	103.43	97.2	144.5	160.0	175.5	191.0	206.5
19.5	0.7	140.78	132.3	197.0	218.0	239.0	260.0	281.5
22.0	0.8	183.88	172.8	257.0	285.0	312.5	340.0	367.5
25.0	0.9	232.72	218.8	325.5	360.5	395.5	430.5	465.0
27.5	1.0	287.31	270.1	402.0	445.0	488.0	531.5	574.5
30.5	1.1	347.65	326.8	486.5	538.5	591.0	643.0	695.0
33.0	1.2	413.73	388.9	579.0	641.0	703.0	765.0	827.0
36.0	1.3	485.55	456.4	679.5	752.5	825.0	898.0	971.0
38.5	1.4	563.13	529.3	788.0	872.5	957.0	1040.0	1125.0
41.5	1.5	646.45	607.7	905.0	1000.0	1005.0	1195.0	1290.0
44.0	1.6	735.51	691.4	1025.0	1140.0	1250.0	1360.0	1470.0
47.0	1.7	830.33	780.5	1160.0	1285.0	1410.0	1535.0	1660.0
50.0	1.8	930.88	875.0	1300.0	1440.0	1580.0	1720.0	1860.0
55.5	2.0	1149.24	1080.3	1605.0	1780.0	1950.0	2125.0	2295.0
61.0	2.2	1390.58	1307.1	1945.0	2155.0	2360.0	2570.0	—

钢丝绳的长度可根据吊点数量、钢丝绳与预制构件水平夹角等按下式计算：

$$l = L/2\cos\beta \tag{3-3}$$

式中：l——单根钢丝绳长度；

　　　β——钢丝绳与预制构件水平夹角；

　　　L——相邻两个吊点之间距离。

如图 3-37、图 3-38 的墙板、楼板吊装中：

当 $\beta=30°$时 $l=0.58L$；当 $\beta=35°$时 $l=0.61L$；当 $\beta=40°$时 $l=0.65L$；当 $\beta=45°$时 $l=0.71L$；当 $\beta=50°$时 $l=0.78L$；当 $\beta=55°$时 $l=0.87L$；当 $\beta=60°$时 $l=L$；当 $\beta=65°$时 $l=1.18L$。

钢丝绳长度不宜过长，且受力尽量小的区域是 $l=(0.61\sim0.87)L$，其中最优起吊吊索长度 $l=0.71L$。

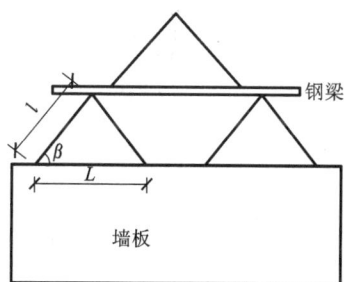

图 3-37　墙板吊装简图

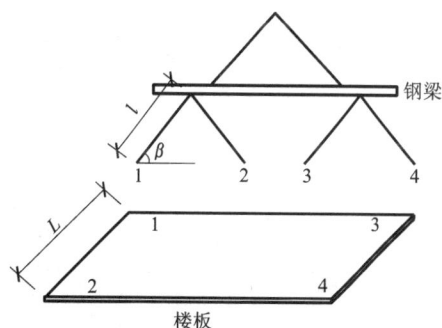

图 3-38　楼板吊装简图

2. 吊装常用消耗材料(表 3-27)

表 3-27　吊装常用消耗材料

序号	名称	图例	计算规则	备注
1	外墙板定位件		（外墙块数×2 个）×1（层）	将外墙与楼面连成一体，同时方便外墙板就位
2	内墙板定位件		（内墙及隔墙块数×4 个）×1（层）	将内墙与楼面连成一体，同时方便内墙板就位

续表 3 – 27

序号	名称	图例	计算规则	备注
3	垫块		（PC 墙板数 × 2 个）× 0.7（系数）× 层数	各种规格均按此计算用于预制构件水平调整
4	L 形连接件		标准层外墙板平面布置图大阳角数 × 3（道）× 整栋层数	外墙阳角处拼缝连接
5	一字连接件		两块共面外墙拼缝条数及两块外墙板阴角拼缝条数（浇筑在砼内）× 3（道）× 层数	外墙一字墙拼缝连接处
6	一字加长连接件		两块共面外墙夹一块分户墙处 × 3（道）× 层数	两块外墙套筒间隔较大处（两块外墙板中隔着一块墙板）
7	连接螺栓		［一字连接件数（周转）× 2个 + 墙板定位件数（周转）+ 斜支撑数（带拉钩及不带拉钩）］× 1（层）	斜支撑固定、L 形连接件固定、一字连接件固定、墙板定位件固定
8	自攻钉		［外墙块数 × 2 个 + 内墙及隔墙块数 × 4 个］× 层数/可周转层数	斜支撑固定、墙板定位件底部固定

图 3 - 39 为连接件施工现场布置。

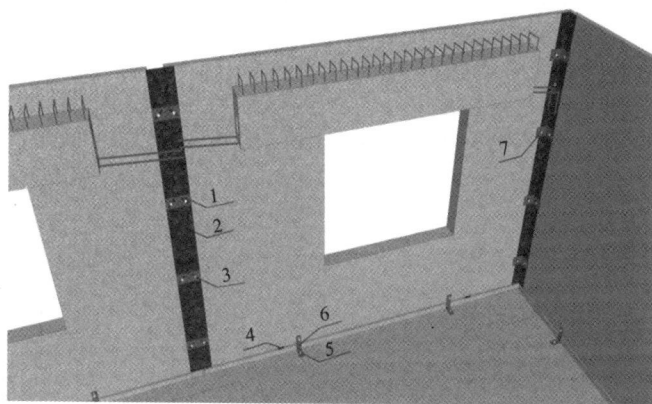

图 3 - 39 连接件施工现场布置

1——字连接件；2—防水卷材；3—连接螺栓；4—垫块；5—自攻钉；6—定位件；7—L 形连接件

3. 常用支撑材料(表 3 - 28、表 3 - 29)

表 3 - 28 常用支撑材料(1)

序号	名称	图例	计算规则	备注
1	拉钩斜支撑		［墙板数（小于 6 m）×2 根 + 墙板数（大于 6 m）× 3 根］×1(层)	竖向预制构件临时固定（楼板上需预埋拉环）
2	平板斜支撑		拉钩斜支撑×20%	竖向预制构件临时固定
3	U1 形梁底夹具		根据单层平面布置图规格数×3(层)	叠合梁底支撑

续表 3 – 28

序号	名称	图例	计算规则	备注
4	U2 形梁底夹具		根据标准层平面布置图规格数 ×3(层)	叠合梁底夹具
5	Z 形梁底夹具		根据标准层平面布置图规格数 ×3(层)	外墙叠合梁支撑
6	梁底夹具立杆		根据标准层平面布置图规格数 ×3(层)	叠合梁底支撑

图 3 – 40 为支撑材料施工现场布置。

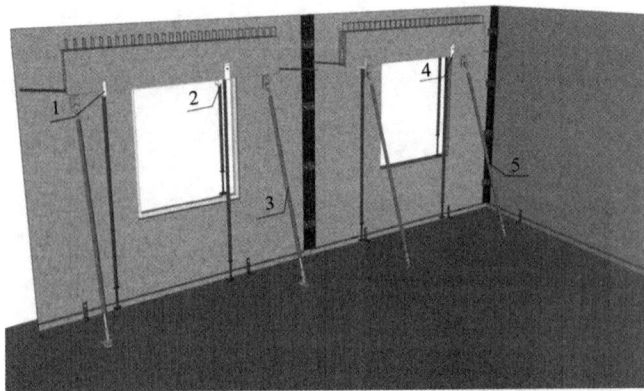

图 3 – 40 支撑材料施工现场布置

1—Z 形梁底夹具; 2—U2 形梁底夹具; 3—平板斜支撑; 4—U1 形梁底夹具; 5—拉钩斜支撑

表 3 - 29　常用支撑材料(2)

序号	名称	图例	计算规则	备注	
1	木工字梁		根据标准层平面布置图规格数 ×3(层)	叠合板底支撑	独立支撑
2	三脚架支撑		等于独立立杆数 ×2/3（系数）	临时固定板底支撑	
3	独立顶托		等于独立立杆数	叠合板底支撑	
4	独立立杆		根据标准层平面布置图规格数 ×3(层)	叠合板底支撑	
5	工具式支撑立杆		根据标准层平面布置图规格数 ×3(层)	叠合板底支撑	工具式支撑
6	工具式顶托		等于工具式支撑立杆数	叠合板、梁底支撑	
7	工具式支撑横杆		根据标准层平面布置图规格数 ×3(道) ×2(层)	叠合板底支撑	
8	活动扣件		根据标准层平面布置图规格数 ×3(层)	叠合板、梁底支撑	

图 3 –41 为独立支撑现场布置，图 3 –42 为工具式支撑现场布置。

图 3 –41　独立支撑现场布置

图 3 –42　工具式支撑现场布置

4. 常用灌浆材料（表 3 –30）

表 3 –30　常用灌浆材料

序号	名称	图例	计算规则	备注
1	定位钢板		根据设计图纸确定	调整预制剪力墙插筋间距
2	小镜子		吊装班组 ×1（块）	吊装，观察灌浆套筒落位情况
3	量水杯		根据项目大小确定（一般一个）	拌制灌浆料，精确加水

续表 3 - 30

序号	名称	图例	计算规则	备注
4	试块试模		根据项目大小确定(一般一个)	用于灌浆料试块,进行抗压强度检测
5	灌浆料		预制剪力墙(墙底面积×0.02 + 套筒个数×所需灌浆体积)	套筒与钢筋连接胶凝材料
6	搅拌桶		根据项目大小确定(一般一个)	搅拌灌浆料
7	测温计		根据项目大小确定(一般一个)	测量温度
8	圆截锥试模、钢化玻璃板		根据项目大小确定(一般一个)	检查流动度

续表 3 - 30

序号	名称	图例	计算规则	备注
9	橡胶塞		单层灌浆套筒×2个×总层数	灌浆后塞孔
10	内衬条、密封带		单层预制剪力墙总长度×总层数	预制剪力墙带保温板上浆料堵缝，封堵料深度控制
11	小抹子		根据项目大小确定（一般两个）	构件接缝外侧封堵料抹平

图 3 - 43 为灌浆施工。

图 3 - 43　灌浆施工

第 4 章

施工技术

　　装配式混凝土建筑现场施工的主要内容包括：构件运输与存放、各类构件的安装、不同位置钢筋的摆放、现浇部位模板的安装、水电设备管线的安装、防水施工及拼缝处理、外防护工程的施工等。

　　相比传统的建筑施工方式，装配式混凝土建筑的施工要求精度高，吊装作业量大，对现场管理及操作人员的要求也更严格。要成为一名合格的装配式混凝土建筑施工现场管理人员，必须熟悉装配式混凝土建筑各分部分项工程的施工工艺流程，提高施工质量和效率，降低施工成本。施工工艺流程图如图 4 - 1 所示。

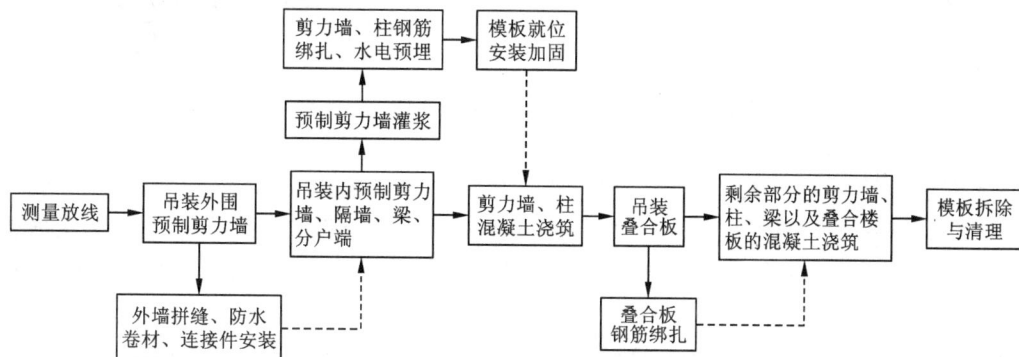

(a)预制剪力墙体系拼模板施工流程

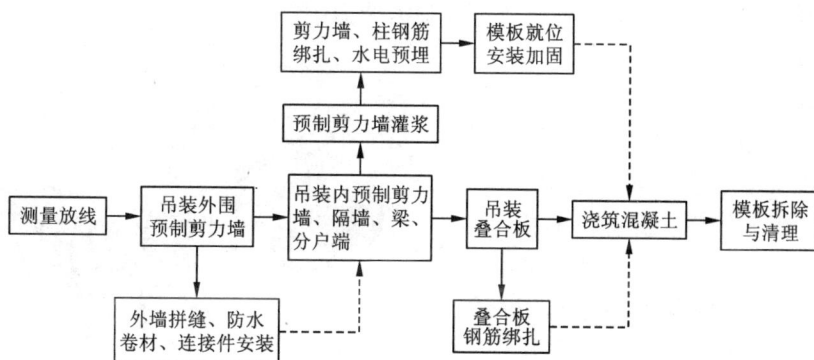

(b)预制剪力墙体系大模板施工流程

图 4 - 1　施工工艺流程图

4.1 构件运输及存放

4.1.1 PC 构件装车及运输

1. PC 墙板装车

（1）PC 墙板运输架分为整装运输架、一般运输架（图 4-2、图 4-3）。

车型选择：一般采用 9.6 m 平板车为运输车辆，具体根据各区域情况而定；装车前，检查运输架是否有损伤，如有损伤立即返修或者更换运输架；在平板车上加焊运输架限位件，防止运输架在运输过程中移动或倒塌；严格按照运输安全规范和手册操作，注意安全；装车墙板重量不超过平板车极限荷载。

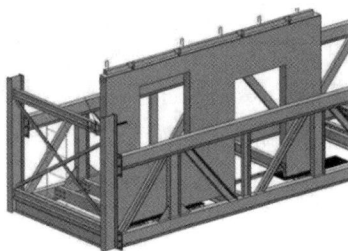

图 4-2　整装运输架

图 4-3　一般运输架

（2）墙板布置顺序要求：按照吊装顺序进行布置，优先将重板放中间；先吊装的 PC 板放置在货架外侧，后吊装的 PC 板放置在货架内侧，保证现场吊装过程中，从两端往中间依次吊装。

（3）重量限制要求：PC 板整体重量控制在 30 t 以下，货架放置完毕后，重量偏差控制在±0.5 t。

（4）当装车布置顺序要求与重量限制要求冲突时，优先考虑重量限制要求。

（5）PC 墙板与 PC 墙板之间需加插销固定，间距为 60 mm。

（6）如 PC 墙板有伸出钢筋时，在装车过程中需考虑钢筋可能产生的干涉。

2. 叠合板装车

（1）车型选择。一般采用 13.5 m 或 17.5 m 平板车为运输架运输车辆，具体根据各区域情况而定；装车前，检查车况，保证运输车辆无故障；所有运输楼板车辆前端一定要有车前挡边工装；叠合楼板装车需要用绑带捆压固定在车上，如使用钢丝绳捆绑，一定要在顶层边上加装楼板护角；装车重量不超过平板车极限荷载（图 4-4）。

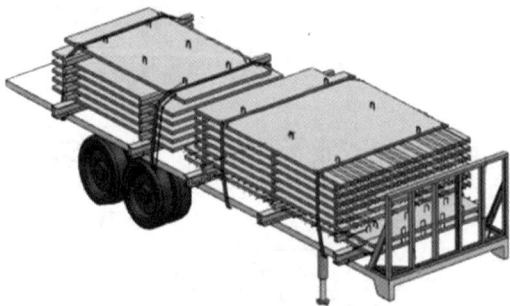

图 4-4　叠合板装车设计

①每块 PC 楼板上均需要标示 PC 板编号、重量、吊装顺序信息，所有 PC 楼板图，均以 PC 详图俯视图为主。

②堆码要求，需按照大板摆下、小板摆上以及先吊摆上、后吊摆下的原则；当两者冲突时优先大板摆下、小板摆上的原则；板长宽尺寸差距在 400 mm 范围内的，上下位置可以任意对调。通过调节尽量保证先吊摆上、后吊摆下的原则。

③限制要求：板总重控制在 30 t 以下；PC 板叠加量为叠合楼板控制在 6~8 层、预应力楼板控制在 8~10 层。

（2）叠合板装车原则。

①当采用 9.6 m 或 10 m 高低挂平板车装运楼板时：a.大垛堆码楼板往车前部堆放，车后部可装小垛堆码楼板。b.当垛堆楼板超长，只能堆放 1 垛时，此楼板尽量放置在后轮轮轴上方，保证车轮承重在轮轴处；当采用 13.5 m 或 17.5 m 平板车装运楼板时，大垛堆码楼板堆放在后轮轮轴上方，小垛堆码楼板堆放在前部。

②垛堆楼板居车辆中间堆放，严禁垛堆楼板重心偏移车辆中心。

③垛堆楼板宽度或伸出钢筋尽量不超出车辆宽度，单边超出长度不大于 200 mm。

④所有垛堆楼板装车均需用绑带或钢丝绳捆绑。

⑤保证装车平衡，严禁轻边。

⑥装车楼板重量不超过车辆极限荷载。

3. 起吊装车

PC 构件装车顺序须按项目提供的吊装顺序进行配车，否则 PC 构件到施工现场后会给施工现场的物流带来阻碍（图 4-5）。

图 4-5　叠合板装车

（1）工厂行车、龙门吊、提升机主钢丝绳、吊具、安全装置等，必须进行安全隐患检查，并保留点检记录，确保无安全隐患。

（2）工厂行车、龙门吊操作人员必须培训合格，持证上岗。

（3）PC 构件装架和（或）装车均以架、车的纵心为重心，保证两侧重量平衡的原则摆放。

（4）采用 H 钢等金属架枕垫运输时，必须在运输架与车厢底板之间的承力段垫橡胶板等防滑材料。

(5)墙板、楼板每垛捆扎不少于两道，必须使用直径不小于 10 mm 的天然纤维芯钢丝绳将 PC 构件与车架载重平板扎牢、绑紧。

(6)墙板运输架装运须增设防止运输架前、后、左、右四个方向移位的限位块。

(7)PC 板上、下部位均须有铁杆插销，运输架每端最外侧上、下部位应装 2 根铁杆插销。

(8)装车人员必须保证插销紧靠 PC 构件，三角固定销敲紧(图 4-6、图 4-7)。

(9)运输发货前，物流发货员、安全员对运输车辆、人员及捆绑情况进行安全检查，检查合格方能进行 PC 构件运输。

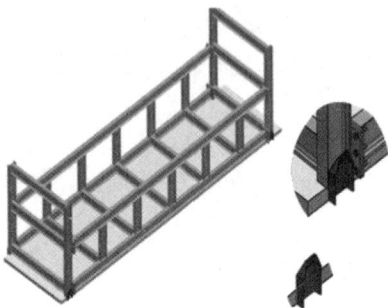

图 4-6　墙板运输架装车限位示意图

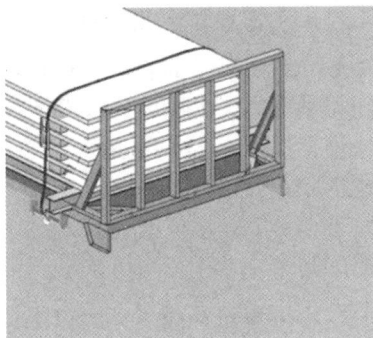

图 4-7　楼板前挡边工装示意图

4.运输要求

运输过程是 PC 构件由工厂交施工现场的最后一个环节，直接影响施工现场进度。在每个项目开始前由工厂编制运输专项方案。在编制方案前工厂需要对运输线路全程进行踏勘。踏勘内容为：PC 构件车辆运输单程总时间、全程路面状况、限制高度情况、每个弯道情况、坡道情况、全天车流量分布情况等。

(1)各类构件首车运输时，工厂必须有专人跟车，发现运输过程中的异常，明确重点管控路段、注意事项。如有改进、调整时，须再次确认。

(2)重载车辆必须按照确定的运输路线行驶，不得随意变更。

(3)运输途中，行驶里程达 30 km 左右时，必须停车检查构件捆绑状况，每隔 100 km，必须停车检查，并保留记录及拍照留底。

(4)工厂务必严格监管 PC 构件运输时的车辆行驶速度。道路条件与相应的行驶速度要求如下：

①大于 6% 的纵坡道、平曲半径大于 60 m 弯道的完好路况限速 30 km/h；

②大于 6%、小于 9% 的纵坡道，平曲半径小于 60 m、大于 15 m 的弯道等路域限速 5 km/h；

③厂区、9% 的纵坡道、平曲半径 15 m 的弯道、二级路面及项目工地区域限速 5 km/h；

④各工厂须于项目发运前，与项目人员确认工地路况达基本发运要求；

⑤低于限速 5 km/h 及三级路面(土路、碎石路、连续盘山路面、坡度 10° 路面、有 20 cm 以下的硬底涉水路面、冰雪覆盖的二级路面)要求的路况停运。

5. 卸车要求

（1）应当由专业人员进行起吊卸车。

（2）PC 构件应卸放在指定位置，地面应平整稳固。

（3）卸车时应注意车辆重心稳定和周围环境安全，避免车辆侧翻。

（4）严格按照构件上吊点数量挂钩进行卸车。

（5）严格按吊装规程进行卸车。

PC 构件的物流时效性直接影响施工装配的实际进度。施工现场实际进度的其他影响因素多，工程实际进度计划的可变性大。施工现场实际进度计划是一个阶段调整的动态进度计划。施工现场的动态计划会影响 PC 构件工厂的物流计划；在施工现场，与工厂的对接计划及实施采用"三天一计划，一天一核实"制度进行调控。施工现场在提供给工厂 PC 物流节点计划的同时，实行现场提前三天提供给工厂一次动态进度计划，工厂物流计划员提前一天向施工现场核实第二天施工现场需求的 PC 构件。

4.1.2 构件现场存放

1. 存放方式

预制构件存放方式有平放和竖放两种，原则上墙板采用竖放方式，楼面板、屋顶板和柱构件可采用平放或竖放方式，梁构件采用平放方式。

（1）平放时的注意事项。

①在水平地基上并列放置 2 根木材或钢材制作的垫木，放上构件后可在上面放置同样的垫木，再放置上层构件，一般构件放置不宜超过 6 层。

②上下层垫木必须放置在同一条线上，如果垫木上下位置之间存在错位，构件除了承受垂直荷载，还要承受弯矩和剪力，有可能造成构件损坏。

（2）竖放时的注意事项。

①存放区地面在硬化前必须夯实，然后再进行硬化，硬化厚度应≥200 mm，以防止构件堆放地面沉降造成 PC 板堆放倾斜；

②要保持构件的垂直或一定角度，并且使其保持平衡状态；

③柱和梁等立体构件要根据各自的形状和配筋选择合适的存放方式。

2. 存放标准

（1）预制柱构件存储宜平放，且采用两根垫木支撑，堆放层数不宜超过 1 层。

（2）桁架叠合楼板存储应平放，以 6 层为基准，在不影响构件质量的前提下，可适当增加 1～2 层。

（3）预应力叠合楼板存储应平放，以 8 层为基准，在不影响构件质量的前提下，可适当增加 1～2 层。

（4）预制阳台板/空调板构件存储宜平放，且采用两根垫木支撑，堆码层数不宜超过 2 层。

（5）预制沉箱构件存储宜平放，且采用两根垫木支撑，堆码层数不宜超过 2 层。

（6）预制楼梯构件存储宜平放，采用专用存放架支撑，叠放存储不宜超过 6 层。

3. 注意事项

（1）堆放构件时应使构件与地面之间留有空隙，须放置在木头或软性材料上，堆放构件的支垫应坚实。堆垛之间宜设置通道，必要时应设置防止构件倾覆的支撑架。

（2）连接止水条、高低口、墙体转角等薄弱部位，应采用定型保护垫或专用式套件做加强保护。

（3）当预制构件存放在地下室顶板时，要对存放地点进行加固处理。

（4）构件应按型号、单位工程、出厂日期分别存放。

（5）预制构件的堆放应预埋吊点向上，标志向外；垫木或垫块在构件下的位置宜与脱模、吊装时的起吊位置一致。

4.2　竖向构件安装

装配式建筑施工相对于传统施工，其最大的改变在于预制构件的吊装施工、吊装顺序的编制，为吊装作业提供了作业方向；而预制构件吊装施工工艺流程，为吊装作业按要求完成提供了保障。

装配式建筑主要的竖向构件有预制剪力墙、外墙挂板、内墙和隔墙。

4.2.1　预制剪力墙安装

预制剪力墙是指建筑物中剪力墙带保温及钢筋混凝土外页在工厂进行预制，运抵施工现场直接吊装至相应位置，在灌浆套筒里注入灌浆料拌和物，通过拌和物硬化而实现传力的钢筋对接连接。按灌浆套筒的排数，可分为单排灌浆套筒连接和双排灌浆套筒连接。一般预制剪力墙（图 4 - 8）与相邻的预制剪力墙在设计时预留 20 mm 的安装拼缝。

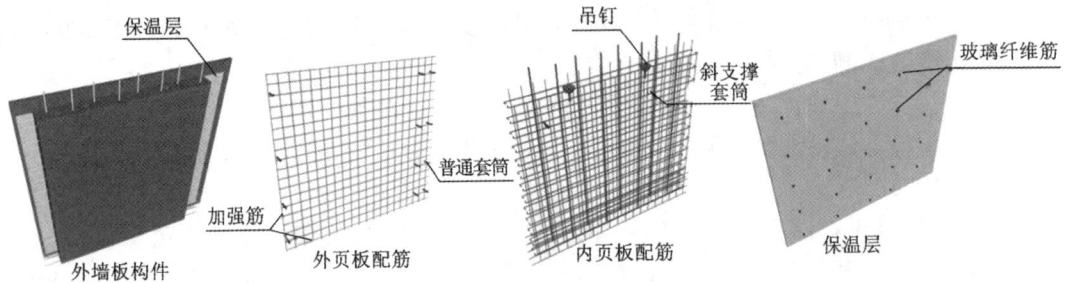

图 4 - 8　预制剪力墙

施工工艺流程：

轴线、标高复核→确认构件起吊编号→钢筋调直→粘贴泡沫胶条→绑扎柱子箍筋至闭口箍上→安装吊钩→安装缆风绳、起吊→距地 1 m 静停→吊运→距楼面 500 mm 静停→钢筋对位→落位→安装斜支撑→安装定位件→取钩。

具体流程详见表 4 - 1。

表 4 – 1 预制剪力墙施工工艺流程

工序	工作要点	标准图片	注意事项
1 轴线、标高复核	1.1 复核主控线尺寸 1.2 复核控制线尺寸 1.3 复核垫块标高厚度	 轴线、标高复核	外墙高于楼面的，在距墙板内侧 200 mm 处应有控制边线； 垫块放置位置应根据垫块布置图，垫块应放置在预制剪力墙砼上
2 确认构件起吊编号	对比楼面构件编号与拖车上即将起吊的构件编号是否一致	 确认构件起吊编号	核对编号是否为所对应构件
3 钢筋调直	3.1 在剪力墙连接钢筋及两侧柱钢筋上绑扎定位箍筋，防止箍筋跑位 3.2 楼面混凝土浇筑完成并达到相应强度要求后将连接部位的箍筋取出，降下调直板，并采用空心钢管将弯曲的钢筋进行调直	 定位钢筋　调直板 钢筋调直	注意地面垫块高度及位置是否放置正确； 调直时避免破坏混凝土面层

续表 4 – 1

工序	工作要点	标准图片	注意事项
4 粘贴泡沫胶条	取出调直板及定位箍筋，并对该构件区域进行清理。采用规格为 20 mm × 30 mm 的泡沫胶条粘贴在墙板翻边位置	粘贴泡沫胶条	清理时避免造成套筒锚固钢筋偏位
5 绑扎柱子箍筋至闭口箍上	将剪力墙柱 1 m 以下的箍筋绑扎至叠合剪力墙闭口箍上，叠合剪力墙可避免箍筋安装不方便的问题	绑扎柱子箍筋至闭口箍上	
6 安装吊钩	根据墙板的大小及重量，选定合适的钢丝绳、钢梁、吊钩，并按照要求将吊钩安装在吊钉上	安装吊钩	安装吊钩之前应检查吊钩是否牢靠，吊钩与吊钉连接是否稳固；检查吊钉周围是否有蜂窝、麻面、开裂等影响吊钉受力的质量缺陷

续表 4 - 1

工序	工作要点	标准图片	注意事项
7 安装缆风绳、起吊	7.1 墙板与钢丝绳的夹角小于45°或墙板上有4个或超过4个吊钉的,应采用钢梁 7.2 安装缆风绳有利于墙板在落位时不发生碰撞	安装缆风绳、起吊	缆风绳的长度为5 m; 起吊时,注意构件是否水平,钢丝绳受力是否均匀; 构件起吊应缓慢; 起吊时,确保构件不与相邻构件碰撞
8 距地1 m静停	将构件吊离拖车至距地面1 m的位置静停30 s	距地1 m静停	检查塔吊起升、制动以及构件起吊有无异常
9 吊运	9.1 按照构件吊运线路将构件吊至安装位置 9.2 吊运线路必须在防坠隔离区内	吊运	构件在空中吊运时,防坠隔离区内不得有施工人员; 防坠隔离区为建筑物外边线向外延伸6 m

续表 4 - 1

工序	工作要点	标准图片	注意事项
10 距楼面 500 mm 静停	构件吊运至距安装位置上空 500 mm 处时静停 30 s	距楼面500 mm静停	吊装工人应校核构件吊装位置,为构件安装做准备
11 钢筋对位	构件垂直缓慢下降,保证柱子竖直筋包裹在叠合式剪力墙的箍筋内	钢筋对位	柱子钢筋绑扎的高度应低于 1 m
12 落位	构件缓慢落位,利用镜子观察套筒连接钢筋插入灌浆孔内	落位	注意检查构件是否对齐其边线及端线;竖直水平板缝通过端线控制为 20 mm

续表 4 - 1

工序	工作要点	标准图片	注意事项
13 安装斜支撑	13.1 斜支撑安装先固定下部支撑点，再固定上部支撑点。上部支撑点安装高度在墙板 2/3 位置处 13.2 外墙有斜支撑套筒时应安装在套筒位置	 安装斜支撑	斜支撑安装具体位置应根据斜支撑布置图； 斜支撑底部固定不少于 2 个自攻钉； 斜支撑底部螺杆伸出长度应小于 200 mm
14 安装定位件	14.1 按照布置图安装外墙定位件，每块墙安装 2 个定位件，防止构件偏移 14.2 定位件与预制构件之间加设 40 mm 高木模	 安装定位件	木模安装须紧贴预制构件，然后用定位件连接墙板并将木模固定，构件两侧均采用木模封堵
15 取钩	斜支撑安装紧固完成后，方可取钩	 取钩	确认吊钩完全取出后缓慢提升钢丝绳，避免吊钩及钢丝绳与其他构件发生碰撞

4.2.2 外墙挂板安装

外墙挂板是由钢筋混凝土外页、保温层、钢筋混凝土内页组成。外墙挂板通过连接钢筋锚入楼板现浇层或现浇梁内与主体连接(图4-9),安装在主体结构上,是起围护、装饰作用的非承重预制混凝土构件。

施工工艺流程:

轴线、标高复核→确认构件起吊编号→安装吊钩→安装缆风绳、起吊→距地1 m静停→吊运→距楼面1 m静停→落位→安装斜支撑→取钩→垂直度检查→标高复核→安装墙板加固件→粘贴防水卷材→安装连接件及点焊固定。

装配式建筑外墙板
吊装施工工艺

外墙挂板构件　　保温板　　内页板钢筋　　外页板钢筋

图4-9 外墙挂板

具体流程详见表4-2。

表4-2 外墙挂板施工工艺流程

工序	工作要点	标准图片	注意事项
1 轴线、标高复核	1.1 复核主控线尺寸 1.2 复核控制线尺寸 1.3 复核垫块标高厚度	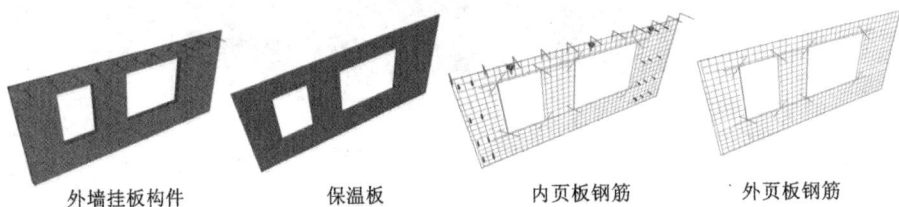 轴线、标高复核	外墙挂板高于楼面的,在距墙板内侧200 mm处应有控制边线 垫块放置位置应根据垫块布置图,外墙挂板垫块应放置在内页50 mm砼上

续表 4 - 2

工序	工作要点	标准图片	注意事项
2 确认构件起吊编号	对比楼面构件编号与拖车上即将起吊的构件编号是否一致	 确认构件起吊编号	注意地面垫块高度及位置是否放置正确；合理安排存放位置
3 安装吊钩	根据墙板的大小及重量，选定合适的钢丝绳、钢梁、吊钩，并按照要求将吊钩安装在吊钉上	 安装吊钩	安装吊钩之前应检查吊钩是否牢靠，吊钩与吊钉连接是否稳固；检查吊钉周围是否有蜂窝、麻面、开裂等影响吊钉受力的质量缺陷
4 安装缆风绳、起吊	4.1 墙板与钢丝绳的夹角小于45°或墙板上有4个或超过4个吊钉的，应采用钢梁 4.2 安装缆风绳有利于墙板在落位时不发生碰撞	 安装缆风绳、起吊	缆风绳的长度为 5 m；起吊时，注意构件是否水平，钢丝绳受力是否均匀

续表 4 - 2

工序	工作要点	标准图片	注意事项
5 距地1 m 静停	5.1 塔吊起升前检查是否可以起升 5.2 将构件吊离拖车至距地面 1 m 的位置静待约30 s	距地1 m静停	检查塔吊起升、制动以及构件起吊有无异常
6 吊运	6.1 按照构件吊运线路将构件吊至安装位置 6.2 吊运线路必须在防坠隔离区内	吊运	构件在空中吊运时,防坠隔离区内不得有施工人员; 防坠隔离区为建筑物外边线向外延伸6 m
7 距楼面 1 m 静停	构件吊运至距安装位置上空 1 m 处时静停约30 s	距楼面1 m静停	检查构件编号,调整构件安装正反面,检查垫块位置及数量

续表 4 − 2

工序	工作要点	标准图片	注意事项
8 落位	构件缓慢落位	落位	注意检查构件是否对齐其边线及端线；做好防护措施
9 安装斜支撑	9.1 斜支撑安装先固定下部支撑点，再固定上部支撑点。上部支撑点安装高度在墙板 2/3 位置处 9.2 外墙有斜支撑套筒时应安装在套筒位置	安装斜支撑	斜支撑安装具体位置应依据斜支撑布置图；斜支撑底部固定不少于 2 个自攻钉；斜支撑底部螺杆伸出长度应小于 200 mm 原则：构件小于 4 m 布 2 根，4～6 m 布 3 根，6 m 以上布 4 根
10 取钩	斜支撑安装紧固完成后，方可取钩	取钩	严禁将楼梯搭在外墙挂板上取钩或者人员踩扶外墙挂板取钩

续表 4 - 2

工序	工作要点	标准图片	注意事项
11 垂直度检查	11.1 靠尺在距离墙板端边 500 mm 左右。构件小于 5 m 靠 2 尺，构件大于 5 m 靠 3 尺 11.2 采用斜撑杆螺栓旋转调节墙板垂直度	 垂直度检查	外墙垂直度应控制在 ±4 mm 以内； 垂直度调整时，应将固定在墙板上的所有斜支撑同时旋转，严禁一根往外旋转一根往内旋转
12 标高复核	采用水准仪将塔尺置于板底垫块处，进行标高复核	 标高复核	复核的标高与后视点的差值不应大于 2 mm； 操作必须规范（如塔尺必须立直、水准仪必须水平）
13 安装墙板加固件	在距地 50 mm 的套筒位置处安装墙板加固件	 安装墙板加固件(现浇部分)	先安装底部 L 限位件固定，上端用 M16 螺栓拧入外墙挂板套筒，底部用自攻钉固定在楼面上； 将螺栓/自攻钉焊接固定在 L 限位件上，然后焊接钢筋连接 L 限位件的上端与底部

续表 4 - 2

工序	工作要点	标准图片	注意事项
14 粘贴防水卷材	PC 板拼缝处贴 100 mm 宽防水卷材,卷材上翻至外墙板缸顶面 50 mm,并在板端固定牢固	 粘贴防水卷材	防水卷材应紧贴墙面,不应有褶皱;铺贴卷材不能挡住装连接件的套筒
15 安装连接件及点焊固定	15.1 根据套筒位置安装墙板连接件,每个墙板拼缝安装 3 个,均用固定螺栓连接 15.2 固定件固定后,点焊固定连接件与固定螺栓	 安装连接件及点焊固定	安装连接件时,必须注意防水卷材是否有褶皱,如果有,应铺平再安装

4.2.3　内墙、隔墙安装

1. 内墙安装

内墙是指带叠合梁的隔墙。隔墙顶部在工厂预制时与叠合梁连接,墙板底部通过坐浆与地面楼板连接,墙体两侧预埋柔性材料与现浇构件连接(图 4 - 10)。

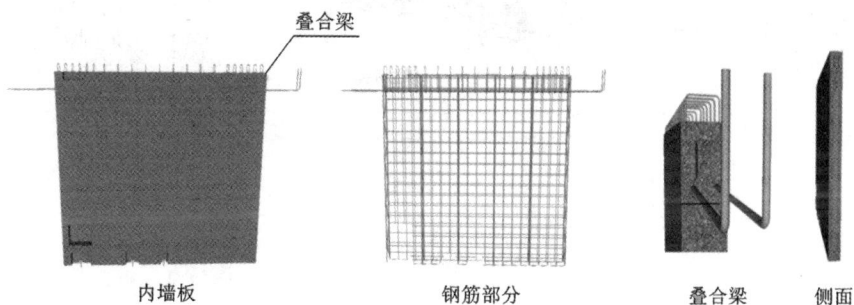

远大教育

内墙板、隔墙板吊装施工工艺

叠合梁

内墙板　　　　　　钢筋部分　　　　　叠合梁　侧面

图 4 - 10　内墙

施工工艺流程：

确认构件起吊编号→安装吊钩→安装缆风绳、起吊→安装定位件→距地 1 m 静停→吊运→距楼面 1 m 静停→落位→安装斜支撑→取钩→垂直度检查。

具体流程详见表 4 - 3。

表 4 - 3　内墙施工工艺流程

工序	工作要点	标准图片	注意事项
1 确认构件起吊编号	1.1 检查内墙标高定位线是否清晰完整，根据楼面标高放置垫块 1.2 预制构件拖车到场后引导至塔吊适宜起吊位置 1.3 对照内墙吊装顺序图确认工厂供板是否正确	 确认构件起吊编号	吊装作业人员安全防护用品应佩戴齐全； 检查塔吊、钢丝绳、吊钩是否完好； 现场吊装区域进行隔离
2 安装吊钩	2.1 安装吊钩人员爬上拖车对照吊装顺序图并找到需要吊装的内墙板 2.2 按照要求将吊钩安装在吊钉上 2.3 楼面内墙板安装处放置垫块	 安装吊钩	安装吊钩之前应检查吊钩是否牢靠，吊钩与吊钉连接是否稳固； 检查吊钉周围是否有蜂窝、麻面、开裂等影响吊钉受力的质量缺陷，如出现质量缺陷，必须采取必要的加固措施； 垫块应分布在墙板两侧位置

续表 4 - 3

工序	工作要点	标准图片	注意事项
3 安装缆风绳、起吊	安装好缆风绳、保护索(保护索至少穿过 3 根箍筋),构件缓慢起吊	安装缆风绳、起吊	墙板与钢丝绳的竖向夹角应小于 45°。采用四点起吊时,应增设型钢梁;起吊时,注意构件是否水平,钢丝绳是否受力均匀,不水平或不均匀时用钢丝绳或加卸扣进行调整;起吊时,构件提升速度不能过快
4 安装定位件	按照布置图安装内墙定位件,每块墙安装 4 个定位件	安装定位件	定位件的安装必须紧贴内墙板的边线,使墙板能够精确落位
5 距地 1 m 静停	将构件起吊至距地面 1 m 的位置静停 15~20 s	跟地 1 m 静停	检查构件的表观质量,看有无裂纹等质量缺陷;检查吊具的受力情况,以及钢丝绳磨损、吊钩有无滑丝等状况;保障吊运安全

续表 4 – 3

工序	工作要点	标准图片	注意事项
6 吊运	6.1 按照构件吊运线路将构件吊至安装位置 6.2 整个吊运应在防坠隔离区内进行	 吊运	吊运时,应遵守吊装安全要求; 防坠隔离区为建筑物外边线向外延伸 6 m; 构件吊运区域设置警戒线,派专人看护
7 距楼面 1 m 静停	构件吊运至距安装位置上空 1 m 处时静停 10～15 s	 距楼面1 m静停	通过缆风绳调整墙板位置、方向,使其能顺利落位
8 落位	8.1 施工人员对照 PC 构件详图确定构件正反面并调整过来 8.2 静停后,作业人员用手扶住墙板,减速下降、缓慢落位	 落位	落位时要防止其碰撞其他已经吊装完成的墙板,以免造成二次返工

续表 4 - 3

工序	工作要点	标准图片	注意事项
9 安装斜支撑	9.1 墙板落位后，作业人员进行斜支撑安装，先固定上方，再固定下方 9.2 观察构件位置与边线是否有偏差或标高不一致时，用撬棍调整	安装斜支撑	斜支撑底部自攻钉不少于 2 个(带拉钩的直接挂在拉环上并锁紧)； 斜支撑上部支撑点布置在墙板 2/3 处； "7"字形内墙在门洞处加设一根顶撑，防止内墙由于两边重量不一致造成的倾斜
10 取钩	斜支撑安装固定后，方可取钩	取钩	工人用铝合金梯进行取钩
11 垂直度检查	11.1 使用铝合金靠尺靠在内墙板上查看其垂直度是否有偏差 11.2 旋转斜支撑杆件调整构件垂直度偏差，直至其垂直度没有误差为止	垂直度检查	内墙垂直度应控制在 ±3 mm 以内； 调整时，同一墙板上所有斜支撑应同时旋转，且方向一致； 斜支撑底部螺杆伸出长度不大于 200 mm

2. 隔墙安装

隔墙是指将室内空间分隔成为不同的活动空间的预制构件。墙板下部通过坐浆与板连接，墙板顶部通过插筋与顶面楼板连接(图 4–11)。

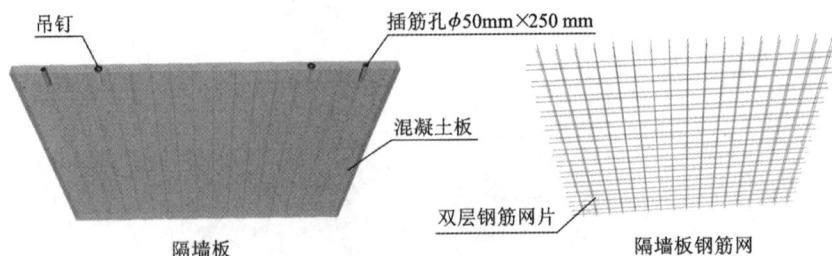

图 4–11　隔墙

施工工艺流程：

确认构件起吊编号→安装吊钩→安装缆风绳、起吊→安装定位件→距地 1 m 静停→吊运→距楼面 1 m 静停→落位→安装斜支撑→取钩→垂直度检查。

具体流程详见表 4–4。

表 4–4　隔墙施工工艺流程

工序	工作要点	标准图片	注意事项
1 确认构件起吊编号	1.1 检查隔墙标高定位线是否清晰完整，根据楼面标高放置垫块 1.2 预制构件拖车到场后引导至塔吊适宜起吊位置 1.3 对照隔墙吊装顺序图确认工厂供板是否正确	 确认构件起吊编号	吊装作业人员安全防护用品应佩戴齐全； 检查塔吊、钢丝绳、吊钩是否完好； 现场吊装区域进行隔离
2 安装吊钩	2.1 根据隔墙板的大小及重量选定合适的钢丝绳及钢梁，并按照要求安装在吊钉上 2.2 检查吊钉周围砼质量	 安装吊钩	安装吊钩之前检查吊钩是否牢靠，吊钩与吊钉连接是否稳固； 检查是否有影响吊钉受力的质量缺陷，必要时采取措施进行加固

续表 4 - 4

工序	工作要点	标准图片	注意事项
3 安装缆风绳、起吊	3.1 安装缆风绳，限制墙板晃动 3.2 缆风绳安装好后，构件缓慢起吊	 安装缆风绳、起吊	缆风绳的长度为 5 m；起吊时，注意构件是否水平，钢丝绳是否受力均匀
4 安装定位件	按照隔墙定位件安装布置图进行安装，一块墙板安装 2 个定位件	 安装定位件	定位件的安装必须紧贴隔墙板的边线，使墙板能够精确落位
5 距地1 m静停	将构件吊离拖车至距地面 1 m 的位置静停 15～20 s	 距地1 m静停	保障吊运安全；检查吊具的受力情况，以及钢丝绳磨损、吊钩有无滑丝等状况；检查构件有无表观质量缺陷
6 吊运	6.1 静停后，按照构件吊运线路将构件吊至安装位置 6.2 吊运线路必须在防坠隔离区内	 吊运	吊运时，应遵守吊装安全要求；防坠隔离区为建筑物外边线向外延伸 6 m

续表 4 – 4

工序	工作要点	标准图片	注意事项
7 距楼面 1 m 静停	构件吊运至距安装位置上空 1 m 处时静停 10 ~ 15 s	距楼面1 m静停	通过缆风绳调节墙板位置，使其能顺利落位
8 落位	墙板下降至距地面 300 ~ 500 mm 后，减速下降、落位	落位	检查并对齐边线及端线；检查垫块高度及位置
9 安装斜支撑	斜支撑安装先固定下部支撑点，再固定上部支撑点，上部支撑点高度安装在墙板2/3位置处	安装斜支撑	按布置图进行斜支撑安装；斜支撑底部自攻钉不少于 2 个；斜支撑底部螺杆伸出长度不大于 300 mm。斜支撑布置原则：构件小于 4 m 布 2 根，大于 4 m 布 3 根
10 取钩	斜支撑安装固定后，方可取钩	取钩	工人用铝合金梯进行取钩

续表 4 – 4

工序	工作要点	标准图片	注意事项
11 垂直度检查	在距墙端 300 ~ 500 mm 处，采用靠尺检查，构件大于 5 m 时靠 3 尺，小于 5 m 时靠 2 尺，小于 1.5 m 时靠 1 尺	 垂直度检查	隔墙垂直度应控制在 ±3 mm 以内；调整时，墙板上所有斜支撑应同时旋转，且方向一致

4.3 水平构件安装

装配式建筑的水平构件主要有：叠合梁、叠合板、楼梯、阳台板。

4.3.1 叠合梁安装

叠合梁是指将梁底筋及箍筋在工厂绑扎完成，浇筑一层混凝土，一般浇筑至梁所在位置楼板标高底部；叠合梁两端锚入现浇剪力墙柱内，并设置剪力键槽。在施工现场吊装完成之后再浇筑一层混凝土，使其与其他受力构件形成一个整体（图 4 – 12）。

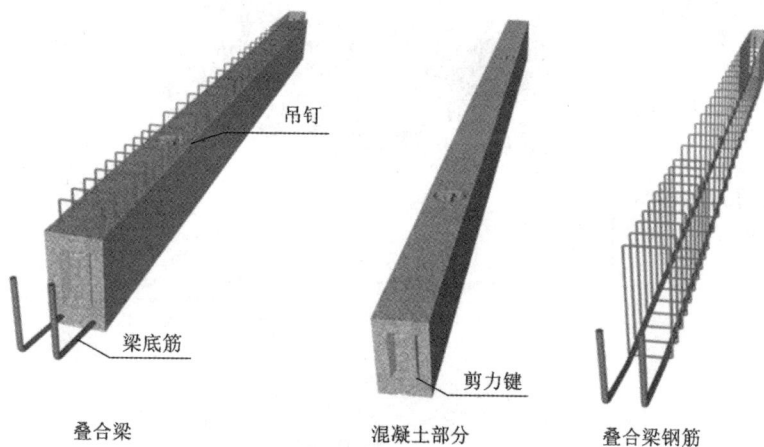

图 4 – 12 叠合梁

施工工艺流程：

画线安装夹具→安装立杆→挂钩→安装缆风绳→起吊→距地 1 m 静停→吊运→落位→复核取钩→验收。

具体流程详见表 4 – 5。

表 4 - 5　叠合梁施工工艺流程

工序	工作要点	标准图片	注意事项
1 画线安装夹具	1.1 根据 1 m 标高线定出叠合梁底边线；根据图纸定出叠合梁就位端线 1.2 根据实际情况安装 U 形夹具及 Z 形夹具	 画线安装夹具	Z 形夹具用自攻钉固定在外墙板上； 每根梁下夹具不得少于 2 个，夹具距梁端不得少于 600 mm； 梁长度大于 4 m 的底部支撑应不少于 3 个
2 安装立杆	2.1 支撑钢管搭至梁下 150 mm 处 2.2 钢管底部安装调节顶撑	 安装立杆	钢管切割完后，在钢管上标识钢管对应的叠合梁编号； 可调顶托外露部分不能超过顶托丝杆长度的 3/5
3 挂钩	3.1 在平板拖车上找到将要吊装的梁 3.2 根据梁的大小及重量选定合适的钢丝绳并按照要求将卸扣安装在箍筋上	 挂钩	检查卸扣与构件连接是否牢固； 检查梁底支撑搭设是否稳固、安全； 外墙叠合梁端头线要求弹出来，以便定位； 现浇结构钢筋绑扎宜至叠合梁底，避免造成叠合梁放置不下
4 安装缆风绳	4.1 吊运叠合梁时，在每个卸扣上绑一根缆风绳 4.2 缆风绳安装好后，构件缓慢起吊	 安装缆风绳	缆风绳长度应超过 5 m； 缆风绳要与卸扣绑扎牢固

续表 4－5

工序	工作要点	标准图片	注意事项
5 起吊	起吊时要保持构件的水平	 起吊	构件起吊时如用钢丝绳或加卸扣都不能使其平衡，则要考虑用手动葫芦使其平衡；起吊时，注意构件是否水平，钢丝绳是否受力均匀，不均匀时用钢丝绳或加卸扣进行调整
6 距地 1 m 静停	6.1 将构件吊离拖车至距地面 1 m 的位置静停 10～30 s 6.2 检查吊装所用工器具是否正常，卸扣、钢丝绳是否有磨损现象	 距地 1 m 静停	以构件为圆心、半径为 3 m 的范围内不能有人员活动；钢丝绳、卸扣应检查是否完好，卸扣要拧紧
7 吊运	7.1 按照构件吊运线路将构件吊至安装位置 7.2 吊运线路必须在防坠隔离区内	 吊运	构件在空中吊运时，构件底下不应有人员活动；防坠隔离区为建筑物外边线向外延伸 6 m
8 落位	根据"慢起、快升、缓降"原则，将叠合梁缓慢落在已安装好的底部夹具上	 落位	根据梁底边线与梁就位端线将构件放到相应位置；叠合梁底部纵向钢筋注意必须放置在柱纵向钢筋内侧，且应与外挂板有一定距离，否则将会影响柱纵筋施工

续表 4 - 5

工序	工作要点	标准图片	注意事项
9 复核 取钩	9.1 检查叠合梁有无向外偏移倾斜的情况 9.2 确认梁底支撑和夹具全部受力情况,全部受力后方可取钩	 复核取钩	外墙叠合梁发生倾斜时,在夹具内加塞垫块; 确认安全后,方可取钩; 观察标高是否发生变化,如有变化应调整; 过道梁支撑搭设采用井字形工具式支撑时,应在构件左右横杆上用扣件固定,防止其发生偏位
10 验收	10.1 用 2 m 靠尺检测构件的平整度 10.2 卷尺检测构件安装标高轴线位置是否准确 10.3 使用吊线锤检测构件位置是否有偏移	 验收	叠合梁轴线位移允许偏差 4 mm; 叠合梁安装标高允许偏差 ±5 mm; 验收时,注意安全,切勿随意碰撞其支撑

4.3.2　叠合板安装

叠合板可分为桁架叠合板及预应力叠合板。

桁架叠合板是指叠合楼板上有预埋桁架钢筋。桁架钢筋主要作用是增加构件刚度,增加预制混凝土与现浇混凝土的连接。

预应力叠合板是指在浇筑混凝土前张拉预应力筋,并将张拉的预应力筋临时锚固在台座或钢模上,然后浇筑混凝土,待混凝土养护达到不低于混凝土设计强度值的 75%,保证预应力筋与混凝土有足够的黏结时,放松预应力筋,借助于混凝土与预应力筋的黏结力,提高钢筋混凝土构件的抗裂性能以及避免钢筋混凝土构件过早出现裂缝。

本小节只介绍桁架叠合板(图 4 - 13)。

图 4-13　桁架叠合板

施工工艺流程：

挂钩→起吊→距地 1 m 静停→吊运→就位→校核→标高复核→验收。

具体流程详见表 4-6。

表 4-6　桁架叠合板施工工艺流程

工序	工作要点	标准图片	注意事项
1 挂钩	1.1 在平板拖车上找到将要吊装的板 1.2 根据板的大小及重量选定合适的钢丝绳并按照要求将卸扣安装在吊环上 1.3 安装缆风绳、保护索	 挂钩	当板长大于 4 m 时应用钢梁，并采用 8 点挂钩，图中 L_1、L_2、L_3、L_4 大小相等
2 起吊	2.1 塔吊起升前检查是否可以提升 2.2 起升后需要静停，静停约 30 s	 起吊	起吊时应保持构件水平，且钢丝绳受力均匀； 检查塔吊起升或制动时构件起吊有无异常，关注现场安全

续表 4 – 6

工序	工作要点	标准图片	注意事项
3 距地 1 m 静停	3.1 将构件吊离拖车至距地面 1 m 的位置静停 1 min 3.2 检查塔吊运行及制动是否能正常运转	 距地 1 m 静停	以构件为圆心、半径为 3 m 的范围内不能有人员活动
4 吊运	4.1 按照吊运线路将构件吊至安装位置 4.2 吊运线路必须在防坠隔离区内	 吊运	构件在空中吊运时,构件底下不应有人员活动; 防坠隔离区为建筑物外边线向外延伸 6 m
5 就位	根据"慢起、快升、缓降"原则,将叠合板缓慢落在正确位置	 就位	注意构件落位方向是否正确; 与梁搭接位置的长度、宽度是否符合要求
6 校核	观察叠合板与梁的搭接位置及与工字梁的搭接面	 校核	根据叠合板与梁搭接位置判断板安装位置是否正确

续表 4 - 6

工序	工作要点	标准图片	注意事项
7 标高复核	用卷尺检测楼板安装标高是否正确	 标高复核	发现问题应及时调整
8 验收	用 2 m 靠尺及塞尺检测板底拼缝高低差	 验收	发现问题应及时调整

4.3.3　楼梯安装

楼梯可分为锚入式预制楼梯和搁置式预制楼梯。

锚入式预制楼梯是指楼梯在工程预制时上下两端伸出钢筋，在现场安装时锚入梯段暗梁。

搁置式预制楼梯是指楼梯在工厂预制时两端预留孔洞，歇台板在施工现场浇筑，并预留出插筋凸出楼面。搁置式预制楼梯在现场安装时，梯段下部与歇台板为活动铰支座，上部与歇台板为固定铰支座。

本小节只介绍搁置式预制楼梯(图 4 - 14)。

施工工艺流程：

确定楼梯定位线→安装挂钩→楼梯起吊→距地 1 m 静停→吊运→距楼面 300 mm 静停→落位→调整→取钩→梯段支撑搭设→水泥砂浆封堵。

具体流程详见表 4 - 7。

叠合板、空调板、
楼梯吊装施工工艺

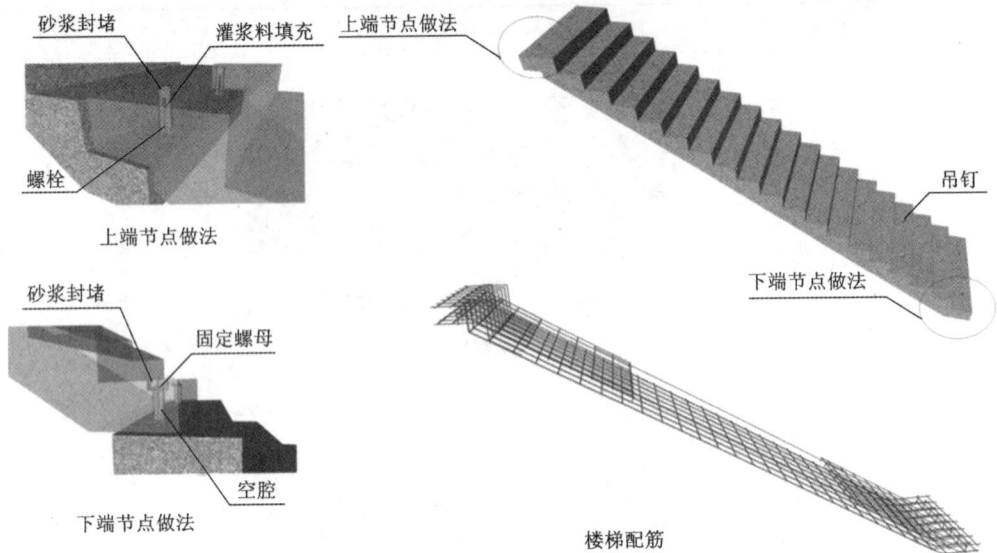

图 4 - 14 搁置式预制楼梯

表 4 - 7 搁置式预制楼梯施工工艺流程

工序	工作要点	标准图片	注意事项
1 确定楼梯定位线	根据构件装置,确定梯段定位线	 确定楼梯定位线	注意检查歇台板叠合板是否安装加固完成,因为歇台板需要支撑梯段荷载
2 安装挂钩	梯段吊装时应用3根同长钢丝绳4点起吊:梯段底部用2根钢丝绳分别固定2个吊钉,梯段上部由1根钢丝绳穿过吊钩,两端固定在2个吊钉上	 安装挂钩	安装挂钩之前应检查吊钩是否牢靠,吊钩与吊钉连接是否稳固

续表 4 – 7

工序	工作要点	标准图片	注意事项
3 楼梯起吊	钢丝绳及吊具安装完毕,将梯段缓缓吊起	 楼梯起吊	起吊时,注意构件及钢丝绳是否受力均匀
4 距地1 m 静停	将构件吊离拖车至距地面 1 m 的位置静停 1 min	 1000 距地1 m静停	以构件为圆心、半径为 3 m 的范围内不能有人员活动; 检查吊具的受力情况
5 吊运	5.1 静停后,按照构件吊运线路将构件吊至安装位置 5.2 吊运线路必须在防坠隔离区内	 吊运	构件在空中吊运时,构件下方不应有人员活动; 防坠隔离区为建筑物外边线向外延伸 6 m

续表 4 - 7

工序	工作要点	标准图片	注意事项
6 距楼面 300 mm 静停	构件吊运至距安装位置上方 300 mm 处时静停	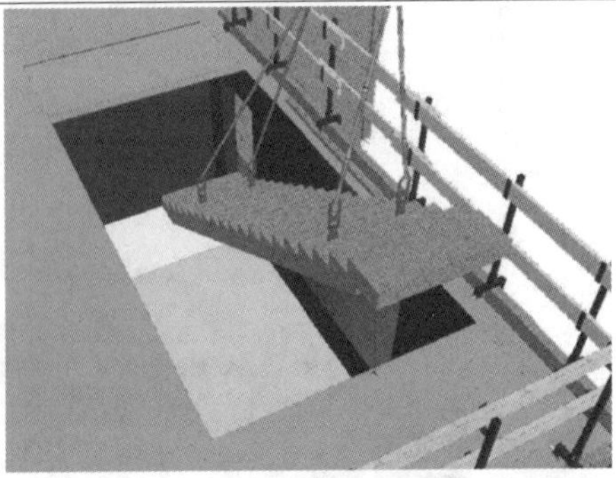 距楼面300 mm静停	找到梯段的定位线；梯段底部不应有人员活动
7 落位	梯段落位时，梯段伸出钢筋应插入歇台板箍筋内（梯段下部先安装，上部后安装）	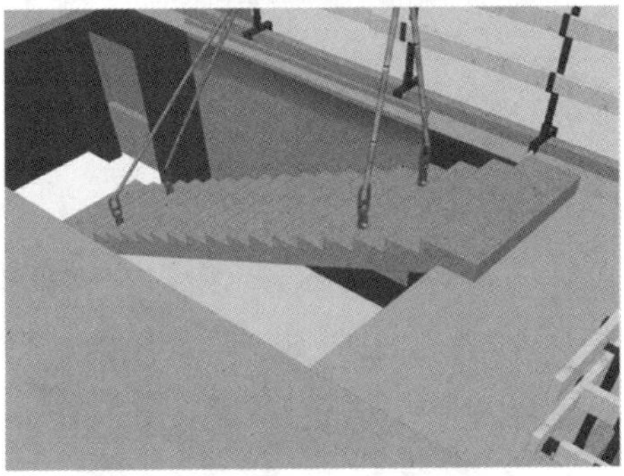 落位	梯段安装位置是否对正其梯段定位线
8 调整	梯段两端及两侧均需预留安装空隙，安装时注意调节安装空隙的尺寸	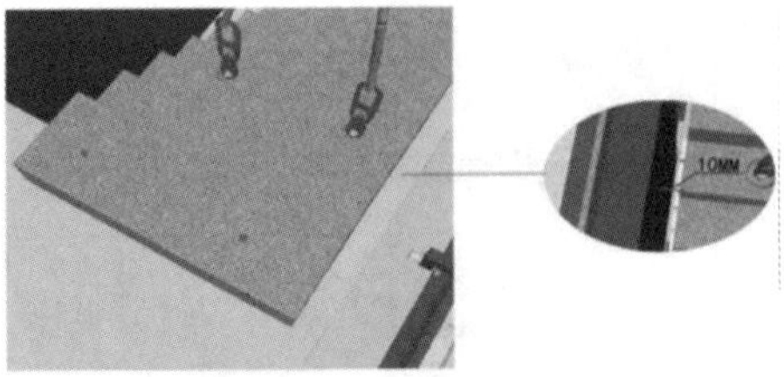 调整	如图纸无特殊规定，梯段距梯段隔墙及两侧墙板空隙均为 10 mm
9 取钩	梯段落位歇台板受力后，方可取钩	 取钩	再次复核梯段标高及定位线是否正确

续表 4－7

工序	工作要点	标准图片	注意事项
10 梯段支撑搭设	用钢管加顶托在梯段底部加支固定	梯段支撑搭设	梯段底部一般会有4个脱模吊钉,可将钢管支撑于此
11 专用封堵料	使用专用封堵料将预留洞口填补,以保证楼梯不会发生位移	专用封堵料封堵	专用封堵料封堵须做到平整、密实、光滑

4.3.4 阳台板安装

阳台板分为全预制阳台板、叠合阳台板。

全预制阳台板是指根据设计将阳台板全部在工厂生产,运抵现场之后直接安装即可,不需要再浇筑混凝土。

叠合阳台板是指根据设计图纸将阳台板在工厂预制一部分,运抵现场吊装之后还需预埋水电管线、绑扎楼板上部钢筋及拼缝钢筋,最后再浇筑一层使其与其他构件形成一个整体。

本小节只介绍叠合阳台板(图 4－15)。

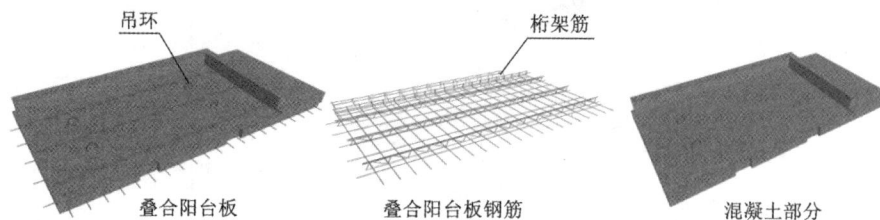

吊环　　桁架筋

叠合阳台板　　叠合阳台板钢筋　　混凝土部分

图 4－15　叠合阳台板

施工工艺流程:

吊前准备→构件确认→挂钩→距地 1 m 静停→吊运→距楼面 300 mm 静停→落位→取钩→垂直度检查→固定。

具体流程详见表4-8。

表4-8　叠合阳台板施工工艺流程

工序	工作要点	标准图片	注意事项
1 吊前准备	1.1 检查支撑搭设是否稳固,标高是否正确 1.2 检查控制线是否清晰准确	 吊前准备	阳台板搭接在外墙板上 60 mm,搭接在隔墙上 10 mm; 检查窗边线是否正确
2 构件确认	对比楼面构件起吊编号与拖车上即将起吊的编号是否为同一构件	 构件确认	检查阳台板边线是否正确; 检查构件的外观质量
3 挂钩	将卸扣对称(4点)安装在阳台板吊环上,起吊时应确保各吊点均匀受力	 挂钩	阳台板长于 4 m 时,应增加吊点
4 距地1 m 静停	将构件吊离拖车至距地面 1 m 的位置静停 15～20 s	 距地1 m静停	起吊时,注意构件是否水平,钢丝绳受力是否均匀

续表 4 – 8

工序	工作要点	标准图片	注意事项
5 吊运	5.1 按照构件吊运线路将构件吊至安装位置 5.2 吊运线路必须在防坠隔离区内	吊运	吊运时,应遵守吊运安全要求; 防坠隔离区为建筑物外边线向外延伸 6 m
6 距楼面 300 mm 静停	构件吊运至距安装位置上空 300 mm 处静停 10～15 s	距楼面300 mm静停	找到构件边线及支撑位置
7 落位	根据"慢起、快升、缓降"原则,对照构件边线及端线将构件缓慢落位	落位	注意构件落位方向是否正确; 检查并对齐边线和端线
8 取钩	调整完成并确认支撑完全受力后,方可取钩	取钩	取钩时,防护不应拆除; 取钩时,应确认下部各支撑点均受力

续表 4-8

工序	工作要点	标准图片	注意事项
9 垂直度检查	通过铅锤复核竖向安装偏差，每个边应吊两次铅锤。距端点不应超过 300 mm	 垂直度检查	上下层安装偏差不应超过 5 mm，累计偏差不应超过 10 mm
10 固定	复核及调整完成后，将阳台板伸出钢筋焊接在楼板及梁上	 固定	阳台板下部钢筋与梁焊接，上部钢筋与楼板焊接；阳台板钢筋应全部焊接完成

4.4　钢筋工程

4.4.1　钢筋安装

装配式建筑钢筋工程讲解

1. 柱钢筋安装

（1）常见位置钢筋。

施工工艺流程：

弹线调整钢筋位置→柱箍筋安装→安装直螺纹连接件→安装竖向钢筋→画箍筋分隔线→箍筋绑扎→安装保护层垫块→焊接模板限位筋→安装水泥内撑→检查验收。

具体流程详见表 4-9。

表 4 - 9　常见位置钢筋施工工艺流程

工序	工作要点	标准图片	注意事项
1 弹线调整钢筋位置	1.1 弹出 200 mm 控制线 1.2 测量柱子最外围的竖向钢筋距 200 mm 控制线的距离，确保钢筋保护层厚度 1.3 检查柱子钢筋，对偏位钢筋进行校正	 直径20 mm 竖直钢筋 直径22 mm 竖直钢筋 200 mm　钢筋位置的校核 200 mm控制线	200 mm 控制线要确保准确无误； 钢筋保护层厚度需根据相关规定确认（砼结构环境类别为一类，柱砼最小保护层厚度为 20 mm）
2 柱箍筋安装	2.1 清理柱伸出钢筋表面的杂物 2.2 确认箍筋的型号、规格、数量 2.3 根据布置要求套柱箍筋 2.4 将接触面混凝土凿毛并清理干净	 200 mm控制线	柱面要求清洁无杂物，表面无浮浆； 柱箍筋套置顺序应按照要求布置，避免布置错误； 有预制梁伸入柱内的，柱内位于梁接触处的箍筋先不安装，防止绑扎后预制梁无法就位
3 安装直螺纹连接件	3.1 根据规定选取直螺纹连接接头 3.2 把连接接头套入基础钢筋端头，然后用扳手拧紧	 200 mm控制线	清理接头部位的包裹物； 连接接头需要使用扳手拧紧到位，防止未拧到位而影响施工质量； 检查直螺纹接头是否合格，内丝是否平顺

续表 4 - 9

工序	工作要点	标准图片	注意事项
4 安装竖向钢筋	4.1 选取待接钢筋型号、规格、数量 4.2 将待接钢筋端头导入直螺纹套筒中，用扳手拧紧	 200 mm控制线	对照图纸施工，避免钢筋型号对接错误； 连接接头与待接钢筋应拧紧到位，防止未拧紧而影响施工质量
5 画箍筋分隔线	根据施工图纸在竖直钢筋上画出箍筋布置间距的位置		一般箍筋的起步筋布置间距为距楼地面50 mm； 箍筋布置的间距需要符合要求
6 箍筋绑扎	6.1 按照画出的分隔线布置箍筋 6.2 柱箍筋的绑扎需要满扎，且绑扎牢固	 200 mm控制线	根据要求绑扎柱箍筋，防止漏扎； 待预制梁就位后，再绑扎梁部位的箍筋

续表 4 - 9

工序	工作要点	标准图片	注意事项
7 安装保护层垫块	按 600 mm × 600 mm 的间距，梅花形布置保护层垫块	安装保护层垫块 200 mm控制线	保护层垫块需要摆正，防止保护层垫块偏斜
8 焊接模板限位筋	在柱的上下两端各焊接一根限位钢筋	焊接模板限位筋	控制限位钢筋两端伸出保护层厚度的距离，防止模板偏位
9 安装水泥内撑	在箍筋上安装水泥内撑	安装水泥内撑	水泥内撑的布置间距，根据对拉杆间距错位布置 水泥内撑应交错布置

续表 4 - 9

工序	工作要点	标准图片	注意事项
10 检查验收	检查验收	200 mm控制线	注意钢筋的根数、间距、受力筋的直径；检查箍筋的间距是否符合要求（采用三挡测量）；检查箍筋的截面尺寸

（2）特殊位置钢筋。

①预制剪力墙端头现浇柱钢筋（图4-16）。

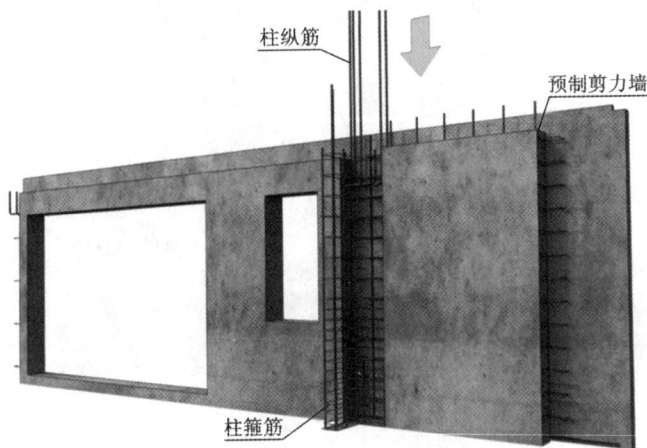

图4-16 预制剪力墙端头现浇柱钢筋

注意事项：由于预制剪力墙在预制时两端有箍筋伸出，所以在绑扎柱钢筋时，先将柱箍筋摆放到预制剪力墙伸出的箍筋上，再将柱纵筋从上往下插。

②叠合梁下柱钢筋（图4-17）。

注意事项：由于叠合梁需要锚入现浇柱（剪力墙）里，所以在绑扎这部分柱（剪力墙）钢筋时，可以分为两种方式施工。一种是先吊装叠合梁，再绑扎柱（剪力墙）钢筋。该方法的缺点：现场钢筋工作业时间较短，为保障工期需要的钢筋工人数较多；优点：柱（剪力墙）钢筋可一次绑扎完成，减少了现场管理人员的工作量。另一种是先将柱（剪力墙）箍筋绑扎至叠合梁底，等叠合梁吊装完成之后再绑扎其余部分的箍筋。该方法的缺点：针对不同的柱（剪力墙）箍筋绑扎高度不同，对钢筋工及现场管理人员要求较高；优点：增加了钢筋工的作业时间，需要的钢筋工人数相对较少，减少了窝工。

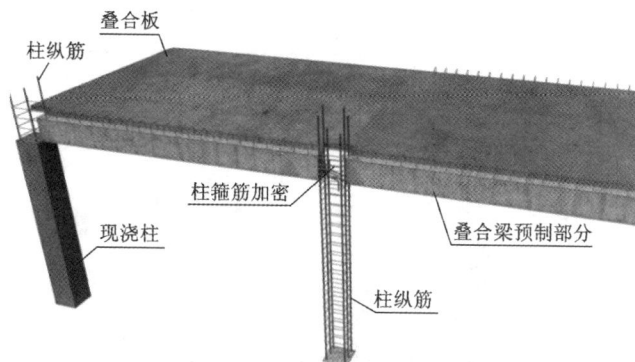

图 4-17 叠合梁下柱钢筋

2. 剪力墙钢筋安装

（1）一字形剪力墙。

施工工艺流程：

钢筋位置校核→套柱箍筋→安装直螺纹连接件→安装竖向钢筋→画箍筋分隔线→箍筋绑扎→绑扎剪力墙水平筋→绑扎剪力墙拉结筋→安装保护层垫块→焊接模板限位筋→安装水泥内撑→钢筋检查验收。

具体流程详见表 4-10。

表 4-10 一字形剪力墙施工工艺流程

工序	工作要点	标准图片	注意事项
1 钢筋位置校核	1.1 弹出 200 mm 控制线 1.2 测量暗柱最外围的竖向钢筋距 200 mm 控制线的距离，确保钢筋保护层厚度 1.3 调整校正钢筋		200 mm 控制线要确保准确无误； 钢筋保护层厚度需根据相关规定确认（砼结构环境类别为一类，柱砼最小保护层厚度为 20 mm）
2 套柱箍筋	2.1 柱表面凿毛，清理柱面的杂物 2.2 确认箍筋的型号、规格、数量 2.3 根据布置要求套暗柱箍筋 2.4 柱子钢筋上画出箍筋间距线		暗柱面要求无杂物，以免影响砼浇筑质量； 暗柱箍筋套置顺序应按照要求布置，避免布置错误； 柱梁接头位置，柱子箍筋待预制梁安装完成后再绑扎

续表 4 – 10

工序	工作要点	标准图片	注意事项
3 安装直螺纹连接件	3.1 根据规定选取直螺纹连接接头 3.2 把连接接头套入基础钢筋端头，然后用扳手拧紧	 200 mm控制线	连接接头需要使用扳手拧紧到位，防止未拧到位而影响施工质量
4 安装竖向钢筋	4.1 选取待接钢筋型号、规格、数量 4.2 将待接钢筋端头导入直螺纹套筒中，用扳手拧紧加固	 200 mm控制线	对照图纸施工，避免钢筋型号对接错误； 连接接头与待接钢筋应拧紧到位，防止未拧紧而影响施工质量
5 画箍筋分隔线	根据施工图纸在竖直钢筋上画出箍筋布置间距	 200 mm控制线	箍筋的起步筋布置间距为距楼地面 50 mm； 箍筋布置的间距需要符合要求
6 箍筋绑扎	6.1 根据分隔线绑扎箍筋，箍筋弯钩部位应错开布置 6.2 柱箍筋的绑扎需要满扎，且绑扎牢固	 200 mm控制线	根据要求，暗柱箍筋的绑扎需要满扎，防止漏扎； 待预制梁就位后，再绑扎梁部位的箍筋

续表 4 - 10

工序	工作要点	标准图片	注意事项
7 绑扎剪力墙水平筋	根据剪力墙水平筋间距布置钢筋		水平筋弯钩及间距应符合设计要求； 水平筋的起步筋布置间距应符合设计要求； 水平筋要包裹住纵向筋
8 绑扎剪力墙拉结筋	根据结构设计图纸布置拉结筋，一般直径 6 mm，按 600 mm × 600 mm 的间距布置		梅花形布置拉结筋，相互错开； 拉钩为 180°，须拉住纵筋与水平筋
9 安装保护层垫块	按 600 mm × 600 mm 的间距，梅花形布置保护层垫块		保护层垫块需要摆正，防止保护层垫块偏斜

续表 4－10

工序	工作要点	标准图片	注意事项
10 焊接模板限位筋	在柱的上下两端各焊接一根限位钢筋	 200 mm控制线	控制限位钢筋两端伸出保护层厚度的距离，防止模板偏位
11 安装水泥内撑	在箍筋上安装水泥内撑	 200 mm控制线	水泥内撑的布置间距，根据对拉杆间距错位布置
12 钢筋检查验收	检查验收	 200 mm控制线	注意钢筋的根数、间距、受力筋的直径；检查箍筋的间距是否符合要求（采用三挡测量）

（2）C 形剪力墙。

施工工艺流程：

钢筋位置校核→柱箍筋安装→安装直螺纹连接件→安装竖向钢筋→画箍筋分隔线→箍筋绑扎→绑扎剪力墙水平筋→绑扎剪力墙拉结筋→安装保护层垫块→焊接模板限位筋→安装水泥内撑→钢筋检查验收。

具体流程详见表 4 – 11。

表 4 – 11　C 形剪力墙施工工艺流程

工序	工作要点	标准图片	注意事项
1 钢筋位置校核	1.1 弹出剪力墙边线及 200 mm 控制线 1.2 测量暗柱最外围的竖向钢筋距 200 mm 控制线的距离 1.3 检测钢筋是否有偏位，如有偏位则进行校正，确保钢筋保护层厚度	 200 mm控制线	剪力墙边线及 200 mm 控制线应准确无误； 钢筋保护层厚度不应小于 20 mm
2 柱箍筋安装	2.1 施工缝处理并清理剪力墙内的杂物 2.2 确认暗柱箍筋的型号、规格、数量 2.3 根据图纸要求套暗柱箍筋 2.4 画出箍筋的间距线	 200 mm控制线	暗柱面要求无杂物； 暗柱箍筋套置顺序应按照要求布置； 柱梁交接部位，柱子箍筋待预制梁安装好后再进行绑扎
3 安装直螺纹连接件	3.1 根据规定选取直螺纹连接接头 3.2 把连接接头套入基础钢筋端头，然后用扳手拧紧到位	 200 mm控制线	连接接头需要使用扳手拧紧到位，防止未拧到位而影响施工质量

续表 4 – 11

工序	工作要点	标准图片	注意事项
4 安装竖向钢筋	4.1 选取待接钢筋型号、规格、数量 4.2 将待接钢筋端头导入直螺纹接头孔中，用扳手拧紧加固	 325 mm　325 mm 200 mm控制线	对照图纸施工，避免钢筋型号对接错误； 连接接头与待接钢筋应拧紧到位，防止未拧紧而影响施工质量
5 画箍筋分隔线	根据施工图纸在竖直钢筋上画出箍筋布置间距	 200 mm控制线	箍筋的起步筋布置间距为距楼地面 50 mm； 箍筋布置的间距需要符合要求
6 箍筋绑扎	6.1 按照画出的箍筋分隔线布置箍筋 6.2 柱箍筋的绑扎需要满扎，且绑扎牢固	 200 mm控制线	根据要求，暗柱箍筋的绑扎需要满扎，防止漏扎； 待预制梁就位后，再绑扎梁部位的箍筋，防止预制梁无法就位

续表 4−11

工序	工作要点	标准图片	注意事项
7 绑扎剪力墙水平筋	根据剪力墙水平筋间距布置钢筋	200 mm控制线	水平筋弯钩及间距应符合设计要求；水平筋的起步筋布置间距应符合设计要求；水平筋要包裹住纵向筋
8 绑扎剪力墙拉结筋	根据结构设计图纸布置拉结筋，一般直径 6 mm，按 600 mm × 600 mm 的间距布置	200 mm控制线	梅花形布置拉结筋，相互错位；拉钩为180°，须拉住纵筋与水平筋
9 安装保护层垫块	按 600 mm × 600 mm 的间距，梅花形布置保护层垫块	保护层垫块 200 mm控制线	保护层垫块需要摆正，防止保护层垫块偏斜

续表 4 – 11

工序	工作要点	标准图片	注意事项
10 焊接模板限位筋	在柱的上下两端各焊接一根限位钢筋		控制限位钢筋两端伸出保护层厚度的距离，防止模板偏位
11 安装水泥内撑	在箍筋上安装水泥内撑		水泥内撑的布置间距根据对拉杆间距错位布置
12 钢筋检查验收	检查验收		注意钢筋的根数、间距、受力筋的直径；检查箍筋的间距是否符合要求

3. 楼面钢筋安装

（1）一般位置的楼面钢筋

施工工艺流程：

钢筋准备→插叠合板与隔墙连接钢筋→绑扎抗剪钢筋→绑扎梁上部纵筋→外墙挂板插筋安装→拼缝钢筋绑扎→板底附加钢筋安装→绑扎楼板下部纵筋→水电预埋→绑扎楼板上部面筋。

具体流程详见表4－12。

表4－12　楼面钢筋施工工艺流程

工序	工作要点	标准图片	注意事项
1 钢筋准备	1.1 叠合板吊装就位且验收合格 1.2 钢筋材料的就位		叠合板整体吊装就位且验收合格后，钢筋应立即就位
2 插叠合板与隔墙连接钢筋	在叠合板与隔墙的预留洞口内插筋	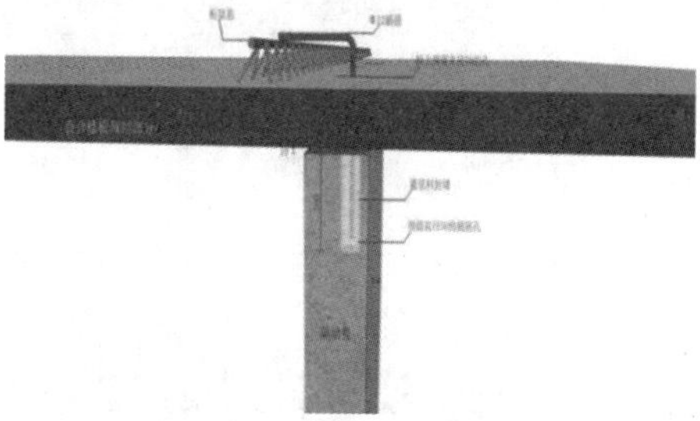	隔墙板钢筋安装必须完整无遗漏； 浇筑混凝土前，将隔墙板预留孔封堵严实
3 绑扎抗剪钢筋	绑扎柱、剪力墙与梁的抗剪钢筋	 抗剪钢筋	抗剪钢筋伸入剪力墙、柱尺寸应满足设计及规范要求
4 绑扎梁上部纵筋	绑扎上部纵筋	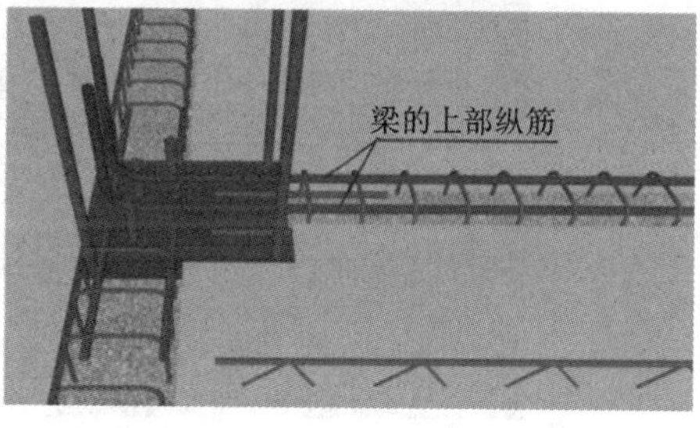 梁的上部纵筋	梁上部纵筋弯锚，锚固方向朝上，锚固长度必须符合设计图纸要求

续表 4 – 12

工序	工作要点	标准图片	注意事项
5 外墙挂板插筋安装	外墙挂板插筋与楼板连接时进行调整	外挂板插筋	钢筋放置要正确；外墙挂板插筋必须全部调整完成，不得有任何遗漏
6 拼缝钢筋绑扎	叠合板与叠合板拼缝钢筋绑扎	直径8 mm拼缝钢筋 150 mm 650 mm	拼缝钢筋根据钢筋下料单及图纸要求进行绑扎（垂直拼缝钢筋间距150 mm）
7 叠合板附加钢筋绑扎	叠合板与梁附加钢筋绑扎	直径8 mm附加钢筋 500 mm 150 mm	附加钢筋根据钢筋下料单及图纸要求绑扎（垂直拼缝钢筋间距150 mm）
8 绑扎楼板下部纵筋	绑扎楼板下部纵筋	直径8 mm板下部纵向钢筋 200 mm 150 mm	纵筋布置间距竖向150 mm，横向200 mm。横向与竖向第一根钢筋搭接150 mm；先安装平行于桁架的分布钢筋，再安装垂直于桁架的分布钢筋

续表 4 – 12

工序	工作要点	标准图片	注意事项
9 水电预埋	9.1 水电管线的预埋 9.2 水电管线、盒固定应牢固可靠	焊接钢筋(避免外墙板钢筋支撑加固与水电管线冲突) 水电预埋管线	水电管线预埋必须尽可能避开有支撑点的部位; 水电管线位于支撑点位置时,要在桁架钢筋上焊接竖向的钢筋提示,防止破坏水电管线; 水电管线封口应严密
10 绑扎楼板上部面筋	绑扎楼板面层钢筋	180 mm 直径8 mm 面筋	面筋间距为 180 mm; 面筋绑扎时,弯钩应垂直于板面; 板面钢筋应当横平竖直、整齐划一

（2）特殊位置的楼面钢筋

①高低板板负筋弯折做法（图 4 – 18）。

图 4 – 18 高低板板负筋弯折做法

叠合板
梁面筋
泡沫胶条　板分布筋　板负筋
叠合梁

注意事项：在支座高宽比≤1/6时，楼板面筋可以做成弯折形，在支座处可以不断开。

②高低板板负筋截断做法（图4-19）。

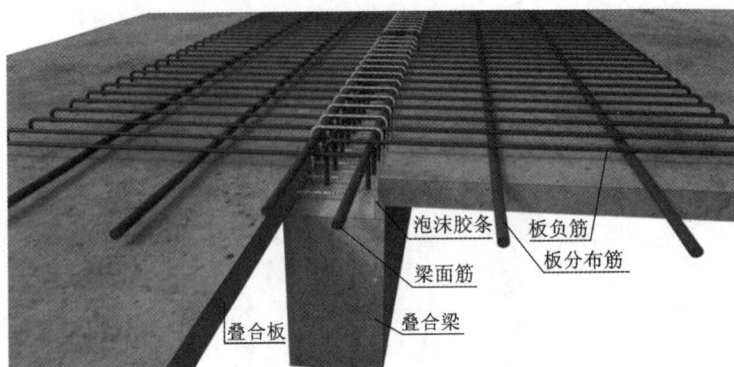

泡沫胶条　　板负筋

梁面筋　　　板分布筋

叠合板　　　叠合梁

图4-19　高低板板负筋截断做法

注意事项：在支座高宽比>1/6时，楼板面筋在支座处应断开。

装配式建筑钢筋下料及绑扎未进行详细说明的，与传统全现浇建筑做法一致；装配式建筑叠合梁组合封闭箍的做法应符合《装配式混凝土结构技术规程》JGJ 1—2014中7.3.2叠合梁的箍筋配置的下列规定：

抗震等级为一、二级的叠合框架梁的梁端箍筋加密区宜采用整体封闭箍筋。

采用组合封闭箍筋的形式时，开口箍筋上方应做成135°弯钩；非抗震设计时，弯钩端头平直段长度不应小于$5d$（d为箍筋直径）；抗震设计时，平直段长度不应小于$10d$。现场应采用箍筋帽封闭开口箍，箍筋帽末端应做成135°弯钩；非抗震设计时，弯钩端头平直段长度不应小于$5d$；抗震设计时，平直段长度不应小于$10d$。

（3）叠合梁钢筋。

①现浇墙柱及叠合梁中间层中节点，梁底筋锚固长度<墙柱宽度时（图4-20）。

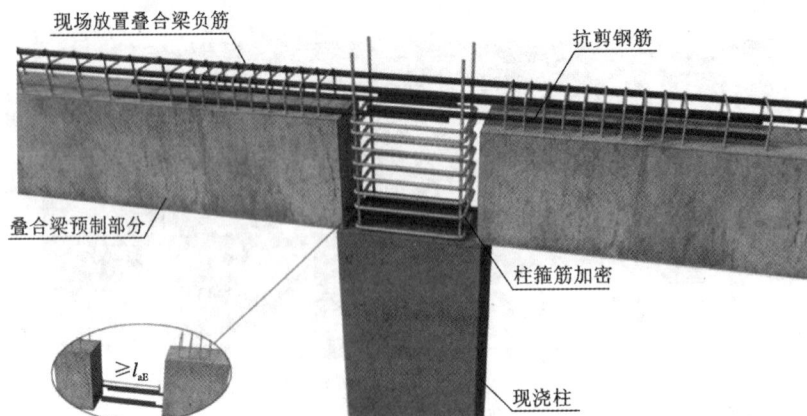

现场放置叠合梁负筋　　　　抗剪钢筋

叠合梁预制部分

柱箍筋加密

$\geq l_{aE}$

现浇柱

图4-20　现浇墙柱及叠合梁中间层中节点，梁底筋锚固长度<墙柱宽度时

　　注意事项：叠合梁底筋错位锚入墙柱内且锚入长度需过柱中线，并且 $L \geqslant l_{aE}$；抗剪钢筋伸入剪力墙内长度 $\geqslant l_{aE}$。

　　②现浇墙柱及叠合梁中间层中节点，梁底筋锚固长度 $\geqslant$ 墙柱宽度时(图 4 – 21)。

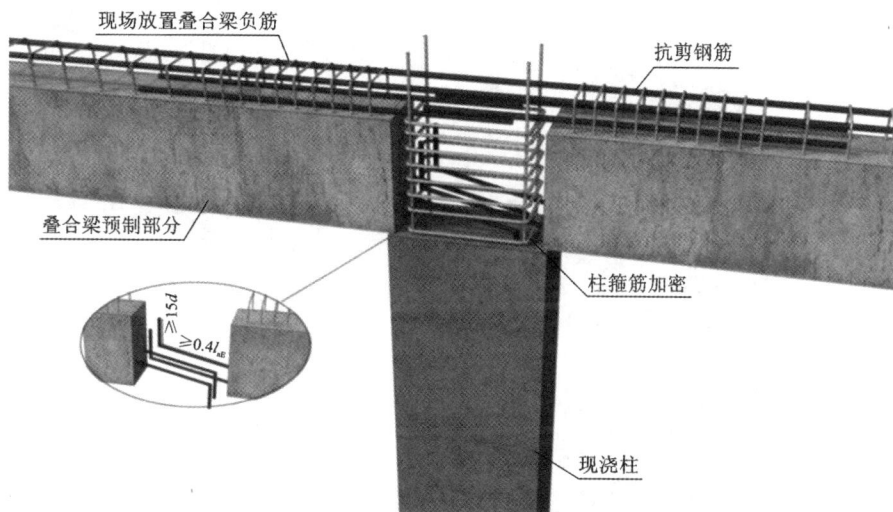

图 4 – 21　现浇墙柱及叠合梁中间层中节点，梁底筋锚固长度 $\geqslant$ 墙柱宽度时

　　注意事项：锚入墙柱内的梁底筋长度 $\geqslant$ 墙柱宽度时，叠合梁底筋需弯锚且错位锚入墙柱内，弯锚墙柱内的钢筋长度 $\geqslant 0.4 l_{aE} + 15d$。

　　③现浇墙柱及叠合梁中间层端节点，梁底筋锚固长度 $<$ 墙柱宽度时(图 4 – 22)。

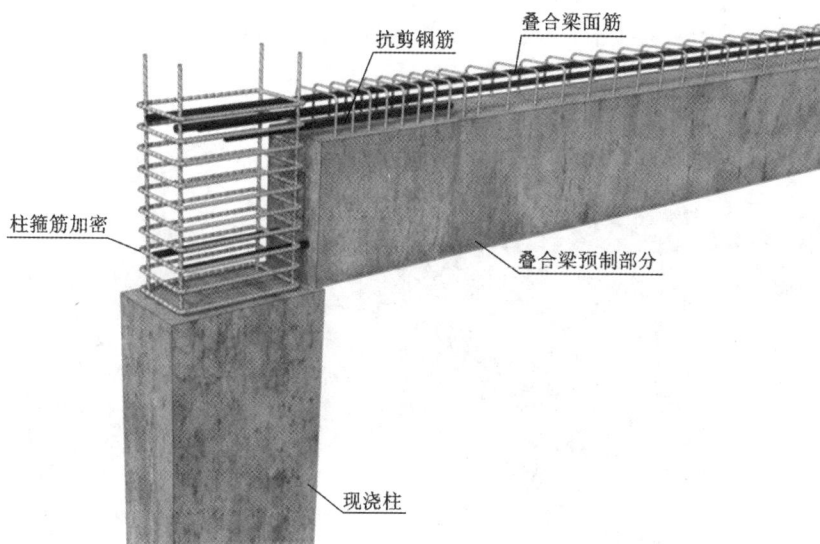

图 4 – 22　现浇墙柱及叠合梁中间层端节点，梁底筋锚固长度 $<$ 墙柱宽度时

　　注意事项：在梁钢筋设计直锚长度 $<$ 柱宽时，梁钢筋直锚长度锚入柱内 $\geqslant l_{aE}$ 且需过柱中

线≥5d，梁柱接头区域柱箍筋须加密。

④现浇墙柱及叠合梁中间层端节点，梁底筋锚固长度≥墙柱宽度时（图4-23）。

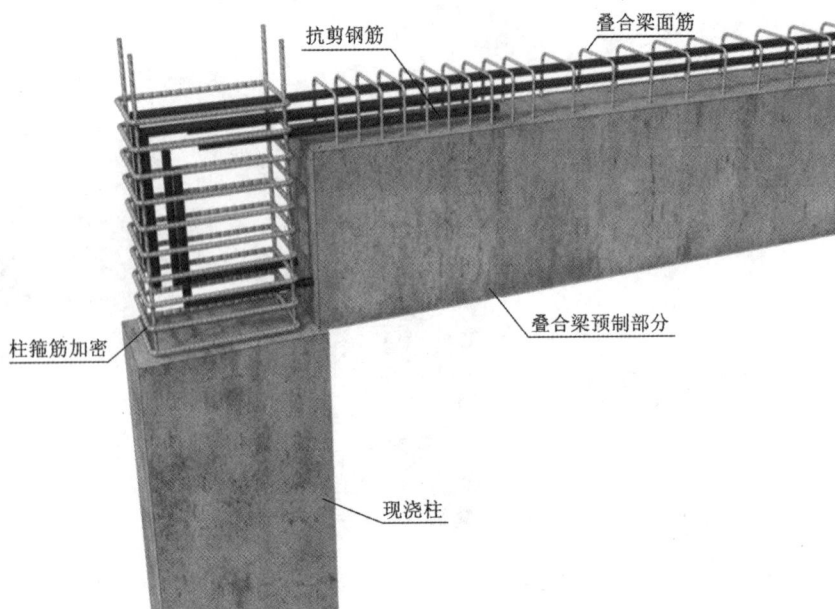

图4-23 现浇墙柱及叠合梁中间层端节点，梁底筋锚固长度≥墙柱宽度时

注意事项：在梁钢筋设计直锚长度≥柱宽时，梁钢筋直锚入柱内≥0.4l_{aE}且伸入柱边，弯锚≥15d，梁柱接头区域柱箍筋须加密。

⑤搁置式主次梁中跨连接节点（中跨）次梁内置钢预埋件（图4-24）。

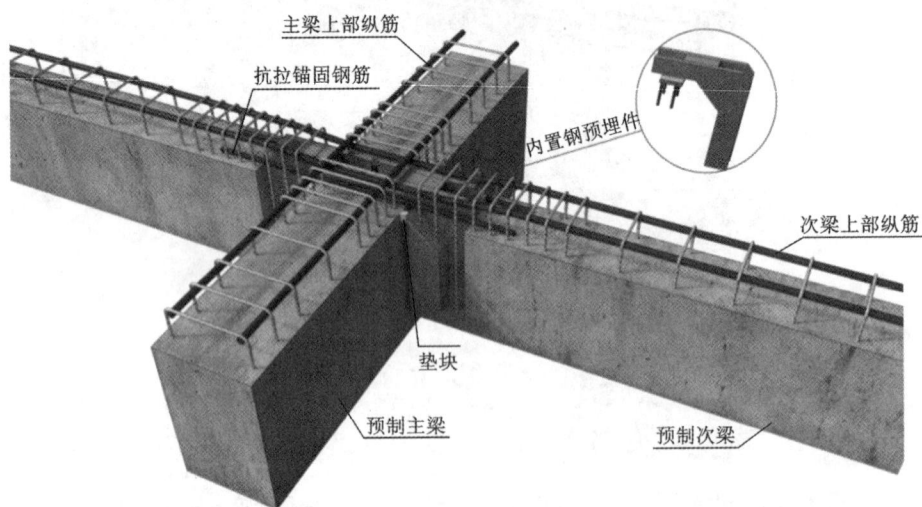

图4-24 搁置式主次梁中跨连接节点（中跨）次梁内置钢预埋件

注意事项：搁置式主次梁中跨连接区域箍筋须加密。

⑥搁置式主次梁中跨连接节点（边跨）次梁内置钢预埋件（图4-25）。

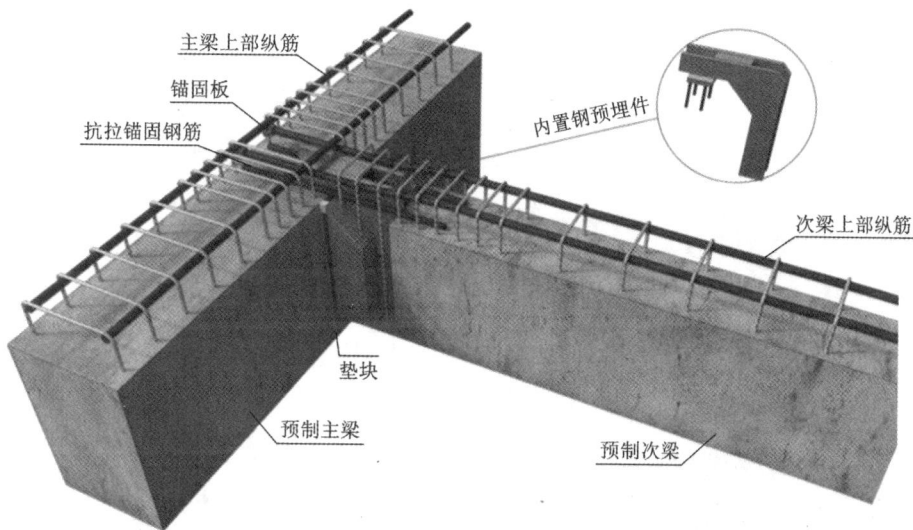

图 4-25　搁置式主次梁中跨连接节点（边跨）次梁内置钢预埋件

注意事项：搁置式主次梁边跨连接区域箍筋须加密，边跨末端采取螺栓锚头锚固（锚固板）。

⑦绑扎梁上部纵筋工艺节点（图4-26）。

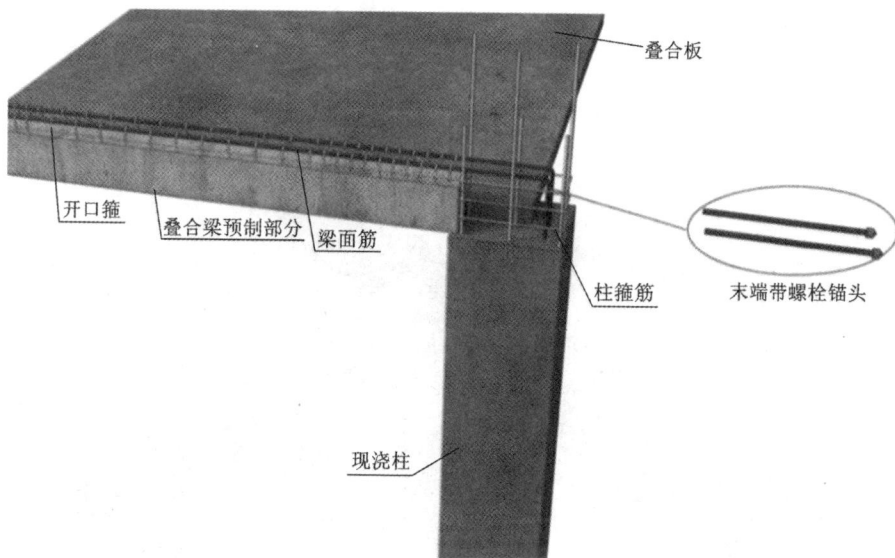

图 4-26　绑扎梁上部纵筋工艺节点

注意事项：绑扎梁上部纵筋弯锚时，锚固方向朝下。锚固长度必须符合设计图纸要求，现场施工时梁面筋因弯锚无法穿入叠合梁内，解决方法有两种：做组合封闭箍；弯锚钢筋末端改为螺栓锚头，梁柱接头区域柱箍筋须加密。

⑧水平折梁转角处面筋（图4-27）。

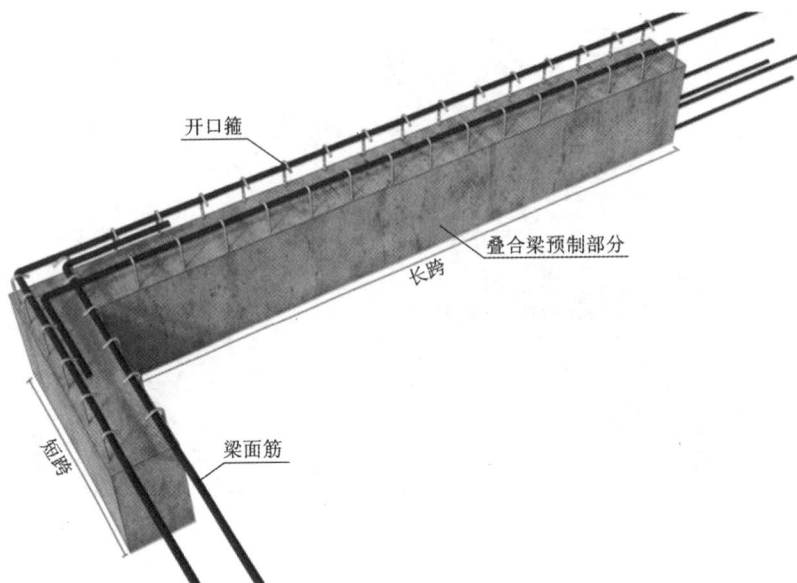

图4-27 水平折梁转角处面筋

注意事项：折梁转角处面筋绑扎难度较大，可采取两种方式：将箍筋做成组合封闭箍，面筋吊装完成之后绑扎；将箍筋做成整体封闭箍，在绑扎钢筋的同时将面筋一起绑扎。

⑨十字交叉梁（图4-28）。

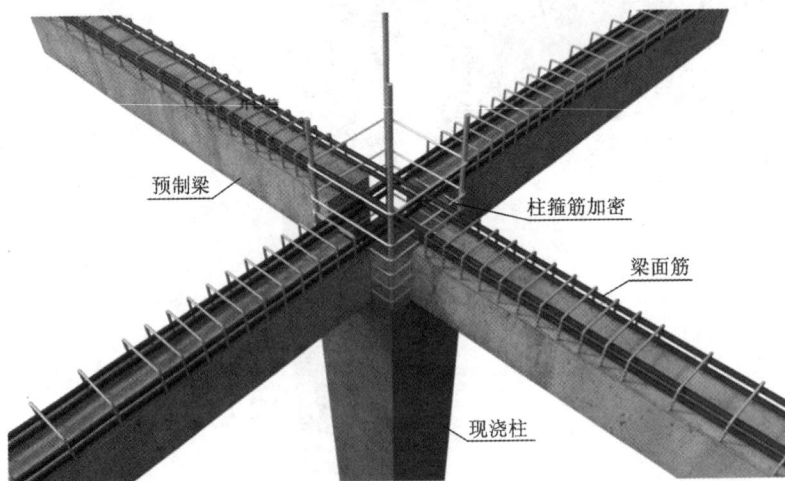

图4-28 十字交叉梁

注意事项：当面筋排数过多影响现场钢筋绑扎时，可采取两种做法：优化结构设计，减少面筋排数；降低叠合梁预制部分，在浇筑楼面混凝土时，在叠合梁与楼板接缝空隙位置安装模板。

⑩屋面梁柱(图 4 – 29)。

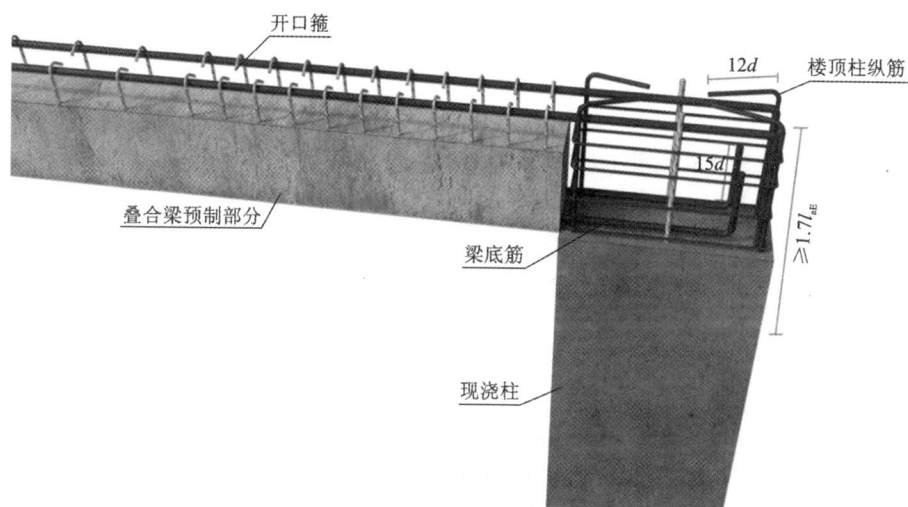

图 4 – 29 屋面梁柱

注意事项:装配式建筑屋面梁柱只能采用梁锚柱的方式,具体做法:柱角筋向中心锚入,梁面筋弯锚入墙柱内且≥$1.7l_{aE}$。

⑪悬挑梁(图 4 – 30)。

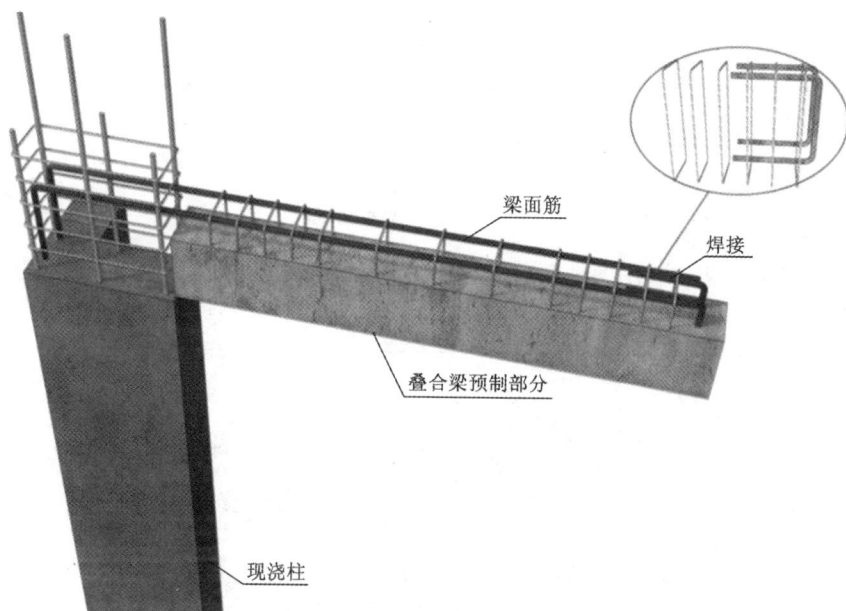

图 4 – 30 悬挑梁

注意事项：为方便工厂生产脱模，悬挑梁面筋末端处做焊接，悬挑梁面筋弯锚锚入柱内时锚固长度必须符合设计图纸要求。

4.4.2　套筒灌浆

1.分仓法

施工工艺流程：

钢筋调直→分仓→外墙板外页封堵→吊运→落位→封堵→检查灌浆套筒→灌浆。

具体流程详见表4-13。

表4-13　分仓法施工工艺流程

工序	工作要点	标准图片	注意事项
1 钢筋调直	1.1 混凝土浇筑前应先将线放好，再进行钢板定位，最后进行复测 1.2 调直钢板应在混凝土浇筑前安装好 1.3 钢筋长度为0～15 mm 1.4 钢筋保持表面清洁，无严重锈蚀，无粘连物	 钢筋调直	浇砼后，吊装前及时对构件基础连接面进行检查、记录和校正； 钢筋不正，可用钢套管扳正
2 分仓	2.1 分仓应在吊装前进行，相隔时间不宜大于15 min 2.2 建议每隔1 m分一个仓，根据现场或工艺的实际情况可延长 2.3 竖向钢筋与分仓隔墙的距离需≥40 mm 2.4 分仓隔墙用封堵料分隔	 分仓	分仓隔墙，宽≥20 mm分仓后应在构件相对位置做出分仓标记，记录分仓时间，便于指导灌浆
3 外墙板外页封堵	落位前，将20 mm×30 mm的单面泡沫胶条粘贴在外墙板企口处	 外墙板外页封堵	

续表 4 – 13

工序	工作要点	标准图片	注意事项
4 吊运	4.1 将边线、端线复核好 4.2 依照定位件布置图安装定位件和垫块	 吊运	检查构件吊钉周围是否有质量缺陷，以及蜂窝、麻面、开裂等影响受力的情况；吊运时应缓慢、匀速提升，构件吊运过程中防坠隔离区不得站人，防坠隔离区为建筑物外边线向外延伸 6 m
5 落位	5.1 下方构件伸出的连接钢筋均应插入上方预制构件的连接套筒内，底部套筒孔可用镜子观察 5.2 在构件 2/3 高度处安装斜支撑 5.3 用靠尺在距离墙板端边 500 mm 左右，检查垂直度，构件小于 5 m 靠 2 尺，大于 5 m 靠 3 尺	 落位	注意构件的边线和端线是否对齐；斜支撑的安装是否牢靠；垂直度是否控制在 ±4 mm 内
6 封堵	6.1 构件接缝处应采用专用封缝料封堵 6.2 使用专用封缝料时要严格按照说明书，要求加水搅拌均匀 6.3 同一构件或同一仓封堵时使用专用钢板抹子，填抹约 1.5 cm×2 cm 深(确保不堵套筒孔)，一段抹完再向后移动，进行下一段填抹	 封堵	保证封堵严密、牢固、可靠；段与段的接合部位，同一构件或同一仓要保证填抹密实，不得漏抹

续表 4 – 13

工序	工作要点	标准图片	注意事项
7 检查灌浆套筒	7.1 灌浆前应检查预留灌浆孔是否被杂物堵塞，如有须及时清理 7.2 用鼓风机注入空气，检查灌浆孔是否畅通	 鼓风机 注入空气 堵塞灌浆孔 检查灌浆套筒	灌浆前应将同一仓下排孔堵塞好，仅留下一个灌浆孔不堵，用此孔灌浆
8 灌浆	8.1 用灌浆泵从接头下方的灌浆孔处向套筒内进行压力灌浆 8.2 接头灌浆时，应按浆料排出先后依次封堵，灌满后即停止灌浆，如有漏浆须立即补灌	 堵塞灌浆孔 灌浆	同一仓只能在一个灌浆孔灌浆，不能同时选择两个以上灌浆孔，且灌浆时不能停顿； 接头灌浆时，待接头上方的排浆孔流出浆料后，及时用专用橡胶塞封堵； 正常灌浆料要在加水搅拌开始后 20 ~ 30 min 内灌完

2. 坐浆法

施工工艺流程：

钢筋调直→坐浆→吊运→落位→清理坐浆料→检查灌浆套筒→灌浆。

具体流程详见表 4 – 14。

表 4 – 14　坐浆法施工工艺流程

工序	工作要点	标准图片	注意事项
1 钢筋调直	1.1 混凝土浇筑前应先将线放好，再进行钢板定位，最后进行复测 1.2 调直钢板应在混凝土浇筑前安装好 1.3 钢筋长度为 0 ~ 15 mm 1.4 钢筋保持表面清洁，无严重锈蚀，无粘连物	 调直板 剪力墙钢筋 端线 钢筋调直	浇砼后，吊装前及时对构件基础连接面进行检查、记录和校正； 钢筋不正，可用钢套管扳正

续表 4-14

工序	工作要点	标准图片	注意事项
2 坐浆	将浆料找平至设计标高	 坐浆	用 PVC 管套住连接钢筋，防止构件落位时将灌浆料挤压进灌浆套筒内，堵塞灌浆孔
3 吊运	3.1 将边线，端线复核好 3.2 依照定位件布置图安装定位件和垫块	 吊运	检查构件吊钉周围是否有质量缺陷，以及蜂窝、麻面、开裂等影响受力的情况；吊运时应缓慢、匀速提升，构件吊运过程中防坠隔离区不得站人，防坠隔离区为建筑物外边线向外延伸 6 m
4 落位	4.1 下方构件伸出的连接钢筋均应插入上方预制构件的连接套筒内，底部套筒孔可用镜子观察 4.2 在构件 2/3 高度安装斜支撑 4.3 用靠尺在距离墙板端边 500 mm 左右，检查垂直度，构件小于 5 m 靠 2 尺，大于 5 m 靠 3 尺	 落位	注意构件的边线和端线是否对齐；斜支撑的安装是否牢靠；垂直度是否控制在 ±4 mm 内
5 清理坐浆料	用专用钢板抹子清理多余的浆料	 清理坐浆料	清理时注意不要堵塞灌浆孔

续表 4 – 14

工序	工作要点	标准图片	注意事项
6 检查灌浆套筒	6.1 灌浆前应检查预留灌浆孔是否被杂物堵塞，如有须及时清理 6.2 用鼓风机注入空气，检查灌浆孔是否畅通	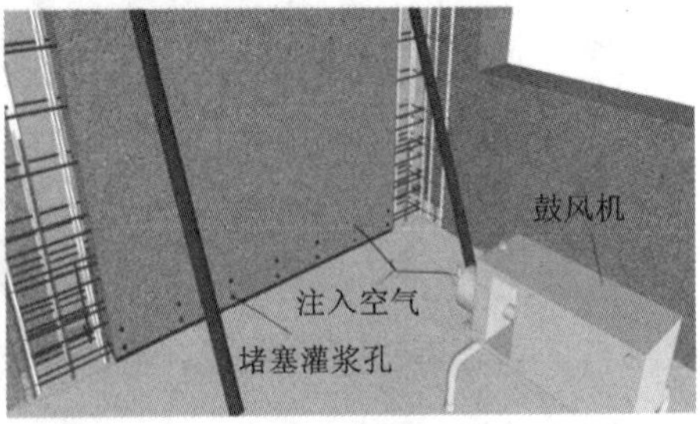 检查灌浆套筒	灌浆前应检查套筒，防止坐浆料堵塞套筒
7 灌浆	7.1 用手动灌浆机从接头下方的灌浆孔处向套筒内进行压力灌浆 7.2 单个套筒逐一灌浆	 灌浆	正常灌浆料要在加水搅拌开始后 20 ~ 30 min 内灌完

3. 全灌浆连接

施工工艺流程：

做标记装套筒→构件吊装固定→套筒就位→灌浆连接→灌浆后节点保护。

具体流程详见表 4 – 15。

表 4 – 15　全灌浆连接施工工艺流程

工序	工作要点	标准图片	注意事项
1 做标记装套筒	1.1 用记号笔做连接钢筋插入深度标记 1.2 将套筒全部套入一侧预制梁的连接钢筋上	 做标记装套筒	标记画在钢筋上部，要清晰、不易脱落

续表 4-15

工序	工作要点	标准图片	注意事项
2 构件吊装固定	构件按安装要求吊装到位后固定	构件吊装固定	对莲藕节点连接的构件要在吊装前处理下构件基础面，保证干净、无杂物
3 套筒就位	3.1 吊装后，检查两侧构件伸出的待连接钢筋对正 3.2 将套筒按标记移至两对接钢筋中间	套筒就位	两侧构件钢筋偏差不得大于 ±5 mm，且两钢筋相距间隙不得大于 30 mm；检查套筒两侧密封圈是否正常，如有破损需要用可靠方式修复（如用硬胶布缠堵）
4 灌浆连接	4.1 用灌浆枪从套筒的一个灌浆接头 T-2 处向套筒内灌浆，至浆料从套筒另一端的出浆接头 T-2 处流出为止，灌后检查是否两端漏浆并及时处理 4.2 每个接头逐一灌浆，浆料应在加水搅拌开始计，20~30 min 内用完，以尽量保留一定的操作应急时间	灌浆连接	在正式灌浆前，应逐个检查灌浆套筒的灌浆孔和出浆孔内有无影响砂浆流动的杂物，确保孔路畅通；灌浆料凝固后，检查灌浆口、排浆口处，凝固的灌浆料上表面应高于套筒上缘；灌浆完成后，填写灌浆作业记录表，发现问题的补救处理措施也要做相应记录
5 灌浆后节点保护	按规范要求在灌浆完成后对梁进行扰动保护	灌浆后节点保护	灌浆后灌浆料同条件试块强度达到 35 MPa 后方可进入下一道工序施工；拆支撑要根据后续施工荷载情况确定

4. 挤压套筒

施工工艺流程：

套筒安装→钢筋对接→套筒就位校正→安装钢筋压接机→挤压。

套筒安装：根据标记将套筒安装在预留钢筋端头，保证钢筋伸入套筒，且互相错开的接头基本处于同一水平线上。同时在连接套筒上做好压接标记，以保证压痕分布均匀一致。

钢筋对接：将安装好的钢筋底部接头插入对应预留钢筋接头已安装好的套筒内。

套筒就位校正：校正套筒的位置，保证上下钢筋对接接头处于套筒中间。

挤压：压接时再压接头上方，挂好平衡器与压接机，接好进出油管，启动超高压泵站。旋松通气孔盖先空转 5 min，调好压接所需的工作压力，然后将下压模卡板打开，取出下压模，把压接机机架的开口插入被挤压的变形钢筋的连接套中，插入下压模，锁死卡板，压接机在平衡器平衡力作用下，对准连接套筒所需压接的标记，操作泵站换向阀便可开始工作。当压力表指针调到定值不再上升时，压接完毕，换向阀换向至上压模回程，取出下压模，拉出压接机移到下根钢筋，继续压接施工。

挤压操作中要重点控制四个要素：插入深度、挤压顺序、挤压道次和最小压痕直径。

挤压时应注意：

①挤压方向：使挤压钳轴线与钢筋轴线垂直，并应尽可能朝钢筋横肋挤压，以便接头获得最佳性能。

②挤压顺序：挤压必须从套筒中部向两端依次挤压。如从套筒两边向中间挤压，可能造成套筒开裂或压空而切断套筒。为避免压空，套筒中央没有挤压标志的部位要严禁挤压。

③挤压力：泵站压力为参考参数，以最小压痕直径满足规定为准；挤压每批套筒第一个接头的第一道压痕时，由于不同批套筒的硬度可能有所不同，为避免套筒挤压过度而报废，要先选较低压力，如达不到要求，可提高压力在原位置重新挤压，直至压痕合格时的压力即为该批套筒应采用的参考挤压力。

④每个接头最后一道的挤压，由于金属变形，拘束力减小，此时压力须比其他压痕的压力低。

4.5　模板工程

装配式建筑模板施工讲解

4.5.1　装配式建筑模板连接设计

PC 深化设计时，不同的模板体系对同一个预制构件有不同的设计要求。模板通过对拉螺杆固定在 PC 构件上的方式主要体现为以下两种。

1. 预埋套筒

预埋套筒主要用于外墙板，套筒规格及位置根据构件、模板体系及实际情况设计，如图 4-31～图 4-36 所示。

（1）外墙挂板一字连接如图 4-31 所示。

注意：

①预埋套筒根据不同构件采用不同型号，套筒位置注意避开钢筋（包含剪力墙竖向钢筋）或水电预埋；

②300 mm≥L_1≥100 mm，具体数值配合模板设计；

③L 根据不同类型的模板计算，具体数值配合模板设计；

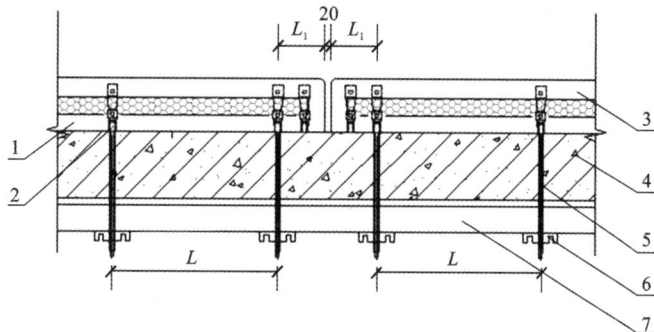

图 4 - 31　外墙挂板一字连接

1—外墙挂板；2—双杆套筒；3—外墙挂板；4—现浇剪力墙；5—对拉螺杆；6—法兰螺母；7—模板

④套筒沿墙高度方向的间距根据不同类型的模板进行计算，具体数值配合模板设计。

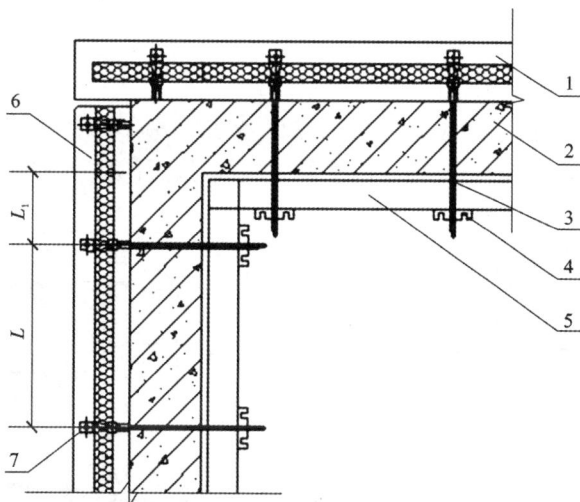

图 4 - 32　外墙挂板转角连接

1—外墙挂板；2—现浇剪力墙；3—对拉螺杆；4—法兰螺母；5—模板；6—外墙挂板；7—双杆套筒

（2）外墙挂板转角连接如图 4 - 32 所示。

注意：

①预埋套筒根据不同构件采用不同型号，套筒位置注意避开钢筋（包含剪力墙竖向钢筋）或水电预埋；

②L_1 宜取值 200 mm，具体数值配合模板设计；

③L 根据不同类型的模板计算，具体数值配合模板设计；

④套筒沿墙高度方向的间距根据不同类型的模板进行计算，具体数值配合模板设计；

⑤阳角处 X 向与 Y 向相邻构件沿墙高度方向应相互错开。

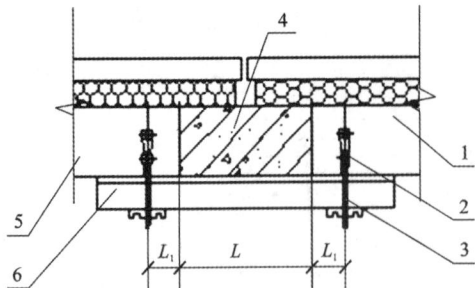

图 4-33　剪力墙外墙板一字连接(一)

1—预制剪力墙外墙板；2—套筒；3—对拉螺杆；

4—现浇剪力墙；5—预制剪力墙外墙板；6—模板

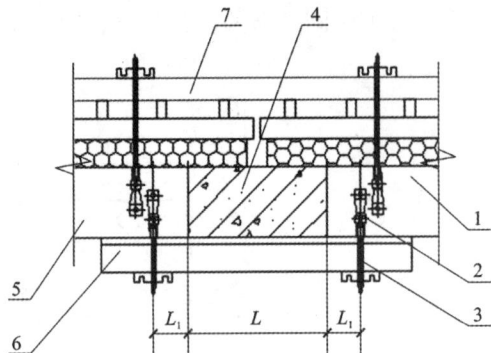

图 4-34　剪力墙外墙板一字连接(二)

1—预制剪力墙外墙板；2—套筒；3—对拉螺杆；

4—现浇剪力墙；5—预制剪力墙外墙板；

6—模板；7—背楞

(3)剪力墙外墙板一字连接如图 4-33、图 4-34 所示。

注意：

①预埋套筒根据不同构件采用不同型号，套筒位置注意避开钢筋(包含剪力墙竖向钢筋)或水电预埋；

②L_1 宜取 100 mm，具体数值配合模板设计；

③当 L 大于 800 mm 时，需考虑增加模板对拉，或在外墙板外侧增加背楞，如图 4-34 所示；

④套筒沿墙高度方向的间距根据不同类型的模板进行计算，具体数值配合模板设计。

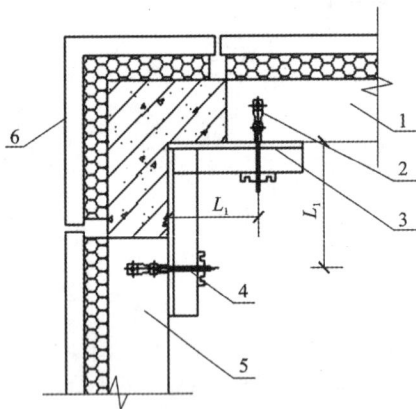

图 4-35　剪力墙外墙板转角连接(一)

1—预制剪力墙外墙板；2—套筒；3—模板；

4—对拉螺杆；5—预制剪力墙外墙板；6—PCF 板

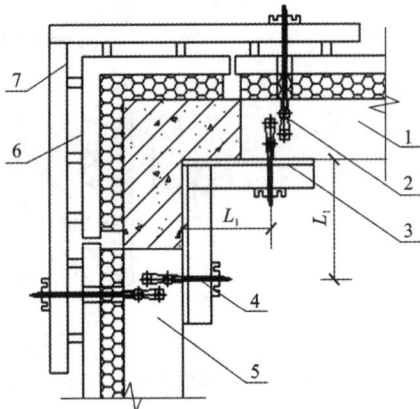

图 4-36　剪力墙外墙板转角连接(二)

1—预制剪力墙外墙板；2—套筒；3—模板；

4—对拉螺杆；5—预制剪力墙外墙板；

6—PCF 板；7—背楞

(4)剪力墙外墙板转角连接如图 4-35、图 4-36 所示。

注意：

①预埋套筒根据不同构件采用不同型号，套筒位置注意避开钢筋(包含剪力墙竖向钢筋)或水电预埋；

②L_1 宜取 200 mm，具体数值配合模板设计；

③应防止 PCF 板浇筑剪力墙时发生位移,需考虑增加 PCF 板对拉,或在外墙板外侧增加背楞,如图 4-36 所示;

④套筒沿墙高度方向的间距根据不同类型的模板进行计算,具体数值配合模板设计;

⑤阳角处 X 向与 Y 向相邻构件沿墙高度方向应相互错开。

2.预埋对穿孔

预埋对穿孔主要用于内墙,对穿孔的大小及位置根据模板体系及实际情况设计(图 4-37、图 4-38)。

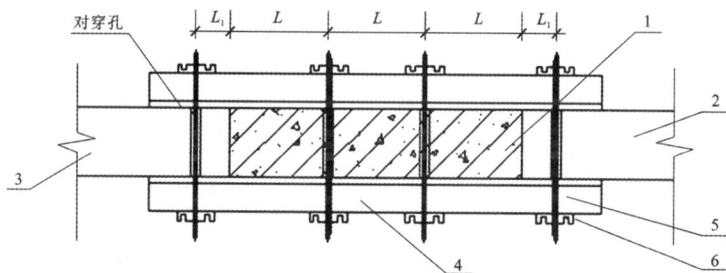

图 4-37　内墙一字连接

1—现浇剪力墙或柱;2—预制内墙;3—预制内墙;4—模板;5—对拉螺杆;6—法兰螺母

(1)内墙一字连接如图 4-37 所示。

注意:

①对穿孔可采用方孔或圆孔,注意避开钢筋或水电预埋;

②L_1 宜取 100 mm,具体数值配合模板设计;

③L 根据不同类型的模板计算;

④对穿孔沿墙高度方向的间距根据不同类型的模板进行计算,具体数值配合模板设计。

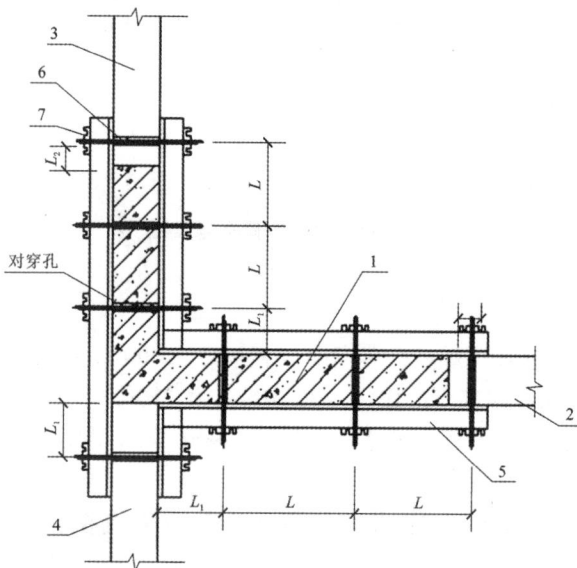

图 4-38　内墙转角连接

1—现浇剪力墙或柱;2—预制内墙;3—预制内墙;4—预制内墙;5—模板;6—对拉螺杆;7—法兰螺母

（2）内墙转角连接如图 4 - 38 所示。

注意：

①对穿孔可采用方孔或圆孔，注意避开钢筋或水电预埋；

②L_1 宜取 200 mm，具体数值配合模板设计；

③L_2 宜取 100 mm，具体数值配合模板设计；

④L 根据不同类型的模板进行计算；

⑤对穿孔沿墙高度方向的间距根据不同类型的模板进行计算，具体数值配合模板设计；

⑥转角处 X 向与 Y 向相邻构件沿墙高度方向应相互错开。

4.5.2　铝合金模板

铝合金模板施工图如图 4 - 39 所示。

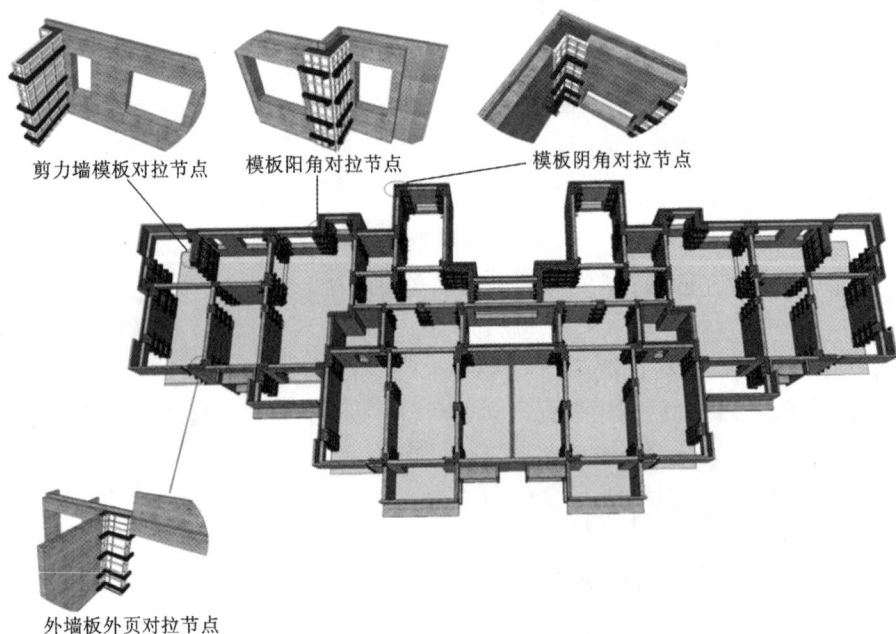

图 4 - 39　铝合金模板施工图

1. 安装要求

（1）墙柱模板处需设置对拉螺杆，其横向设置间距≤900 mm、纵向设置间距≤800 mm，对拉螺杆起到固定模板和控制墙厚的作用。对拉螺杆为 T16 梯形牙螺杆。

（2）墙柱模板背面设置有背楞，背楞设置间距≤900 mm。背楞材料为 60 mm × 40 mm × 2.5 mm 的矩形钢管。

（3）外挂板与内墙剪力墙水平连接位置的设计处理：（两端拐角）当两端现浇墙均有拐角时，为避免因为预制混凝土构件的安装误差导致铝合金模板无法安装，可在一端设置微调构造。

（4）外挂板与内墙剪力墙水平连接位置的设计处理：（一端拐角）当两端现浇墙一端有拐角时，为避免因为预制混凝土构件的安装误差导致铝合金模板无法安装，可在一端设置微调构造。

（5）外挂板与内墙剪力墙竖向连接位置的设计处理：竖向内墙板在顶部加装微调构造进行调整。

（6）电梯井、采光井等位置根据外墙板来配模，需要注意的是其上方需用角铁或者槽钢对其加固，以保证电梯井尺寸。电梯井内操作架搭设高度应与模板高度持平，操作架钢管距离模板间距至少 300 mm，保证模板背楞有足够安装空间。

（7）内剪力墙柱在转角处的阳角位置如没有预制构件时，需用到带角铁的背楞，再用对拉杆将背楞锁紧。

（8）如剪力墙柱端头两边均有预制构件，可在预制构件靠剪力墙柱边预埋对穿孔，铝合金模板安装时，其两边可直接用对拉杆将预制构件与铝合金模板直接对拉，可不设置背楞。

（9）靠外墙挂板处的剪力墙端部铝合金模板加固：如有门窗洞口时需在铝合金模板侧面再加角铝，预制构件上可在相应位置预埋套筒用螺栓将铝合金模板固定在预制构件上；或直接在预制构件相应位置用电锤引孔，用自攻钉或膨胀螺栓将铝合金模板固定在预制构件上。如没有门窗洞口通过铝合金模板侧面孔，用上述方法将铝合金模板固定在预制构件上。

2. 施工工艺流程

放线定位→物料传递→安装就位→对拉螺杆安装→安装背楞→调直垂直度→封堵、加固→混凝土浇筑。

具体流程详见表 4 – 16。

表 4 – 16　铝合金模板施工工艺流程

工序	工作要点	标准图片	注意事项
1 放线定位	根据主轴线标出剪力墙边线		调直钢筋检查；安装限位筋使模板准确落位
2 物料传递	下层模拆除后通过预留的传递孔往上层传递		传递完后把模板按编号顺序放在相应位置

续表 4 – 16

工序	工作要点	标准图片	注意事项
3 安装就位	3.1 根据模板编号吊装就位 3.2 在模板边缝处贴 20 mm 泡沫条堵缝 3.3 安装模板斜撑		根据 200 mm 控制线调整模板位置； 斜支撑要撑住背楞
4 对拉螺杆安装	PVC 套管安装后，穿 20 mm 对拉螺杆		PVC 套管比模板预留孔直径小 2 mm； 对拉螺杆间距应根据图纸布置； 安装过程中注意垂直度的校正
5 安装背楞	模板在安装加固时必须严格控制垂直度，加固完成后必须安排专人检测		背楞安装完成后采用螺帽和垫片加固，并矫直模板垂直度
6 调整垂直度	将靠尺靠着模板再使用卷尺检测其垂直度		垂直度可直接读数，垂直度须满足要求
7 封堵、加固	待模板安装完成后，下口安排砼工用水泥砂浆封堵		下口模板超过 20 mm，由模板工负责封堵； 封堵要提前 24 h

续表 4 - 16

工序	工作要点	标准图片	注意事项
8 混凝土浇筑	外墙分 3 次浇筑，内墙分 2 次浇筑，间隔时间为 45 min 到 2 h		对加固螺杆复查，防止松动；专人看模，防止意外情况发生

4.5.3　大模板

大模板施工图如图 4 - 40 所示。

图 4 - 40　大模板施工图

1. 安装要求

(1) 保证结构和构件各部位的形状尺寸、相互位置正确；

(2) 具有足够的承载力、刚度和稳定性，能可靠地承受新浇筑混凝土的自重和侧压力，以及施工过程中产生的荷载；

(3) 构造简单，装拆方便，并且便于钢筋的绑扎、安装和混凝土的浇筑、养护等要求；

(4) 模板接缝处不应漏浆；

(5) 尽量使用整张模板；

(6) 现浇构件如与预制构件有搭接的，模板应向预制构件方向延伸 100 mm；

(7) 阴角处模板应长边压短边；

(8) 根据大模板的中心布置吊点，对于长度超过 4 m 的大模板应设置 4 个吊点；

(9) 每块大模板上至少布置 2 根斜支撑，确保在大模板紧固之前自身有一定的稳定性 (图 4 - 40)。

2. 施工工艺流程

放线定位→模板的拼装→模板吊运→安装就位→外墙对拉螺杆安装→内墙对拉螺杆安装→检查校正→板缝封堵→浇筑砼→模板拆除→模板堆放区→模板清理→模板涂刷脱模剂。

具体流程详见表 4 – 17。

表 4 – 17 大模板施工工艺流程

工序	工作要点	标准图片	注意事项
1 放线定位	根据主轴线标出剪力墙边线		调直钢筋检查； 安装限位筋使模板准确落位
2 模板的拼装	根据配模图先在场地内按剪力墙编号拼装完成		大模板拼装完成后再吊装； 背楞与模板加固成一整体； 剪力墙 200 mm 侧模在楼层内转运，不用吊装
3 模板吊运	使用塔吊将模板吊入预定位置		6 级以上大风严禁吊装模板； 确保吊钩与模板连接牢固
4 安装就位	4.1 根据模板编号吊装就位 4.2 在模板边缝处贴 20 mm 泡沫条堵缝 4.3 安装模板斜撑		根据 200 mm 控制线调整模板位置。 斜支撑要撑住背楞

续表 4–17

工序	工作要点	标准图片	注意事项
5 外墙对拉螺杆安装	根据外墙板预留的套筒位置安装对拉螺杆		安装对拉杆时要确保套筒深度为 20 mm
6 内墙对拉螺杆安装	PVC 套管安装后，穿 20 mm 对拉螺杆		PVC 套管比模板预留孔直径小 2 mm； 对拉螺杆间距应根据图纸布置； 安装过程中注意垂直度的校正
7 检查校正	将靠尺靠着模板再使用卷尺检测其垂直度		垂直度可直接读数，垂直度须满足要求
8 板缝封堵	待模板安装完成后，下口安排砼工用水泥砂浆封堵		下口模板超过 20 mm，由模板工负责封堵；封堵要提前 24 h

续表 4 - 17

工序	工作要点	标准图片	注意事项
9 浇筑砼	外墙分 3 次浇筑，内墙分 2 次浇筑，间隔时间为45 min到2 h		对加固螺杆复查，防止松动；专人看模，防止意外情况发生
10 模板拆除	塔吊将模板拆除		模板拆除后应该及时将模板吊至模板存放处；模板拆除时不得碰撞砼表面与砼棱角
11 模板堆放区	11.1 将模板吊至模板存放区 11.2 将模板用斜支撑或者支架支撑堆放		非工作人员禁止进入模板存放区内；模板堆放必须有斜支撑或者支架支撑；按编码顺序堆放，留出作业通道，留出堆码场地排水通道
12 模板清理	使用小铲子清理模板上的混凝土		模板上混凝土渣清理干净，避免影响混凝土的表观质量

续表 4 – 17

工序	工作要点	标准图片	注意事项
13 模板涂刷脱模剂	模板清理干净后涂刷脱模剂		检查模板损耗程度及各部件连接的稳定性；脱模剂须为水性材料，脱模剂涂刷要均匀，禁止漏刷

4.6　装配式机电安装工程施工

装配式建筑机电工程

　　随着装配式建筑技术的不断发展和完善，其构件生产标准化、施工装配化的体系特征，成为提高生产效率、缩短生产周期、减少能耗及资源损耗的重要技术手段。在装配式建筑中，机电安装工程及水电的预留预埋如何实现构件在现场的无缝对接是保障装配式建筑整体施工质量的重要环节之一。

4.6.1　电气专业预留预埋施工

1. 构件进场及校验

　　装配式构件水电管线预埋的质量控制，是装配式建筑水电安装工程质量的事先控制环节，是装配式建筑水电安装工程质量控制的关键控制点之一。装配式电气安装工程与传统的建筑电气安装工程的区别在于预制构件中已包括加强电、消防、智能化（三网、监控、安防、可视对讲等专业性系统的管线预留）。在装配式构件进场时，施工单位应进行装配式构件水电预留预埋的自检并与装配式水电深化图纸进行核对，发现问题时应及时与构建生产单位及设计单位沟通并确认解决方案。

2. 预制构件上的锚固与安装

　　（1）膨胀螺丝的锚固。

　　预制构件上使用的桥架或箱体锚固螺丝一般应选用金属膨胀螺丝，锚固螺丝钻头宜选用大于螺丝标号 2 mm 的钻头打孔，打孔位置应避开构件拼缝≥20 mm，螺丝整体塞入墙上打好的孔洞后锁上螺母并紧固。

　　（2）支架、托架安装。

　　①确定方向并根据符合施工规范的距离确定支架、托架的安装位置，当支架、托架遇到预制构件的拼缝时应适当调整，避开拼缝，不应将同一支架、托架两端分别安装在不同的预制构件上。在室内，尽可能沿建筑物的同类型构件架设。

　　②支架式托架安装在预制构件上时，应计算电缆桥架主干线纵断面上单位长度的电缆重量，确保预制构件类型符合安装要求。

③根据布放电缆条数、电缆直径及电缆的间距来确定电缆桥架的型号、规格,托臂的长度,支柱的长度、间距,桥架的宽度、层数。

④确定安装方式,根据构件中的预留孔洞大小选用合适的桥架类型及尺寸,确保桥架可顺利通过预制构件上的预留孔洞。

3. 水电预埋的质量防治措施

(1)构件对接处线管松脱。

具体表现为叠合楼板(或叠合梁)与墙板中预留的线管对接完成后,连接部分出现松脱,导致后期线管穿线困难。

在装配式建筑水电管线预埋时施工工人应严格按照施工工艺标准进行管线对接,线管不应有折扁、裂缝,管内无杂物,切断口应平整,管口应刮光,线管的连接应采用胶水黏结。禁止用钳将管口夹扁、拗弯,当对接孔有一根以上的线管时,线管不应并排紧贴预埋,如施工中很难明显分开,可用小水泥块将其适当隔开。

(2)现浇层镀锌线管连接缺陷。

当预制构件中的预埋线管采用镀锌管材料时,现场工人采用焊接方式来连接镀锌薄皮线管,进而堵塞线管。此缺陷主要源于现场工人没有严格按照设计说明施工,采用焊接方式对预埋钢管进行连接后,由于管壁较薄,导致焊缝两边出现透气小孔,在现浇混凝土的压力下,混凝土会沿着孔洞堵塞整个线管。

正确方法是应严格按照设计说明施工,采用丝扣连接的方式连接预埋线管,并在两边做卡子跨接地,铜芯导线的截面不能小于 4 mm^2。

(3)混凝土振捣前的箱体、线盒固定。

在现场现浇层线管与构件中线盒或箱体对接后通常会进入混凝土振捣阶段,如果管线对接不当或未采取箱体焊接固定措施,在振捣过程中容易产生对接口松脱、偏位现象。

正确方法是在混凝土振捣前将箱体焊接在对应部位,可以在接线盒后增加铁丝,在振捣前预先绑扎在对应位置;对于预埋水电管线脱落的问题,可以增加"振捣前检查,振捣中观察,振捣后复查"的环节。

4. 主体线盒线管的预埋

施工单位对现场进行预埋前,应认真熟悉装配式水电深化施工图和技术交底,预埋施工定位应确保与构件预埋定位尺寸相对应,在施工时应熟悉装配式水电预留预埋的定位和敷设原则,避免后期开槽和打洞对结构工程造成的不良影响。

(1)竖向线盒管线的预埋。

装配式电气施工图纸是装配式建筑机电安装工程及水电管线预留预埋的重要依据。强电插座、弱电插座、开关、灯具的线盒预埋时,应根据装配式预制构件管线预埋的定位尺寸、安装高度以及敷设方式进行现场预留预埋。开关、插座各回路应按照装配式电气施工图纸中的敷设方式进行线管的预埋,以确保构件吊装时管线顺利对接。

电热水器插座、燃气热水器插座、洗衣机插座、空调插座的线盒应预留合理的使用空间,现浇墙上开孔应避免与预制构件中其他专业的管道、孔洞相互干扰。

(2)水平线盒线管的预埋。

施工现场应根据精装要求进行分层分布式预埋。变动性较小的系统,如照明线盒、消防线盒在叠合预制层预埋;变动性比较大的系统,如照明线管、消防线管、空调插座及厨卫插座线管在叠合现浇层预埋；变动性最大的系统，如网络、电视、电话线管及普通插座线管在装修找平层预埋。具体如图 4 – 41 所示。

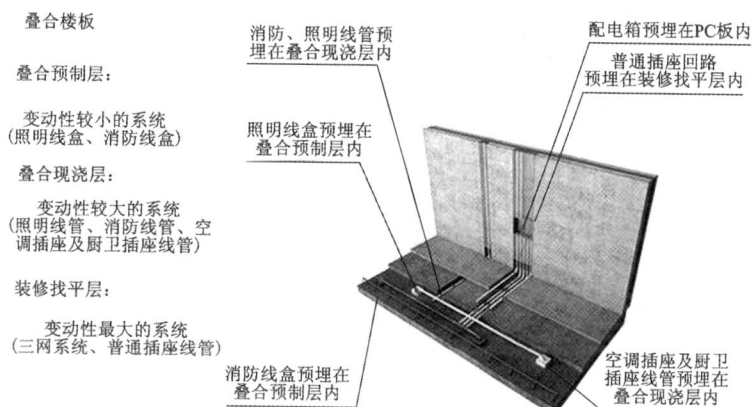

图 4 – 41 线管预埋的敷设位置

5. 分部分项预埋

电气专业的分部分项工程通常包括施工准备、结构预埋、孔洞留设、桥架线槽安装、线管敷设、穿线配线以及设备安装调试等部分，每项施工均需要制订专项施工方案和质量控制措施。具体如图 4 – 42 所示，现对预埋部分的主要注意事项进行分析。

灯位、开关、插座的线盒预埋的坐标应符合设计图纸要求，操作人员在定位时纵向、横向的交叉点要测量准确。考虑到实际施工的偏差，要求在上下同一轴线的坐标偏差不应大于30 mm。管线及桥架需要竖向或横向穿越楼板墙板时，应根据管线及桥架的标高及水平位置定位开孔尺寸，桥架的预留开孔尺寸应大于实际桥架截面尺寸 100 mm 并确保有足够的安装空间。

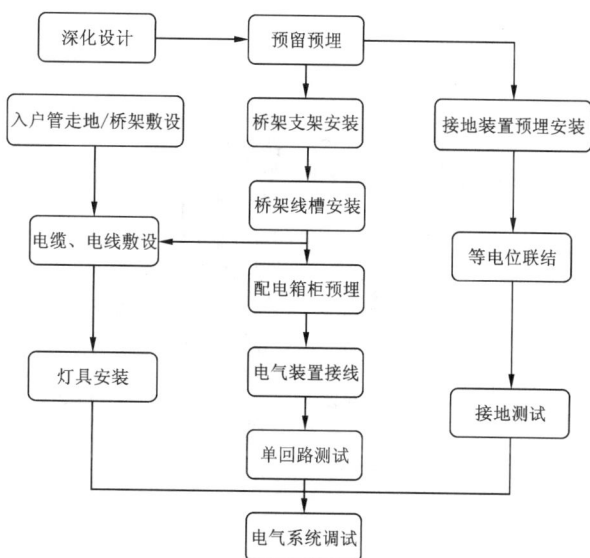

图 4 – 42 预埋流程图

（1）入户管预埋。

根据电气施工图纸和技术交底的要求，明确入户管采用走地/走顶/走桥架的敷设方式，敷设前应严格按图施工，当入户线管需穿预制梁时应采用小于预制梁套管内径的线管进行敷设，预埋管线对接尺寸应与预制构件中的预留对接尺寸重合。

（2）桥架及线槽安装。

按照装配式水电深化设计图纸要求的规格型号、标高以及现场勘察记录，对桥架和线槽进行安装。在需要穿过桥架的预制梁和预制墙板上，构件工厂会提前预留孔洞，预留孔洞规格一般会在设计规格的基础上每边各增加 50 mm。对桥架施工时，应注意桥架的安装位置不应安装在热水管道上方以及水管下方，强弱电桥架间距不应小于 0.5 m，如有屏蔽可减小至 0.3 m；应制订切实可行的接地跨接方案，镀锌桥架的接地宜采用桥架连接片处螺栓加弹簧垫片的形式。

（3）配电箱预埋。

配电箱一般会由甲方提供给工厂进行预埋，如果甲方没有提供，则需要在施工现场进行安装。配电箱在安装前施工方应进行外观检查和试操作。

配电箱安装时应确认预制构件中的预留孔尺寸是否满足要求，因预制构件预留预埋线管管径根据装配式水电深化图纸预留，不同回路管径存在不同尺寸的情况，配电箱的配线在穿管时必须按照构件中预留的管径对应回路穿线。

4.6.2　预制构件中的管线预埋

1. 户控箱及多媒体箱的预埋

户控箱及多媒体箱在预制墙板上应按照装配式电气施工图纸中的尺寸进行预埋。当户控箱、多媒体箱的出线管及进线管超过 4 根时，应与墙面平行敷设，当户控箱及多媒体箱预埋在同一预制构件中时，在不影响构件强度的原则下，箱体应垂直错位布置。具体如图 4 – 43 所示。

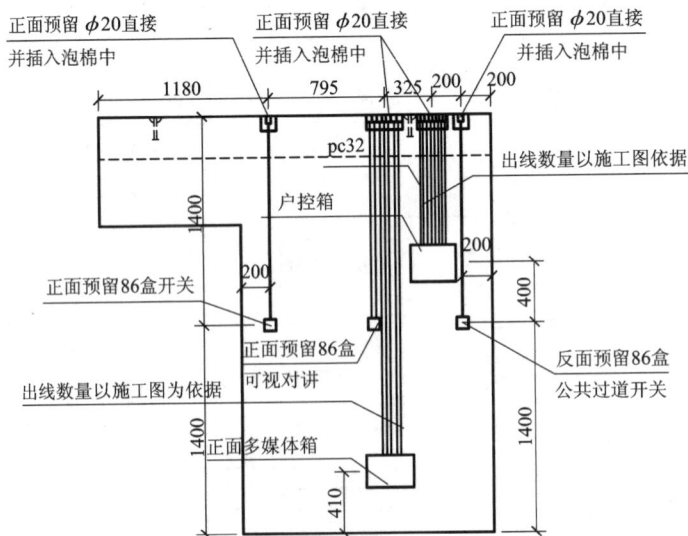

图 4 – 43　户控箱、多媒体箱预留预埋图

2. 线盒、箱体的对接

线盒及强、弱电箱需严格按照定位尺寸及标高进行安装，应做到一孔一管一锁母，并且线盒、配电箱应做到横平竖直。具体如图4-44、图4-45所示。

图4-44 墙面线盒的安装标准

图4-45 配电箱的安装标准

3. 轻质隔墙的管线预埋

轻质隔墙可在后期开槽预埋线管、线盒、箱体，利用锁母固定，应做到一孔一管一锁母，竖向预埋线管与横向预埋线管通过直接进行连接。具体如图4-46所示。

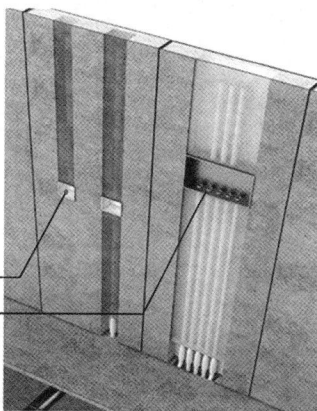

图4-46 轻质隔墙的管线预埋图

4. 带止水溢环的钢套管预埋

竖向穿楼板的钢套管应在预制时预埋到位，并严格按照定位尺寸进行安装。具体如图4-47所示。

5. 带止水溢环的防漏宝安装

当卫生间、厨房、阳台、空调板排水立管采用带止水溢环的防漏宝时，宜在工厂预制时预埋到位，施工现场在安装排水立管时，直接与防漏宝进行对接。具体如图4-48所示。

6. 预制梁中钢套管的安装

当管道穿预制梁需加钢套管时应避开钢筋并加筋加固。具体如图4-49所示。

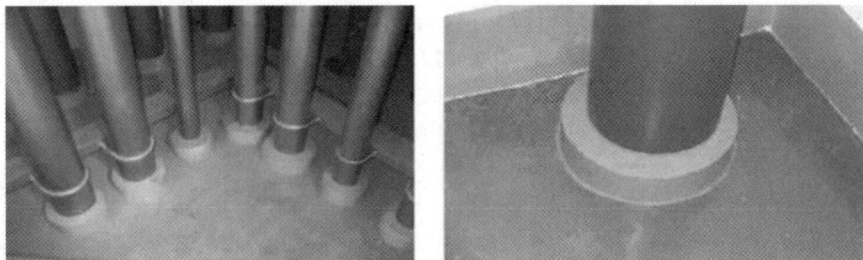

图 4 – 47　带止水溢环的钢套管预埋

图 4 – 48　防漏宝安装示意图

图 4 – 49　预制梁中钢套管安装示意图

4.6.3　现场线盒线管连接

在现场线管敷设前应检查线管内有无杂物，敷设后应及时将管口进行有效的封堵；不应使用水泥袋、破布、塑料膜等物封堵管口，应采用束节、木塞封口，必要时采用跨接焊封口。

1. 现浇部分线管对接

当采用带桁架钢筋的叠合板时，为了避免混凝土无法全部覆盖线管，线管应沿桁架钢筋内侧敷设。线管与预埋线盒内的锁母进行对接锁定后，应左右旋转，以检测是否连接牢固。

（1）线管在楼板处的敷设。

现场敷设的线管与叠合楼板上预埋加高线盒进行对接，线管敷设时应提前考虑转角弧度，避免线管出现大于 90°的弯折，在对接锁母完成后随预埋线盒一同埋入叠合楼板的现浇部分。具体如图 4 – 50 所示。

（2）线管在楼板与墙板连接处的敷设。

叠合楼板现浇层线管与预制墙板预留线管对接时，应将对接线管插入钢筋中间的缝隙中，线管与线管应平行无堆叠敷设。当上对接孔有两根及以上的线管时，线管不应并排紧贴预埋。如施工中很难明显分开，可用小水泥块将其适当隔开。具体如图 4 – 51 所示。

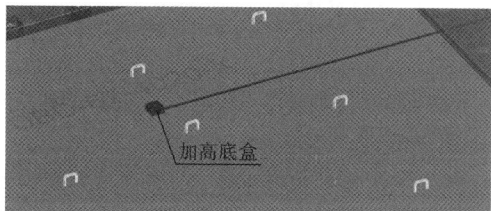

图 4-50　线管在楼板处的敷设示意图

图 4-51　现浇层与预制墙板处线管布置图

2.构件现场线管对接

（1）线管上对接。

墙板内的线管及线盒已预埋到位，二次现浇层内的水平线管利用直接对接竖向线管。具体如图 4-52 所示。

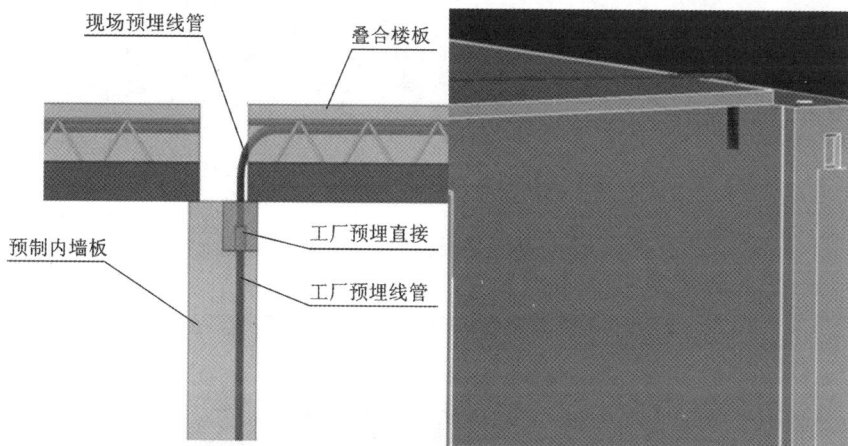

图 4-52　线管上对接

（2）线管下对接。

现浇层预埋线管应核对构件预留接口定位尺寸，确保现场预埋管线与预制构件内的线管及线盒的对接口尺寸相对应，二次现浇层及找平层内的水平线管通过软管连接，然后对孔洞进行封堵。具体如图 4-53 所示。

（3）线管横向对接。

预制墙板内的线管及线盒应预留到位，当需要与同面剪力墙上的线盒连接时，应在预制墙板与剪力墙横向接缝处预留直接，在现场施工时再用线管横向对接。具体如图 4-54 所示。

（4）全预制楼板的线管对接。

全预制楼板的预埋线管通过直接进行连接，并确保连接牢固后，进行孔洞封堵。具体如图 4-55 所示。

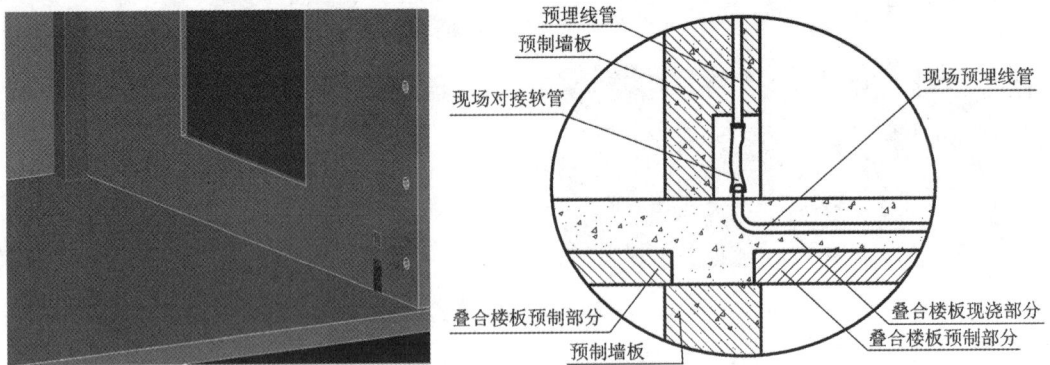

图 4-53 线管下对接

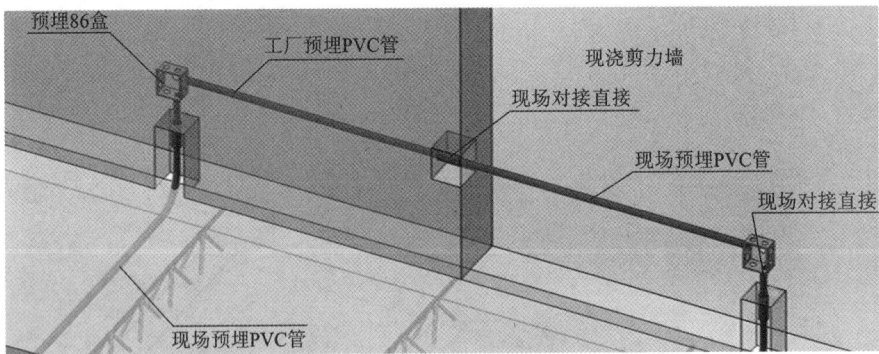

图 4-54 线管横向对接示意图

图 4-55 全预制楼板的线管对接示意图

4.6.4 给排水管安装

1. 户内给水管的安装

当给水管暗敷施工时，应在预制墙板相应的位置预留墙槽，将给水管固定在墙槽内即可，预制墙板内不宜横向开槽。具体如图 4-56 所示。

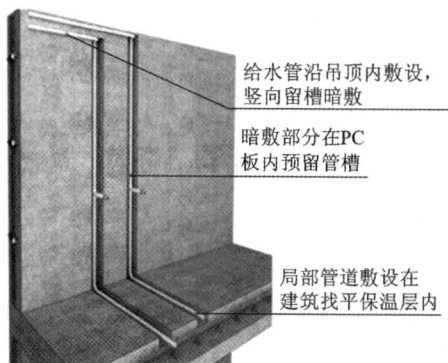

图 4 – 56 户内给水管安装图

2. 雨水管、废水管的安装

当排水立管安装在建筑物外墙时，立管支架及法兰固定孔深度应≤40 mm，避免穿透外页板。雨水立管宜安装在空调板、敞开生活阳台的角落。（雨水斗设计应与屋面建筑找坡相对应，雨水管、废水管应分开设置。）

4.6.5 装配式建筑防雷的现场焊接及安装

1. 防雷接地的现场焊接及安装

预制构件的扁网施工现场将扁钢与梁的贯通钢筋进行搭焊，焊接长度≥6d 且不少于 80 mm 为双面焊接，焊肉应饱满，焊波应均匀。

2. 防侧击雷的现场焊接及安装

当预制构件内的门套及窗套有防侧击雷设计要求时，应在工厂同步预埋 25×4 扁钢，均压环沿建筑物的四周暗敷设，并与各预制构件中的扁钢相连接，现场将扁钢与梁的贯通钢筋进行搭焊，搭接长度应满足规范要求。具体如图 4 – 57 所示。

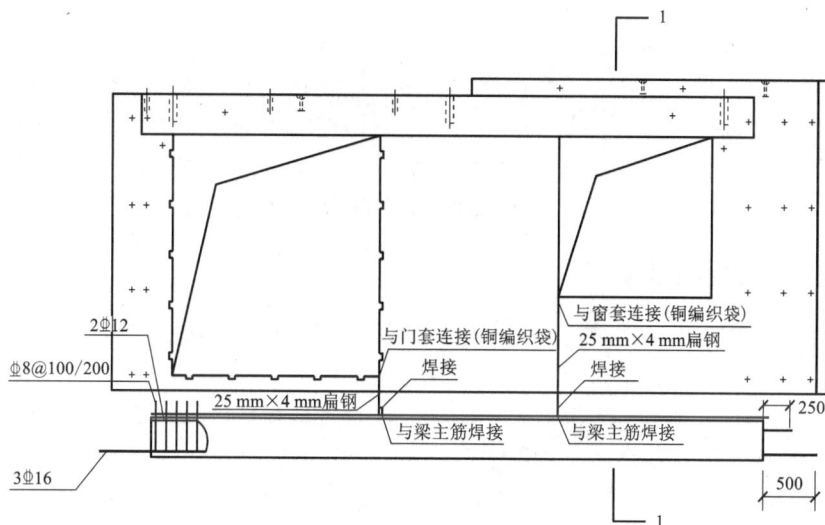

图 4 – 57 防侧击雷的现场焊接及安装

3. 局部等电位的现场焊接及安装

当局部等电位设置在预制构件时,应在工厂同步预留 50 mm × 50 mm 墙槽至板底;当卫生间采用整体卫浴时,应在卫生间顶部预留焊接口端。

4.6.6　构件拼接中的水电工程施工工艺

1. 找平层的线管敷设

直埋于楼板内的硬塑料管,对其露出地面的一段应采取保护措施。现场进行线管对接时应先清理操作面的建筑沙砾。

2. 现场线管预留预埋

现场线管对接时应避免连续两个或两个以上的 90°直弯进行对接,应使用专用弯管器进行线管弯折;在装配施工前设备专业施工员应再次核对专业图纸,确保无遗漏,无错误。

在导线接头和导线与开关、插座连接前,连接预埋线盒的线管管口时应戴上护口,以保护电线电缆的外保护层不被破坏。

现场需要在预制构件上钻孔时,应确保钻孔部位没有预埋线管。

现场施工应严格按照施工工艺标准进行线管对接,线管不应有折扁、裂缝,管内无杂物,切断口应平整,管口应刮光,线管的连接应采用胶水黏结。禁止用钳将管口夹扁、拗弯,当对接孔有一根以上的线管时线管不应并排紧贴预埋,如施工中很难明显分开,可用小水泥块将其适当隔开。

现场施工对镀锌线管连接时,为了避免焊接方式所导致的缝隙小孔,应采用丝扣连接方式。

3. 现场预制构件吊装对水电安装的影响

现场预制构件吊装时,常因为现场工人操作问题而对水电专业的施工造成一系列影响,以下将对具体问题进行分析。

由于内、隔墙板正反面构造相近,容易出现构件反向安装的情况,导致水电管线封堵错位。因此,在吊装时应仔细阅读墙板工艺设计详图(如开关线盒所在的侧面和钢筋锚固方向等)来判断构件安装的正反面。

为避免现场施工人员不熟悉图纸及规范要求,没有找准竖向线管所在轴线,预制梁下的隔墙不在预制梁中轴线上,且穿梁线管预留在预制构件的正确位置上,但现场隔墙砌筑时依旧按梁体中轴线砌筑,从而导致隔墙竖向线管需外露对接预制构件预留孔洞的情况发生,现场施工单位应在施工应与工厂进行技术对接,避免构件之间的线管出现错位。

4.6.7　构件中的预埋错位与封堵

在装配式建筑中,由于预制构件的水电预留预埋可能存在偏差,在构件生产过程中不排除有少量的预留孔洞位置偏差或遗漏,影响现场的水电工程安装。

当出现错误预留孔洞时,为保障施工质量应进行现场封堵(图 4-58),封堵工序如下:

(1)洞口凿毛到新鲜混凝土,露出石子,清理冲洗干净。

(2)吊模:装好底模,用铁丝穿过模板吊在板面的短钢筋上。

(3)浇筑一半混凝土:混凝土必须有石子,可以是细石。浇筑前混凝土面要湿润,混凝土仔细插捣密实。混凝土浇筑完 3~4 h 后将表面抹平压紧。

图 4 – 58　构件中的预埋错位与封堵

（4）混凝土浇筑第二天剪断铁丝，浇筑剩下的混凝土，混凝土完成面较板面低 1 cm。浇筑前混凝土面要湿润；混凝土仔细插捣密实。混凝土浇筑完 3～4 h 后将表面抹平压紧。混凝土终凝硬化以后，洒水养护一周。

（5）拆除底模。

4.7　防护工程

装配式建筑外防护工程

4.7.1　三角防护架

三角防护架简称三角架，由防护架和三角架通过螺栓连接而成，防护架由操作平台和防护网组成（图 4 – 59）。

1. 设计原则

（1）一般每块外墙上布置一榀防护架（板）。

（2）两榀防护架之间的间距为 50～100 mm。

（3）标准件防护架平台宽 650 mm，特殊位置可以将平台宽度调整至 550～750 mm。

（4）悬挑长度大于 1200 mm 时，在架体从悬挑端往内第二道横杆到最近的三角架上横杆连一道方钢。

（5）阳台板位置可设计外挂防护网。

（6）门窗洞口如有三角架，可加长三角架立杆。

2. 三角防护架安装施工工艺流程

施工工艺流程：

安装三角架→预制构件吊装→吊装防护平台。

具体流程详见表 4 – 18。

主体施工至转换层时，吊装预制外墙之前将三角架

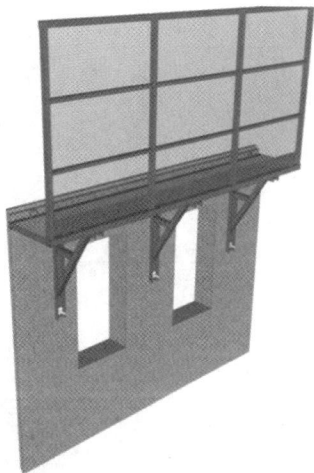

图 4 – 59　三角防护架构造示意图

安装在预制外墙上,所有外墙吊装完成之后再安装防护平台,待上层预制墙体安装完毕,用斜向支撑将预制墙体加固好。预制墙体三向微调结束后,进行预制墙体的灌浆,在灌浆结束12 h后方可进行外挂架的提升。

3. 三角防护架提升施工工艺流程

具体流程详见表4-19。

架子工先提前从外墙内打开三角架的连接螺栓,需先打开上部连接螺栓再打开下部连接螺栓。解开三角架之间的接缝板、防护栏板等连接物,架子工挂好挂钩并离开平台后,方可发信号进行调运。

在提升时每个分段三角架由两个吊点连接,吊点均位于三角架防护栏的顶部,三角架吊环需与架体焊接牢固,吊环用 ϕ12 mm圆钢制作。

塔吊稍绷紧吊绳,里侧架子工在室内将三角架螺母松开,同时用硬物(方形长木料或钢管)对三角架向建筑物外方向施加作用力,三角架在重力所产生侧向力作用下自然向外移,架子工在保证自身操作安全的前提下应防止三角架摆动对建筑物及周边架体产生撞击;三角架停止摆动后,用塔吊平行移动三角架至上层三角架之外,再起吊安放于作业层预制墙体之上。塔吊起吊时,不得碰撞结构和其他相邻三角架。

处于上层结构中的里侧架子工将螺栓插入外墙预留孔内。当三角架吊至一定高度时,专人指挥塔吊,缓慢下落三角架,将三角架上螺栓孔洞对准预制墙体上的预留螺栓孔洞。外侧架子工系好安全带站在放置于三角架的临时扶梯(扶梯靠墙放置牢固,且有专人扶着稳定扶梯)上,将吊在三角架上的螺丝及垫片对准预留孔洞眼,由里侧架子工将螺栓拧紧。注意:在三角架没完全安装稳固前禁止塔吊随意移动。三角架安装完毕、人员撤出后方可摘钩。

三角架安装时要求里侧架子工拧紧双螺母,保证螺栓凸出螺母2 cm以上。螺栓外侧端部须做成锥体,以利于螺栓从架体孔内滑出,螺栓锥体长度2 cm,锥体端部直径为螺栓直径的一半。摘掉塔吊挂钩,再进行其他三角架的提升。

表4-18 三角防护架安装施工工艺流程

工序	标准图片	注意事项
1		吊装之前根据设计图纸安装相应的三角架
2		安装外墙就位,斜支撑固定

续表 4 - 18

工序	标准图片	注意事项
3	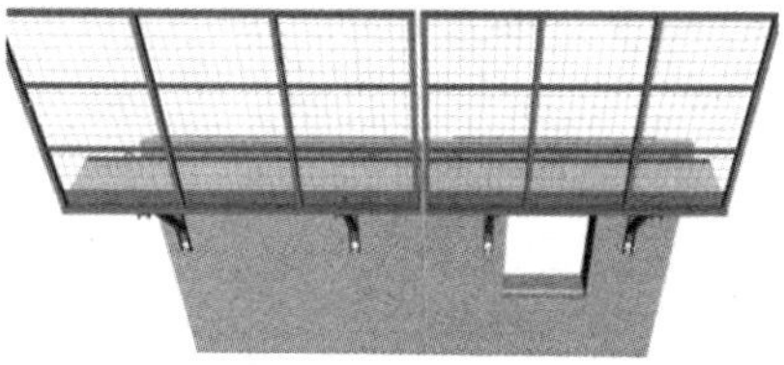	根据设计图纸安装相应的防护平台
4	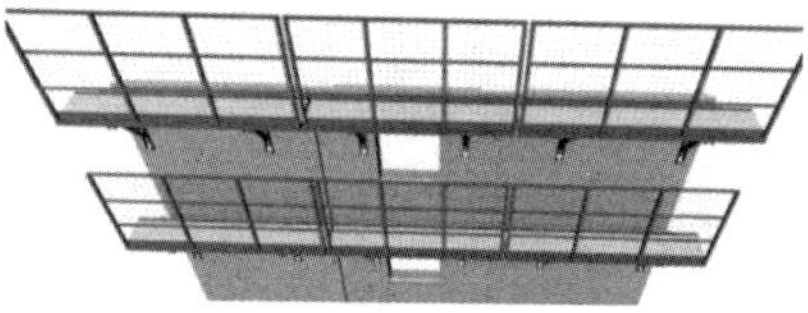	重复上述步骤 1、2、3 安装第二层三角防护架

表 4 - 19　三角防护架提升施工工艺流程

工序	标准图片	注意事项
1	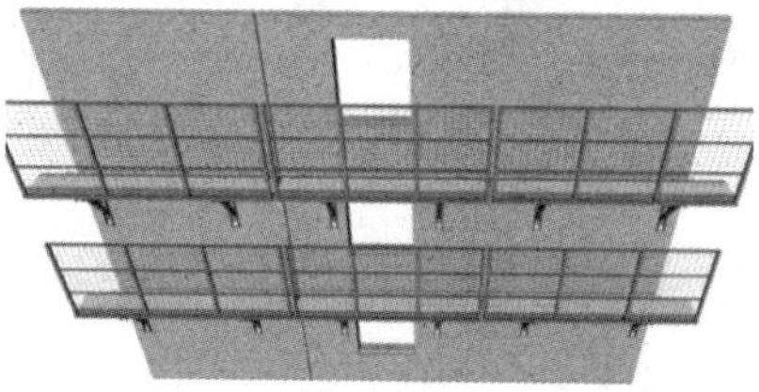	吊装第三层外墙（如是预制剪力墙，需先灌浆完成）
2		将第一层防护平台和三角架整体取下
3	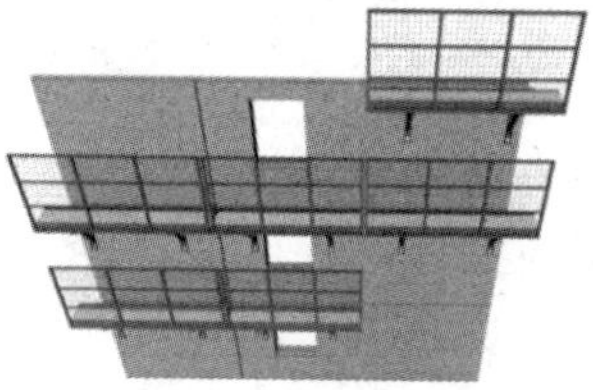	将防护架安装至第三层

4.施工注意事项

三角架组装完毕后,须经监理、项目安全部检查验收,合格后方可投入使用。预制外墙安装稳固后,方可使用外挂架。每次提升安装完毕,必须由项目部安全验收合格后方可使用。钢脚手架应铺设严密,固定牢固。各三角架之间缝隙不允许超过15 cm,缝隙>15 cm时用钢管架设临时防护。

4.7.2 装配式建筑专用外挂式作业平台

外挂式作用平台简称外挂架,是指以直线节、外角节、内角节、搭接踏板、搭接防护网等组成基本结构,再设置挂钩座、安全横梁,悬挂于建筑主体上的一种标准化作业平台。图4-60为外挂架构造示意图。

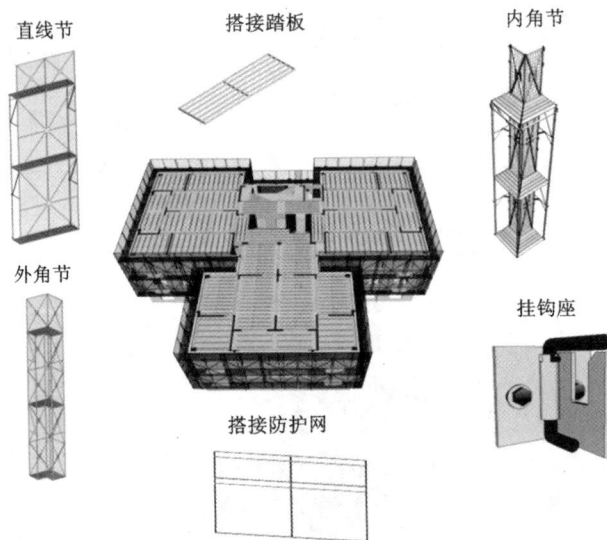

图4-60 外挂架构造示意图

1.设计原则

(1)各项目外挂架尺寸需根据项目实际情况(层高、外形及外伸构件位置)一对一设计。

(2)在预制剪力墙上需预埋外挂架挂钩座套筒时,该套筒不宜预埋在翼板上,PCF板上也不宜预埋该套筒;外挂架挂钩座套筒须穿过外墙外页及保温层,尾部固定在内页的钢筋网片上。

(3)外挂架两榀之间的布置间距应≤100 mm;当两榀外挂架之间的间距>100 mm时,须布置搭接踏板与防护栏杆,且每边搭接长度≥300 mm。

(4)阴角处需在内角标准节侧边无搭接处布置钢丝网。

(5)空调板、悬挑阳台板、飘窗等处两端外挂架如间距较小时,可以采用防护网加搭接踏板;如间距较大时,在上述位置可以设计外挂防护网。

(6)如外挂架操作平台在某些地方不能够连续,须将临边的那一头做封边处理。

(7)同一榀外挂架在同一层至少安装两个及两个以上的挂钩座,挂钩座宜对称布置,挂钩座距外挂架端头间距不宜小于300 mm。

（8）为防止外挂架在使用过程中变形及保证外挂架安装完成之后的安全，直线段设计不宜大于 3 m，阴角及阳角处两长边之和不宜大于 3.5 m。

（9）标准件外挂架平台宽 700 mm，特殊位置可以将外挂架平台宽度调整至 500 ~ 900 mm。

（10）在绘制外挂架详图时需注意阴角型外挂架及阳角型外挂架的镜像关系。

2. 装配式建筑专用外挂式作业平台施工工艺流程

施工工艺流程：

确定方案→前期准备工作（材料进场及检验、工厂制作加工和外墙预埋悬挂螺栓孔套筒）→外挂式操作平台运至现场（悬挂螺栓孔套筒上安装挂钩座）→安装外挂式操作平台→检查验收→交付使用→使用过程中随施工楼层移动并检查维护→拆除。

（1）外挂架安装具体流程详见表 4 - 20。

表 4 - 20 外挂架安装施工工艺流程

工序	标准图片	施工步骤及注意事项
1 防脱挂钩座的安装	 1—PC 套筒孔；2—防脱挂钩座；3—大垫片；4—高强度螺栓	1. 预埋套筒的检查（垂直度、清洁度、外形质量），将防脱挂钩座放置在 PC 板对应的套筒孔位置； 2. 放置垫片并使用力矩扳手将高强度螺栓拧入套筒孔； 3. 挂钩座安装过程中，外墙应该有可靠的支撑，以免在挂钩座安装过程中发生意外
2 外挂架起吊	 1—钢丝绳；2—挂钩；3—螺栓	1. 挂钩置于外挂架平衡点位置用缆绳起吊； 2. 将外挂架吊至防脱挂钩座位置处平缓落位； 3. 标准节安装过程中，严禁非安装人员上外挂架，安装人员上外挂架进行作业时，必须采取有效的安全防护措施

续表 4 - 20

工序	标准图片	施工步骤及注意事项
3 外挂架安装	 保证平稳吊入 吊入挂钩座内 滑动横梁滑动 挂钩座落锁 滑至挂钩座内 挂钩座落锁 完成	外挂架安装过程中，严禁非安装人员上外挂架；安装人员上外挂架进行作业时，必须采取有效的安全防护措施
4 安装踏板	 ≥0.3 m 1—搭接踏板；2—定位销	1. 检查外挂架是否安装稳固，确保挂钩座已落锁，安全横梁已固定； 2. 检查相邻标准节间距，确保相邻两标准节间隙大于 0.1 m 且小于 1 m； 3. 起吊，安装第一层踏板，踏板平稳搭接在外挂架踏面上，调整搭接长度不小于 0.3 m，落位时踏板端部定位销插入踏面钢板网孔中； 4. 继续安装第二、三层踏板
5 安装栏杆	 ≥0.3 m 1—搭接栏杆；2—Z 形折弯板	1. 起吊，安装第一层栏杆，将栏杆竖直挂在外挂架立面 Z 形折弯板内侧，调整搭接长度不小于 0.3 m； 2. 继续安装第二、三层栏杆

（2）外挂架提升具体流程详见表4－21。

表4－21　外挂架提升施工工艺流程

工序	标准图片	施工步骤及注意事项
1 拆除栏杆	栏杆水平移至相邻外挂架 栏杆移动完成，用扎丝将栏杆与架体固定	1. 检查确认栏杆与外挂架已无横向锁紧连接，栏杆上无异物； 2. 起吊，垂直提升第三层栏杆至指定位置放置，并绑扎钢丝； 3. 继续拆除第二层栏杆； 4. 继续拆除第一层栏杆； 5. 起吊时避免栏杆与建筑主体、挂钩座或相邻架体发生碰撞
2 拆除踏板	踏板水平移至相邻外挂架 踏板移动完成,用扎丝将踏板与架体固定	1. 检查确认踏板与外挂架已无横向锁紧连接，踏板上无异物； 2. 起吊，垂直提升第三层踏板至指定位置放置，并绑扎钢丝； 3. 继续拆除第二层踏板； 4. 继续拆除第一层踏板； 5. 起吊时避免踏板与建筑主体、挂钩座或相邻架体发生碰撞

续表 4-21

工序	标准图片	施工步骤及注意事项
3 提升外挂架	安装挂钩缆绳　挂钩在平衡点位置　调节横梁滑出　挂钩座解锁　挂钩座解锁　检查后起吊	1. 先依次自上而下拆除栏杆、踏板，解除外挂架间的横向联系； 2. 将虚挂横梁上移 10 cm，解除横梁约束； 3. 挂钩座解锁； 4. 提升外挂架； 5. 缓慢提升保持架体垂直平稳，避免架体与建筑主体、挂钩座或相邻架体发生碰撞； 6. 提升到上层挂钩座上方约 50 cm 时，操作人员应借助缆风绳牵引架体靠墙落位； 7. 操作人员应做好安全防护措施
4 外挂架落位	保证平稳吊入　吊入挂钩座内　滑动横梁滑动　挂钩座落锁　滑至挂钩座内　挂钩座落锁　完成	1. 架体落位应先将挂钩座落锁，再安装上方安全横梁，每提升一榀，加固一榀； 2. 踏板、栏杆安装应随架体的提升而同步完成； 3. 安装人员上外挂架进行作业时，必须采取有效的安全防护措施

3. 施工注意事项

（1）外挂式操作平台布置按照外墙上预留螺栓孔水平布置间距放置，不可随意减少。

（2）外挂式操作平台就位前，应首先检查挂钩座紧固螺栓是否齐全、牢固，未安装牢固时禁止挂架就位。

（3）外挂式操作平台就位时，操作人员不得站在架体上或外墙上直接操作，应在房间内或已安装好的平台上操作，腰系安全带，将安全带连接在可靠处，手持钢筋钩稳住架体，慢慢将架体靠近墙体，对准挂钩座定位槽挂好架体。

（4）在使用过程中应注意保护好架体结构，做好防锈工作，定期对钢管壁厚、螺栓松动情况进行检查。

4.7.3 夹具式防护架

由于工艺的特殊性，某些装配式工程没有使用外脚手架，施工中利用外墙为围护墙体，以作为竖向现浇墙柱的外模板。考虑外墙吊装、浇筑墙柱混凝土、楼板钢筋绑扎及混凝土浇筑时的安全性，夹具式防护架是专门针对装配式建筑而定的一种简易防护措施（图4-61）。

1. 设计原则

根据《建筑施工高处作业安全技术规范》JGJ 80—2016中的4.3条规定，防护栏杆的构造应满足以下要求。

（1）临边作业的防护栏杆应由横杆、立杆及不低于180 mm高的挡脚板组成，并应符合下列规定。

图4-61 夹具式防护架支撑部件

①防护栏杆应为两道横杆，上杆距地面高度应为1.2 m，下杆应在上杆和挡脚板中间设置。当防护栏杆高度大于1.2 m时，应增设横杆，横杆间距不应大于600 mm。

②防护栏杆立杆间距不应大于2 m。

（2）防护栏杆立杆底端应固定牢固，并应符合下列规定。

①当在基坑四周土体上固定时，应采用预埋或打入方式固定。当基坑周边采用板桩时，如用钢管做立杆，钢管立杆应设置在板桩外侧。

②当采用木立杆时，预埋件应与木杆件连接牢固。

（3）防护栏杆杆件的规格及连接，应符合下列规定。

①当采用钢管作为防护栏杆杆件时，横杆及立杆应采用ϕ48 mm无缝钢管，并应采用扣件、焊接、定型套管等方式进行连接固定。

②当采用原木作为防护栏杆杆件时，杉木杆梢径不应小于80 mm，红松、落叶松梢径不应小于70 mm；栏杆立杆木杆梢径不应小于70 mm。并应采用8号镀锌铁丝或回火铁丝进行绑扎，绑扎应牢固紧密，不得出现泻滑现象。用过的铁丝不得重复使用。

③当采用其他型材做防护栏杆杆件时，应选用与ϕ48 mm无缝钢管材质强度相当规格的材料，并应采用螺栓、销轴或焊接等方式进行连接固定。

（4）栏杆立杆和横杆的设置、固定及连接，应确保防护栏杆在上下横杆和立杆任何处，均能承受任何方向的最小1 kN外力作用，当栏杆所处位置有发生人群拥挤、车辆冲击和物件碰撞等可能时，应加大横杆截面或加密立杆间距。

（5）防护栏杆应张挂密目式安全立网。

2．施工工艺流程

防护架及预埋件制作→预埋件预埋→楼板砼施工→防护架安装→临边防护拆除、外墙吊装→上一层预埋件预埋→楼板混凝土施工→防护架提升挂靠安装→临边防护拆除、外墙吊装。

夹具式防护架安装要求：

（1）防护架第一次安装：本层楼板混凝土浇筑达到一定强度后，将绑好安全兜网的防护架吊至楼面，根据安全防护布置图，由四名作业人员进行安装，安装时两人将防护架挂靠在预埋件上就位，另外两人手持长钢筋钩钩住外端横向杆，慢慢放下打开防护架。

（2）下一层防护架安装：由两名作业人员手持长钢筋钩钩住外端横向杆，慢慢往上提，提升至当层楼面时由另外两名作业人员抓住防护架并挂靠在预埋件上就位，再慢慢松钢筋钩，直至完全松开防护架。

3．施工注意事项

（1）有关焊接施工符合相关规范要求，确保质量。

（2）外购的材料，生产厂家需提供产品合格证等，使用前须认真检查，有破损等质量问题严禁使用。

（3）具体操作要严格按照相关技术方案施工，实行"三检"制度，满足质量和安全方面的要求。

（4）在实际情况中遇到作业困难时，应及时告知相关技术人员，进行相应的技术调整。

（5）搭、拆使用过程中，钢管不准触及有电线路。

（6）施工前，落实所有安全技术措施和人身防护用品，未经落实不得进行搭、拆施工。

（7）因作业须临时拆除或变动安全防护设施时，必须经施工负责人同意，并采取相应的可靠措施，作业后应立即恢复。

4.8　防水工程

建筑房屋漏水渗水一直是困扰建筑业多年的一个质量通病问题，并未得到较好的解决。装配式建筑由许多构件拼装而成，各构件之间因安装间隙的存在，使得装配式建筑的防水施工显得尤为重要，防水质量是工程质量控制的关键要素。

全装配式建筑别墅
装修之外墙防水打胶

依据设计要求及按照装配式建筑采用材料防水、构造防水等多道设防的原则，处理好外墙、外窗等部位的材料防水和构造防水，是装配式建筑防水施工的重点。

4.8.1　外墙拼缝防水

外墙为建筑物的外部围护结构，直接与外界接触，受环境变化影响较大，故应根据拼缝位置及当地气候特点，选用合适材料对其进行防水处理。

外墙拼缝密封胶施工工艺流程如图4-62所示。

1．外墙拼缝防水一般要求

外墙拼缝构造应满足防水、防火、隔声等建筑功能的要求。

外墙拼缝宽度应满足主体结构的层间位移、密封材料的变形能力，及施工误差、温差引起的变形要求。建筑密封胶与砼要有良好的黏结性，还应具有耐候性、可涂装性、环保性。

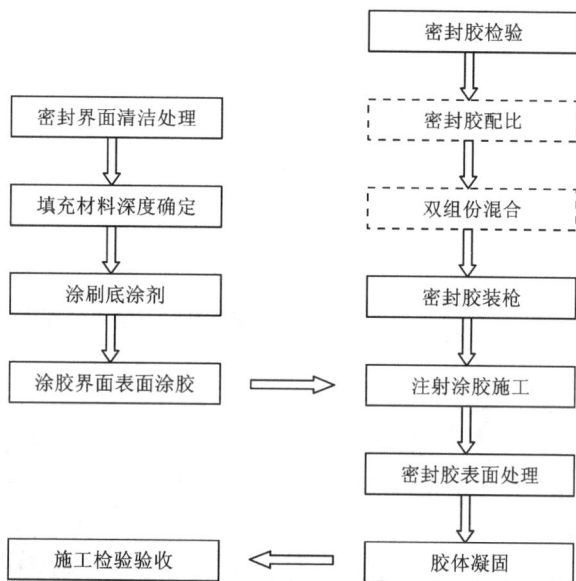

虚线框表示双组份配料时用

图 4-62 施工工艺流程图

建筑密封胶进场前,应按规范要求进行抽样,同时委托有资质的实验室对相应的材料进行二次检验。

外墙拼缝严格按设计要求施工,并保证美观干净。

外墙一般设置预留缝隙宽度为 20 mm,在满足基材伸缩余量前提下,最小的拼缝宽度为 10 mm。

当拼缝宽度小于 10 mm 时,宽深比为 $A:B=1:1$;当拼缝宽度大于 10 mm 时,宽深比 $A:B=2:1$。施工人员应根据实际的拼缝宽度选择相应的宽深比(图 4-63)。

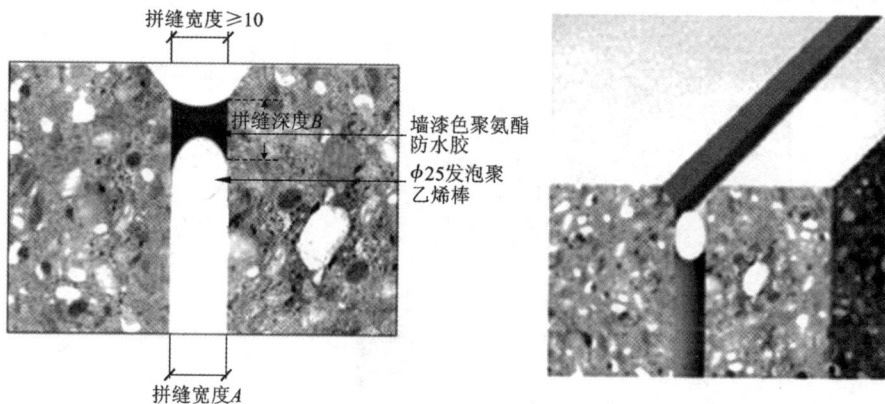

图 4-63 拼缝示意

2. 外墙拼缝防水材料的选型

装配式建筑外墙防水材料主要包括发泡聚乙烯棒和密封胶。密封胶一般采用西卡高性能PC专用聚氨酯外墙密封胶或双组分思美定MS改性硅酮密封胶，此种材料在多孔基面上有优良的黏结性能，在碱性基面混凝土上使用时都不会产生问题。

使用柔软闭孔的圆形或扁平的聚乙烯棒作为背衬材料，控制密封胶的施胶深度和形状，如图4-64所示；通常情况下，背衬材料应大于接缝宽度的25%，实现宽深比2:1或1:1（根据实际接缝宽度而定）。

图4-64 拼缝材料示意

如果拼缝太小或被填充物覆盖而无法放置背衬材料时，须使用黏结隔离带，覆盖拼缝底部。若西卡高性能PC专用聚氨酯外墙密封胶或MS改性硅酮密封胶与基材底部直接黏结，其变形能力会受到影响。

3. 外墙防水胶防水施工要点

外墙防水胶施工工艺流程如表4-22所示。

表4-22 外墙防水胶施工工艺流程

工序	图例	注意事项
1 确认拼缝状态		测量拼缝的宽度以及深度，确认是否符合设计标准，拼缝内是否有浮浆等残留物

续表 4 – 22

工序	图例	注意事项
2 基层清理		拼缝中浮浆等用铲刀铲除，铲除干净以后，用毛刷再进行清扫
3 填塞填充材料		根据缝隙宽度合理选择填充材料的规格； 泡沫棒充分压实
4 确认宽、深度		填充完成后，确认缝隙深度与宽度是否适合，是否与泡沫棒相配套
5 美纹纸施工		美纹纸粘贴要牢固

续表 4 –22

工序	图例	注意事项
6 刷底涂 （多组分 MS 必须 使用配套 底漆）		底涂要使用配套产品，涂刷必须均匀、到位
7 材料混合 （仅限双组分密封胶）		使用搅拌机进行材料搅拌，材料要混合均匀； 搅拌时间一般为 15 min，可事先设置搅拌时间，不得随意增加或减少搅拌时间； 严格按厂家的产品配比进行混合
8 打胶施工		打胶时注意注入角度，注胶应从底部开始注入，使胶饱满，无气泡，同时注意不要污染墙面
9 修整工作		刮胶应注意角度，以达到理想效果； 刮胶过程中要注意不得污染墙面，如造成污染应及时清理，以防胶固化以后难以清理造成外墙面污染

续表 4-22

工序	图例	注意事项
10 拆除美纹纸，完工检查		去除美纹纸过程中，应注意不要污染其他部位，同时留意已修饰过的胶面； 如有问题应马上修补，确认是否漂亮完工
11 修补		确认其他场所是否被弄脏，对于不符合要求的部位及时进行处理

4. 外墙拼缝基层施工要点

（1）通过角磨机或钢丝刷去除不利于黏结的物质，如油脂、灰尘、油漆，水泥浮浆和其他不利于黏结的微粒；

（2）用毛刷或者真空吸尘器清洁基材表面上由于打磨而残留的灰尘、杂质等，保证基面干净、干燥以及结构表面均一；

（3）在拼缝处理过程中，应尽量避免对拼缝表面的破坏。

5. 底涂施工要点

使用高性能 PC 专用聚氨酯外墙密封胶时，在位移量较大的地方（如横缝和竖缝的接合处）以及易松动或易开裂的砼表面须底涂。双组分密封胶必须使用配套底涂。施工步骤如下：

（1）施工底涂前要确保背衬材料（聚乙烯泡沫棒）已放置好，美纹纸胶带已贴好；

（2）使用毛刷或其他合适的工具刷一薄层底涂，底涂应只涂刷一次，避免漏刷以及来回反复刷涂；

（3）底涂在低于 15℃ 条件下须晾置 30 min，高于 15℃ 的条件下须晾置 10 min，务必保证打胶前底涂已完全干燥。

6. 密封胶施工要点

（1）外墙密封胶施工前需确认背衬材料放置完毕，并保证宽深比为 2:1 或 1:1（根据实际接缝宽度而定）；基材拼缝四周边缘贴上美纹纸胶带；底涂施工完毕，且完全干燥。

（2）根据填缝的宽度，将胶嘴以 45° 切割至合适的口径，将外墙密封胶置入胶枪中，尽量将胶嘴探到接缝底部，保持合适的速度，连续注入足够的密封胶并有少许外溢，以避免胶体和胶条之间产生空腔；确保密封胶与黏结面结合良好，并保证设计好的宽深比。

（3）当接缝大于 30 mm 或为弧形缝底时，应分两次施工，即注入一半密封胶之后用刮刀或者刮片下压密封胶，然后再注入另一半。

（4）密封胶施工完成后，用压舌棒、刮片或其他工具将密封胶刮平压实，加强密封效果，禁止来回反复刮胶动作，保持刮胶工具干净。

（5）用抹刀修饰出平整漂亮的凹形边缘。

（6）用专用活化剂或者肥皂水（与密封胶的相容性一致）抹平修整密封胶表面，须确保液体不渗进密封胶和接缝相接处。

（7）美纹纸胶带必须在密封胶表面风干之前揭下。

（8）施工完成后，立即用专用清洁剂或者其他溶剂清洗工具进行清洗。固化了的密封胶只能用机械方法去除。

7. 外墙拼缝排水管安装要点

（1）外墙拼缝排水管的安装工艺。

在外墙拼缝每隔三层的十字交叉处增加防水排水管，即每隔三层进行两次密封，且配有排水构造（排水管）。

安装排水管有如下优点：

①发生漏水时，可确保雨水有流出口，防止雨水堆积在内部；

②接缝内部有可能因为冷热温差而形成结露水，安装排水管可使结露水经由排水管导出；

③漏水发生后，可由排水管安装楼层迅速推断出漏水位置。

排水管安装原因解析：

①拼缝内部容易产生积水现象。

②拼缝内部产生的积水容易导致内墙漏水问题的产生。

③容易产生露水凝结的现象。

④积水凝固后会对外墙挂板间的混凝土产生不好的影响。

⑤万一出现密封胶断裂的情况，排水管的安装也可以防止漏水的发生。

（2）排水管施工要点如表 4 - 23 所示。

表 4 - 23　排水管施工要点

工序	图例	施工步骤及注意事项
1		安装隔离材（泡沫棒）： 根据拼缝尺寸选择合适的隔离材，使其贴合内墙； 高度应控制在 30 至 50 cm 以内的范围； 角度应设置为 20°以上，以保证水可以顺畅地流出

续表 4 - 23

工序	图例	施工步骤及注意事项
2		清洁拼缝，去除灰尘等污渍； 在接触面涂刷底涂剂
3		底涂干燥时间至少要保证 30 min； 进行密封胶 POS SEAL TYPE II（思美定 MS 密封胶）的施工
4		用刮刀将密封胶进行均匀平整
5		安装排水管： 检查排水管是否可以通水； 排水管应选择直径为 8 mm 以上的管； 安装时应保证排水管突出外墙的部分至少 5 mm 长； 应慎重选择排水管的颜色； 进行外墙拼缝密封胶施工

续表 4 – 23

工序	图例	施工步骤及注意事项
6		隔离材安装： 保证水能够顺畅流出； 进行底涂 MP2000C 涂布； 在外墙 PC 板间拼缝进行密封胶（POS SEAL TYPE Ⅱ）施工； 用刮刀按压排水管周围的密封胶
7		将密封胶表面进行均匀平整； 去除防护胶带； 确保拼缝周边没有被污染

8. 外墙防水的其他控制措施

（1）外墙挂板拼缝内侧一般采用卷材进行防水。

外墙挂板拼缝内侧宜采用自黏结性防水卷材进行防水，跟外墙挂板吊装同时进行，卷材宽度≥100 mm，沿拼缝均匀分布。如图 4 – 65 所示卷材与砼基层之间应当黏结牢固，当温度较低时，可用火烤使其更牢固地黏结在外墙挂板上。卷材上翻至外墙挂板企口顶面 50 mm，并在板端部固定牢固。

（2）外墙挂板下端采用企口缝施工的构造防水。

上下层外墙挂板采用企口连接是从构造上处理防水的一种方法，构件企口制作在工厂内进行。现场施工过程中严禁将企口部位破坏。在施工现场，若发现有破坏的企口部位，应当及时进行修补。如图 4 – 66 所示。

（3）外墙拼缝防水处理质量控制要求。

装配式建筑外墙防水工程的质量应符合下列规定：

①防水层不得有渗漏现象。

②采用的材料应符合设计要求，外墙防水材料应有产品合格证和出厂检验报告，材料、规格、性能等应符合现行国家有关标准和设计要求。

③外墙防水层完工后应进行验收，防水验收应在雨后或持续淋水试验 2 h 后进行。

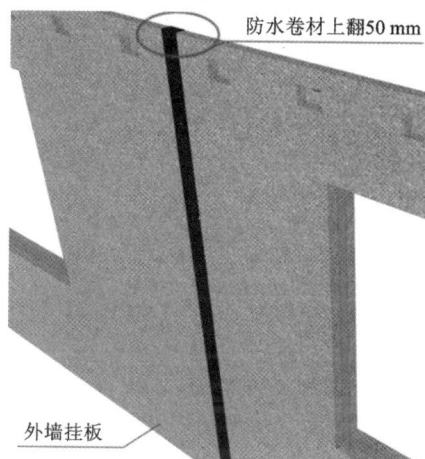

图 4 – 65　外墙挂板内侧铺设防水卷材

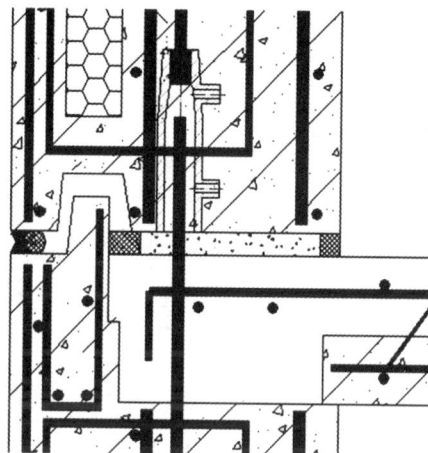

图 4 – 66　企口缝设置

④密封胶要有良好的弹性来适应构件的变形,密封胶应填充饱满、平整、均匀、顺直,表面平滑,厚度符合设计要求。

现行外墙拼缝试验项目及技术指标如表 4 – 24 所示。

表 4 – 24　外墙拼缝试验项目及技术指标

序号	试验项目		技术指标			
			25LM	25HM	20LM	20HM
1	密度/(g·cm^{-3})		规定值 ±0.1			
2	下垂度/mm		≤3			
3	表干时间/h		≤3			
4	挤出性/(mL·min^{-1})		≥80			
5	弹性恢复率/%		≥80		≥60	
6	拉伸模量/(N·mm^{-2})	23℃	≤0.4 和≤0.6	>0.4 或>0.6	≤0.4 和≤0.6	>0.4 或>0.6
		−20℃				
7	定伸黏结性		无破坏			
8	紫外线辐照后黏结性		无破坏			
9	冷拉 – 热压后黏结性		无破坏			
10	浸水后定伸黏结性		无破坏			
11	质量损失率/%		≤10			
12	体积损失率/%		≤25			

注:密封胶进场后,必须做第三方检测,检测合格后方可用于施工现场。

9.外墙拼缝节点处理施工示意图

外墙拼缝节点处理施工示意图如图4-67~图4-69所示。

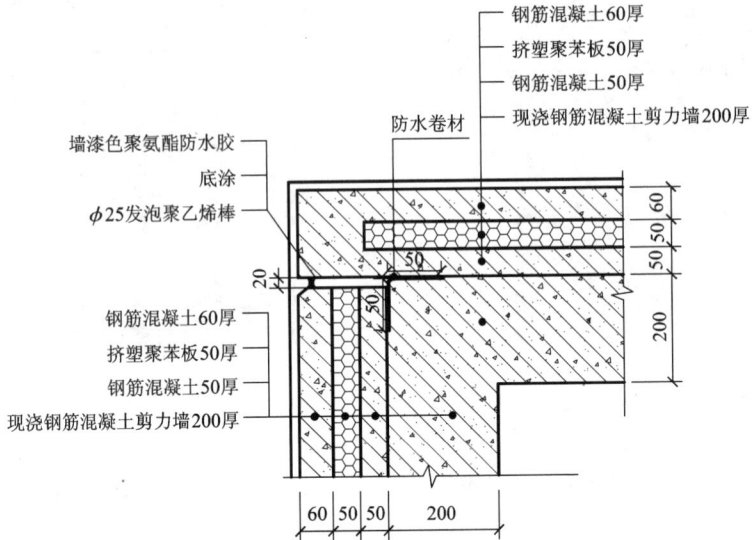

图4-67　外墙阳角接缝构造

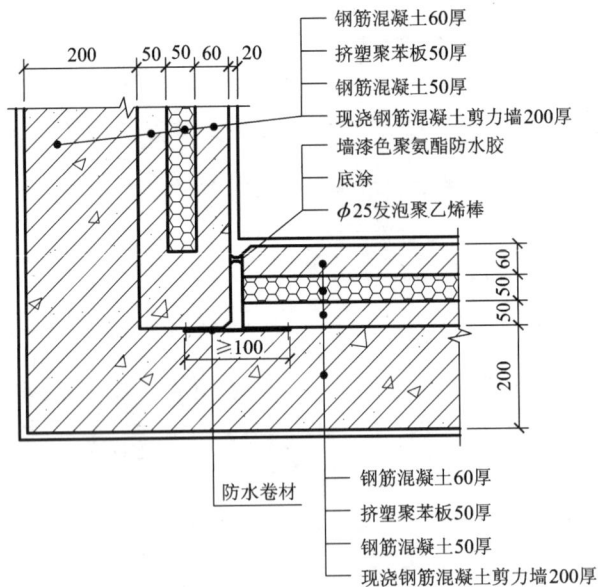

图4-68　外墙阴角接缝构造

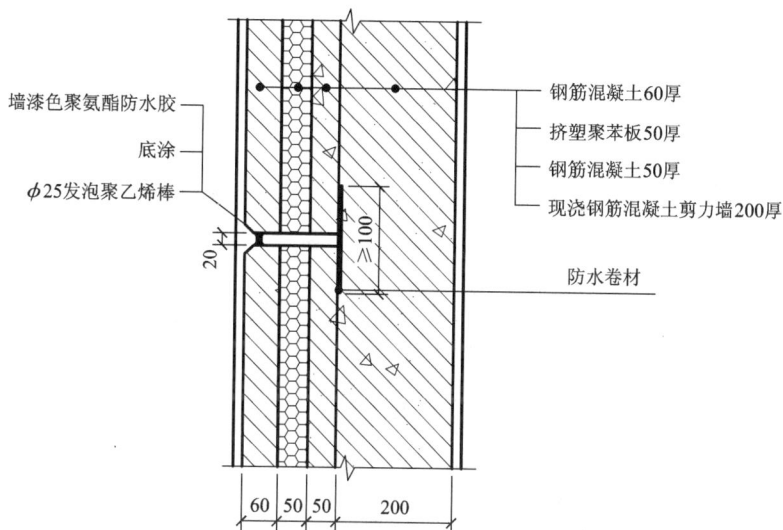

图 4-69 外墙直线平角板缝构造

4.8.2 外窗防水施工

装配式建筑中,外窗安装方式一般分为两种情况,一种是外窗框与 PC 件一体化制作,另一种是在 PC 构件就位后安装。如图 4-70 所示。

窗框与 PC 墙板一体化,窗框在 PC 板砼浇筑时锚固其中,两者之间没有后填塞的缝隙,密闭性好,防渗和保温性能好,窗框与 PC 墙板一体化制作由工厂完成。外窗防水施工主要是考虑窗框后装的情况。

1. 外窗防水所采用的材料

外窗防水材料一般采用 JS 防水材料和聚氨酯胶。

JS 防水材料是一种水性涂料,无毒无害无污染,属于国家绿色环保型产品。JS 防水涂膜具有较高的抗拉强度,耐水、耐候性好。

聚氨酯胶主要用于窗框与基层之间接触面封堵,涂于窗框与基层面的阴角处。聚氨酯胶必须选用稳定性好、操作性好、填隙后收缩率小、耐候性优良以及受温度影响较小的产品。

2. 外窗防水施工工艺流程

基层清理→安窗框→涂刷 JS 防水胶→窗框与墙体间缝隙处理→做流水坡度→施工底涂→打密封胶。

(1)基层清理。

用钢丝刷和刮板将窗框四周及缝隙处理干净,凹凸不平及裂缝处须找平补齐,基层结合面平整、干净。预制件窗框位置如图 4-71 所示。

(2)涂刷 JS 防水胶。

发泡胶固化后,在窗框四周多遍涂刷 JS 防水涂料,须保证其厚度不小于 1.0 mm。

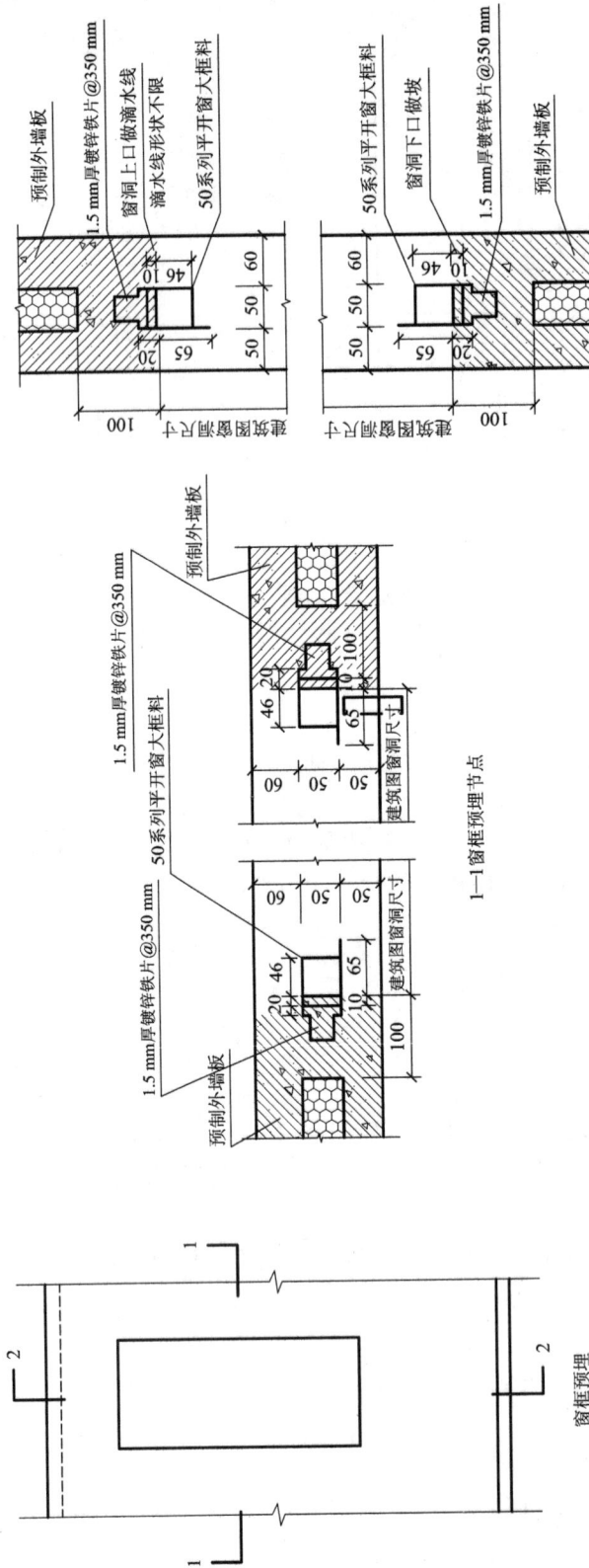

图4-70　工厂预埋窗框图

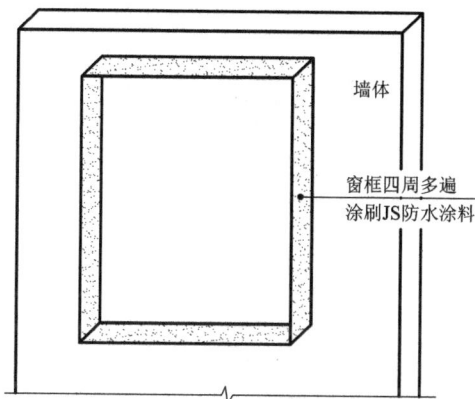

图 4-71　预制件窗框位置

（3）窗框与墙体间缝隙处理。

注入发泡胶前先将窗框与洞口间的缠绕保护膜撕去，发泡胶须满填缝隙，溢出窗框的发泡胶应在其固化前用手或专用工具压入缝隙中，严禁固化后用刀片切割。

（4）做流水坡度。

采用聚合物砂浆按照节点详图做好窗台上、下口流水坡度，窗台上口流水坡度不小于 5%；窗台下口流水坡度不小于 10%。外窗台完成面最高点应低于内窗台完成面 20 mm 以上，同时应保证砂浆与墙体黏结牢固，不得空鼓、裂缝。

（5）施工底涂。

用滚动刷或毛刷蘸底胶均匀涂刷在基层表面，不得过薄或过厚，涂刷量以 $0.2 \ \text{kg/m}^2$ 左右为宜，涂刷后应干燥 4 h 以上。

（6）打密封胶。

在流水坡度完成并干燥后，洞口与窗框交接处的阴角处注入聚氨酯防水胶。外窗防水施工示意图如图 4-72~图 4-73。

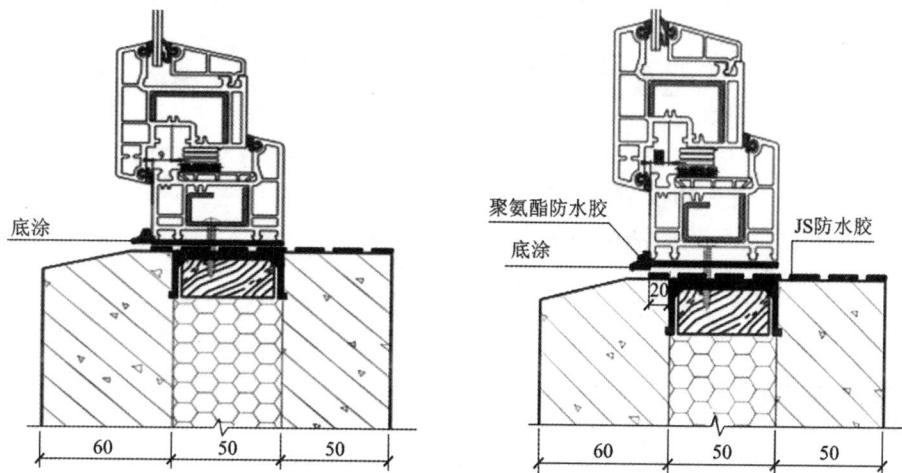

图 4-72　外窗窗台部位防水施工示意图

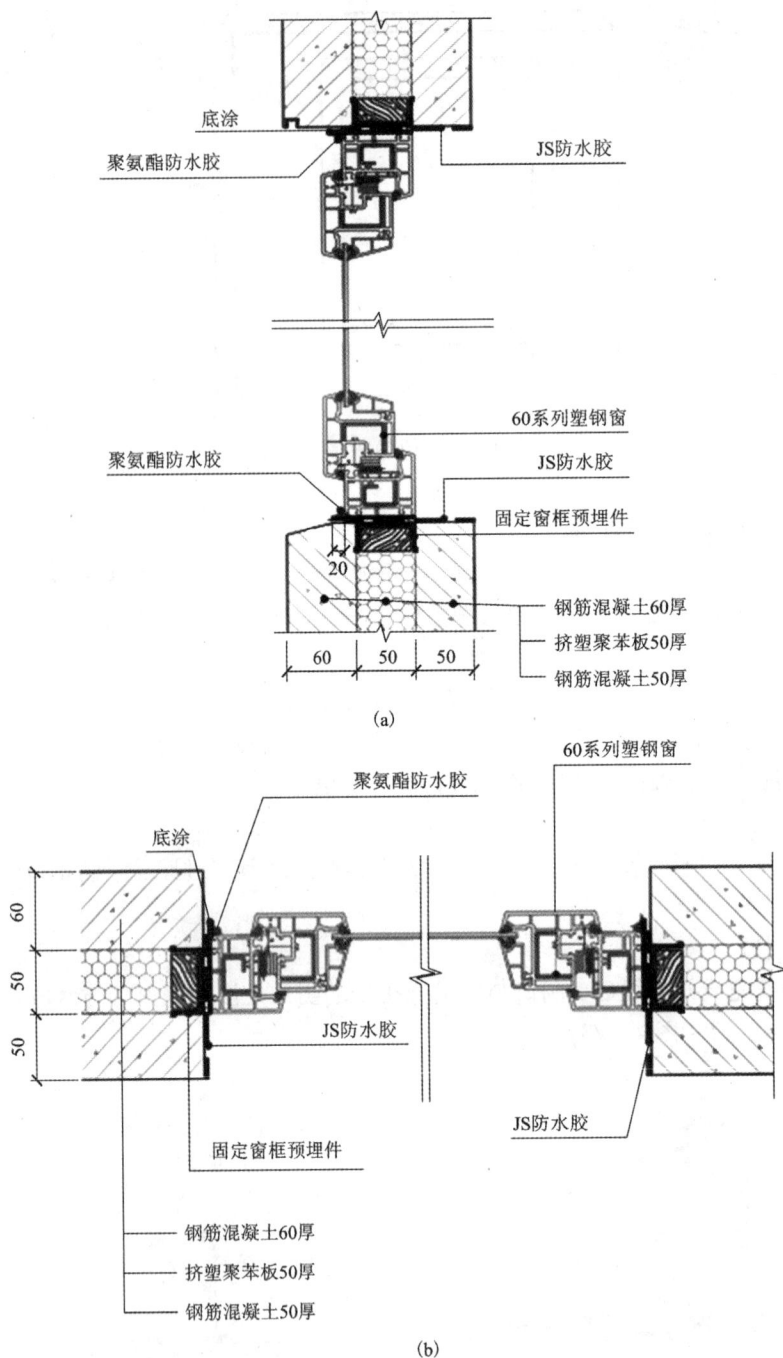

底涂

聚氨酯防水胶

JS防水胶

60系列塑钢窗

聚氨酯防水胶

JS防水胶

固定窗框预埋件

20

钢筋混凝土60厚
挤塑聚苯板50厚
钢筋混凝土50厚

60 | 50 | 50

(a)

60系列塑钢窗

聚氨酯防水胶

底涂

60

50

50

JS防水胶

JS防水胶

固定窗框预埋件

钢筋混凝土60厚
挤塑聚苯板50厚
钢筋混凝土50厚

(b)

图 4-73 外窗防水施工示意图

4.8.3 室内拼缝处理

　　装配式建筑混凝土工程与传统建筑结构形式相近，但增加了许多预制构件与现浇构件的连接节点，为了保障两者之间的连接，减少后期两者之间由于收缩不同而产生裂缝，影响整个建筑物的感观、防水甚至使用安全，所以在现场浇筑混凝土以及后期对预制构件与现浇构件之间的拼缝节点、预制构件与预制构件的拼缝节点必须按照设计图纸以及现行规范要求施工。

1. 拼缝种类

装配式建筑主要拼缝类型及相应位置如表 4 - 25 所示。

表 4 - 25　拼缝类型及相应位置

类型		图例
竖向拼缝	预制剪力墙与现浇剪力墙	
	内墙与现浇剪力墙、柱	
	隔墙与相邻构件	

续表 4 – 25

类型		图例
水平拼缝	叠合楼板与叠合楼板拼缝(1)	 柔性抗裂填缝砂浆 20
	叠合楼板与叠合楼板拼缝(2)	 抗裂填缝砂浆内加耐碱网格布
	叠合楼板与现浇板带	 抗裂填缝砂浆内加耐碱网格布

续表 4 – 25

类型		图例
水平拼缝	叠合楼板与隔墙	
其他拼缝	预制装配式楼梯上端与歇台板	
	预制装配式楼梯下端与歇台板	

2. 拼缝材料

　　拼缝材料宜采用抗裂砂浆和耐碱玻纤网。抗裂砂浆是由高分子聚合物、水泥、砂为主要材料配置而成的具有良好抗变形能力和黏结性能的聚合物砂浆，在工地现场加水搅拌即可使用。耐碱玻纤网是表面经高分子材料耐碱涂覆处理的网格状玻璃纤维织物，分为普通型与加强型，普通型主要用于涂料装饰面工程，加强型主要用于面砖装饰面工程，装配式建筑拼缝处理时选用普通型即可。抗裂填砂浆与耐碱玻纤网主要性能指标须符合《胶粉聚苯颗粒外墙保温系统材料》JGT 158—2013 中的要求（表 4 – 26、表 4 – 27）。

表4-26 抗裂砂浆性能指标

项目		单位	性能指标
拉伸黏结强度 （与水泥砂浆）	标准状态	MPa	≥0.7
	浸水处理	MPa	≥0.5
	冻融循环处理	MPa	≥0.5
拉伸黏结强度 （与胶粉聚苯颗粒材料）	标准状态	MPa	≥0.1
	浸水处理	MPa	≥0.1
可操作时间		h	≥1.5
折压比		—	≤3.0

表4-27 耐碱玻纤网性能指标

项目	单位	性能指标（普通型）
单位面积质量	g/m²	≥160
耐碱断裂强力(经、纬向)	N/50 mm	≥1000
耐碱断裂强力保留率(经、纬向)	%	≥80
断裂伸长率(经、纬向)	%	≤5

4.8.4 施工工艺流程

1. 竖向拼缝施工工艺流程(表4-28)

表4-28 竖向拼缝施工工艺流程

工序	图例	注意事项
清理打磨		采用钢丝刷或角磨机进行清理； 采用小型空压机吹净灰尘

续表 4 - 28

工序	图例	注意事项
修补		采用腻子进行修补； 先缝里，后缝外
抗裂砂浆拌制		拌和物应均匀无结块； 加水控制要求砂浆容易压实同时砂浆不往下流淌； 用多少拌多少的原则
抹第一遍抗裂砂浆		对基面适当喷水湿润； 厚度应为 3～4 mm，应抹密实、平整

续表 4－28

工序	图例	注意事项
铺设网格布		网格布应展平,与梁、柱或墙体连接,应保证网格布不变形起拱; 抹灰挂网厚度要求:5 mm; 拼缝搭接宽度:≥100 mm; 网材与基体的间距宜大于 3 mm
抹第二遍抗裂砂浆		抗裂砂浆厚度应为 1～2 mm,保证耐碱玻纤网不外露为宜; 阴角处施工,应用定做的直角板最后刮平一次,保证阴角的方正

2. 竖向拼缝基层处理要点

(1)通过角磨机或钢丝刷去除不利于黏结的物质,如油脂、灰尘、油漆、水泥浮浆和其他不利于黏结的微粒;

(2)清理缝隙内壁粉尘、积水、油污和铁锈等,干燥后再用棕刷将表面灰尘清扫干净;

表面清扫后,用水与界面剂的稀释液滚压一遍,待干透后再进行下一道工序施工。

3. 叠合板板底水平拼缝施工要点

对基层适当喷水湿润;用窄的小抹刀沿拼缝从一端向另一端进行逐段压实,内部不能留有空洞。再沿叠合板底面进行抹平收光,遵循先压实再抹光的施工工序进行填缝施工。加水量视气温高低按照提供的加水范围适当变动,加水控制要求砂浆易压实同时砂浆不往下流淌。

4.8.5　拼缝处理注意事项

拼缝处理前,要求基层处理干净。涂刷基层前,基层表面应润湿,但不能有明水。严禁基层未处理干净就进入下道施工工序。叠合板底拼缝要求必须逐段贴紧基层压实,内部不能留有空洞。网格布严禁采用劣质材料。物料混合搅拌时，要控制好用水量及稠度，拌和物应均匀无结块，根据工程进度控制好拌和物用量。落入地面的抗裂砂浆应及时清理，做到工完、料尽、场地清，符合现场文明施工要求。网格布施工时，应注意网格布应压入抗裂填缝砂浆或柔性腻子内并铺贴牢固。严禁采用劣质材料填缝。拼缝施工后，板缝不得受到振动或碰撞。

防止太阳直射暴晒板缝；大风天气应适当防护；根据现场天气情况，对板缝采取适当养护。

接缝处理要求填充物密实无空鼓，表面平顺光滑；接缝表面平整，不得有任何裂纹，不得高于相邻板面。

4.9　集成卫生间安装

集成卫生间是用一体化浴缸防水盘或浴缸和防水盘组合、一体化洗面盆或洗面盆和洗面盆台板组合、壁板、顶板构成的整体框架，配上各种多功能洁具形成的独立卫生单元。具有淋浴、盆浴、洗漱、便溺四大功能或这些功能之间的任意组合（图4-74）。

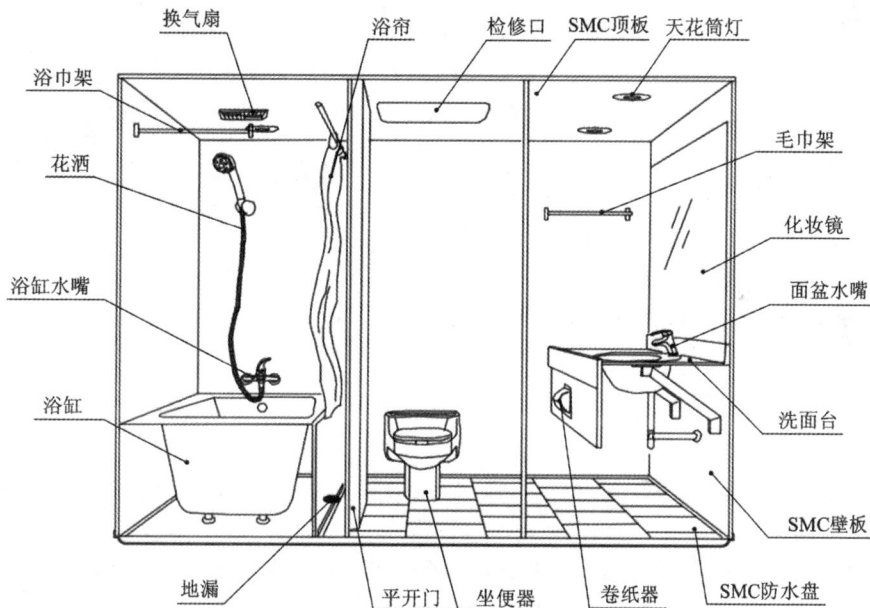

图4-74　集成卫生间各部件名称

集成卫生间一般采用的是SMC材料进行一次性压模成型。SMC是英文"sheet moulding compound"的缩写，意指片状模塑料。它是由化学增稠的不饱和聚酯树脂、填料、玻璃纤维增强材料组成的，也是FRP（俗称热固性玻璃钢）领域最重要的成形方法之一。

集成卫生间摒弃传统卫生间泥水匠砌筑落后的生产方式，采用内导热精密模具、大型数控压机等先进设备，在工厂制造集成卫生间的防水盘、顶板、壁板等主体构件，通过现场拼装，组成整体的卫浴空间框架，空间内可按照用户不同需要，布置洗面台、坐便器、淋浴房等部件。

本节内容所指均是以SMC模压构件组装的集成卫生间（图4-75、图4-76）。

图4-75　某款集成卫生间实景(一)

图4-76　某款集成卫生间实景(二)

集成卫生间有以下优点:

(1)先进的工厂专业化生产方式,可以大批量生产,对于工程项目而言,可以一边进行建筑主体施工,一边进行浴室的工厂生产,大大缩短了精装修住宅的施工时间。

(2)滴水不漏。传统浴室最大的难题是渗漏,而SMC材料具有优异的防水性能。集成卫生间防水盘采用SMC材料一体模压而成,一般自带防水反边、排水槽和地漏孔,有良好的防渗漏功能,可杜绝不漏水(图4-77)。

(3)洁净干爽、无异味。SMC材质致密光洁,不积水,不吸潮;模压制品边角多带圆角、弧形,既具美感又易清洁,无卫生死角。

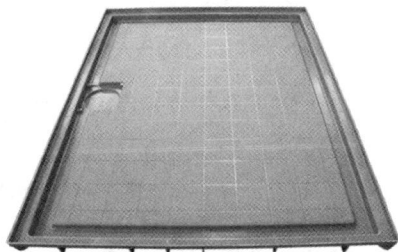

图4-77　某款防水盘

(4)环保安全。SMC材料无污染、无辐射,确保人体健康,且保温隔热性好,肤感亲切。

(5)质量轻。同样大小的浴室,重量约为传统浴室的1/3,且强度高,不变形,耐用时间长,历久弥新。

(6)集成卫生间采用干式工法施工,当天安装,当天使用,无须任何内部的二次装修,大大缩短了施工周期。

对于项目而言,集成卫生间的顺利安装离不开前期的勘测和设计。安装阶段是一个执行过程,前期的设计显得尤为重要。在集成卫生间的设计阶段,就已经根据项目的实际情况,确定了卫生间的安装方式。

新建项目中集成卫生间的设计,不是一个独立的设计过程,它需要在建筑方案设计阶段就提前介入,参与建筑、结构、给排水及设备等各专业设计的全过程,同各专业有效沟通、反复推敲。室内集成卫生间平面布置、水电管线的位置,在建筑设计阶段就要定型定位。在建筑主体施工过程中,也需要按设计要求,将给排水、电等预留预埋到位,并严格控制设计要求的卫生间空间尺寸,为后期的集成卫生间安装提供便利条件。

已建成的或旧建筑改造的项目,如果要使用集成卫生间,就要做好前期的勘测,根据现场的实际情况,做好集成卫生间的选型和设计。

因此,集成卫生间安装之前,一定要事先了解相关的设计图纸,有条件的话,可以事先查看安装现场，确认现场是否已达到安装条件，做到胸有成竹，淡定从容。

一个项目中的集成卫生间也可以分段安装，在项目不同阶段，可以安装不同部分。在达到安装条件时，集成卫生间主体部分可以最先安装，洗面台、坐便器等部件可以后期安装。

集成卫生间安装主要指主体框架的安装，洗面台、坐便器、淋浴间、水嘴、电器等其他配件的安装方式并无特殊之处。

一般来说，集成卫生间主体安装可以分为内装法和外装法。

内装法是指卫生间外围墙体已经完全施工完成，集成卫生间安装需要在一个闭合的空间内进行安装。

外装法是指卫生间外围墙体没有施工，多用于卫生间外隔墙是轻质隔墙时，可以先安装集成卫生间主体，后做轻质隔墙施工，使集成卫生间的安装更为便捷。

当然，内装法、外装法的区分并不是绝对的。大多数卫生间外围墙体有一两面已经完成，而其他面没有完成，需要两种安装方式结合完成。

4.9.1 防水盘安装

这个安装过程是指将防水盘放到浴室空间指定位置，并同步安装隐藏在防水盘以下的卫生间部件。

1. 确认防水盘安装方式

防水盘安装方式有横排和直排两种。

横排：管道不穿过楼板，而是在同一楼层内管道横向铺设，最后集中到下水管的三通上排出，又称同层排水。

直排：排水管道穿过楼板来到下一层，然后再进入总的下水管中排出，又称下排水。

防水盘安装选用哪种安装方式，需根据现场情况来定，一般在前期勘测设计阶段就已经确定，到安装阶段应该查看合同资料、设计图纸及清单，做好准备工作。

（1）防水盘横排加强筋安装。

横排的安装方式一般用于施工现场孔位与防水盘孔位不匹配的情况，需要在防水盘背面安装加强筋及地脚支撑，将防水盘适当抬高，以便在这个抬高空间内横向安装排水、排污管。

防水盘横排安装过程：

①将加强筋固定到防水盘背面。

因为防水盘需要抬高，属于悬空安装，所以需要安装加强筋，以增加防水盘的整体性和强度。加强筋一般采用 1.5 mm 厚热轧钢板，加工成 U 形，且在 U 形底部焊接 M16 螺母。

②将地脚支撑安装到加强筋上。

地脚支撑一般为不锈钢六角头螺栓，高度可根据需要调节，着地一端有配套的橡胶垫，可加强地面与支撑地脚的摩擦力，且消除使用时可能产生的噪声。

（2）防水盘直排加强筋安装。

直排的安装方式一般用于施工现场孔位与防水盘孔位完全匹配的情况，要求浴室原始地面平整，排水孔、排污孔、地漏孔完全符合集成卫生间设计要求，防水盘直接放置在主体地面上。

防水盘直排安装过程：

①按照图纸，将直排用加强筋和自钻钉固定到防水盘上。

②将 U 形橡胶条卡入龙骨的两侧，可加强地面与 U 形龙骨的摩擦力，且消除使用时可能

产生的噪声。

以上安装好加强筋的防水盘备用。

2. 防水盘定位

（1）横排方式下的防水盘定位。

这种方式需要现场先安装完横向管道。

①将防水盘放入卫生间合适位置。

②通过旋转调节螺栓，调整防水盘平整度及所需要的高度。安装需要注意每个调节螺栓都必须着地，这是影响安装质量的重要因素。

③用水平仪测量防水盘的平整度，要注意防水盘是否要求有排水坡度。

④精确测量防水盘排污孔、地漏孔中心距相邻两面墙的距离，以及防水盘排污孔、地漏孔上表面距离原始地面的高度（图 4 - 78）。

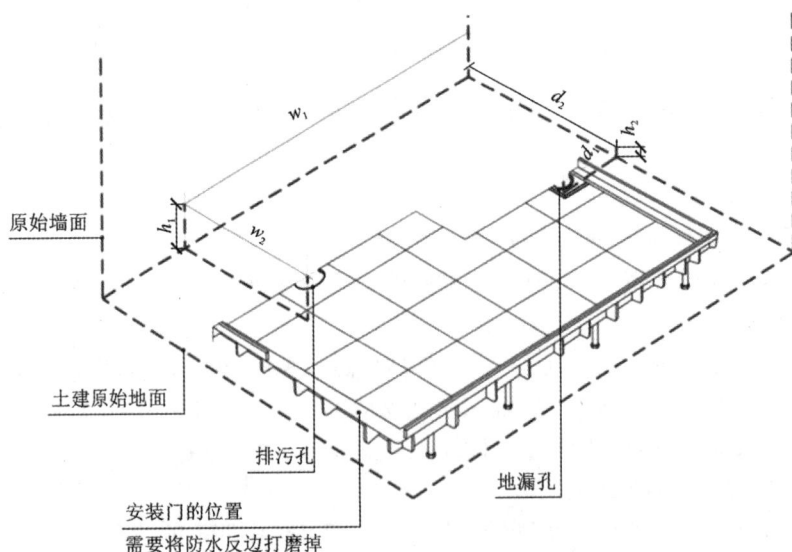

图 4 - 78　防水盘定位需要测量的尺寸

⑤做好记录，填写好记录表（表 4 - 29），测量时要注意基准应统一。

表 4 - 29　底盘安装测量记录表

序号	测量项目		测量数据
1	排污孔中心到主体墙面 1 的距离	w_1	
2	排污孔中心到主体墙面 2 的距离	w_2	
3	地漏孔中心到主体墙面 1 的距离	d_1	
4	地漏孔中心到主体墙面 2 的距离	d_2	
5	排污孔处底盘表面到主体地面的高度	h_1	
6	地漏孔表面到主体地面的高度	h_2	

⑥将防水盘移出卫生间，准备各排水管的配管安装。

（2）直排方式下的防水盘定位。

①确认现场地面平整，符合安装要求后，可直接将防水盘放入卫生间地面合适位置，用水平仪测量是否水平，注意是否有排水坡度要求，局部可使用薄垫块来调整高度。

②将防水盘移出卫生间，准备各排水管的配管安装。

3. 排污管安装

安装前确认排污管的安装方式是横排还是直排。

（1）横排。

为降低安装管道所占用的高度，横向排污管道可由 PVC 管 DN75 及配件组成。

①卫生间内原有的排污管 DN110 伸出地面。

②将 DN110/75 异径弯头的大直径端插入排污管。

③将 DN75 PVC 管插入异径弯头 75 端，注意坡度为 1.5% ~3%。

④将 90°PVC 弯头 DN75 插入 DN75 PVC 管。

⑤接管后，应保证尺寸 w_1、w_2、h_1 符合测量记录表 4 - 29 的尺寸。

（2）直排。

将卫生间已有 DN110 PVC 排污管准确对准底盘的排污孔即可。接管后，应保证尺寸 w_1、w_2、h_1 符合测量记录表 4 - 29 的尺寸。

（3）注意事项。

安装时应注意 PVC 管件、配件之间的连接，应先涂好 PVC 专用胶；涂胶前清理被粘物表面油污、尘垢等污物，保持清洁干燥；管道连接要确保无漏点。

4. 地漏排水管安装

安装前确认排污管的安装方式是横排还是直排。

（1）横排地漏。

横排地漏主要由地漏本体、封水筒、滤网、网盖、螺盖、U 形圈构成，可以和横向排水支管连接。

①将地漏本体安装到表 4 - 29 所测量的尺寸位置，横向排水支管安装时要注意排水坡度。

②将 U 形圈卡入防水盘地漏孔（注意此时防水盘在卫生间外），备用。

③将防水盘放入卫生间，地漏本体应与底盘地漏孔上的黑色 U 形圈紧贴，中心也应对齐。

④在 U 形圈上套入垫片，拧紧螺盖（带外螺纹），使防水盘、地漏本体（带内螺纹）连为一体。

⑤依次放入封水筒、滤网、网盖。

⑥放好地漏盖板，横排地漏安装完毕。

（2）直排地漏。

直排地漏主要由外筒体、螺盖（带内筒体）、U 形圈、封水筒、滤网、网盖组成。

①将地漏外筒体与外部排水管连接，安装到表 4 - 29 所测量的尺寸位置。

②将 U 形圈卡入防水盘地漏孔，备用。

③将防水盘放入卫生间，要与测量的定位尺寸吻合，地漏外筒体应与底盘地漏孔上的黑

色 U 形圈紧贴，中心也应对齐。

④在 U 形圈上套入垫片，拧紧螺盖（带内筒体），使防水盘、外筒体连为一体。

⑤依次在内筒体中放入封水筒、滤网、网盖。

⑥放好地漏盖板，直排地漏安装完毕。

5. 面盆排水管的安装

面盆排水管可隐蔽安装在集成卫生间之外，贯穿底盘和墙板的安装。在防水盘安装时应同步将面盆排水管接入到设计指定的墙板高度位置。隐蔽安装方式要求集成卫生间在有洗面台的一侧，在壁板背后留有排水管的安装空间。

隐蔽安装有接地漏和建筑主体立管两种。相同之处都是穿壁板；不同之处在于排水管末端去处不同。接立管的做法比较常见，接地漏的做法多用于横排地漏，较少运用。

穿壁板接地漏：在防水盘安装时同步将面盆排水管接入横排地漏。具体操作为：

(1) 取掉横排地漏另一端的堵头。

(2) 接入 DN32 PVC 排水管。

6. 排污法兰的安装

通过安装排污法兰，将防水盘和排污管连在一起。

排污分横排和直排，在前文中已详细说明，防水盘放入后，要求外部排污管中心与防水盘排污孔对齐。

(1) 清理排污法兰下表面及排污孔周边灰尘。

(2) 在排污法兰下表面均匀涂上玻璃胶，管件对接处涂上 PVC 胶。

(3) 将排污法兰扣入排污孔内。

(4) 将坐便器安装螺栓固定在防水盘上。

(5) 在排污法兰周围涂上一圈玻璃胶并抹平。

7. 防水盘注意事项

防水盘的安装过程中，要兼顾排水、排污管道的安装，并将外部排水、排污系统通过地漏、排污法兰的安装，与防水盘紧密接合在一起，保证安装的密封性，这是杜绝漏水的关键。

要注意安装前现场预留的排污孔、地漏孔的位置一定要和底盘的孔位吻合。

通常情况下，防水盘横排安装后，通过地脚支撑抬高，底下才有排水、排污横排安装的空间，这种方式称为全横排。

还有一种情况，地漏排水需要横排安装，排污则为直排，这种方式称为半横排。选用哪种方式，应根据设计及现场的实际情况确定。

4.9.2 壁板安装

这个安装过程是将单块的 SMC 墙板拼接成集成卫生间每个立面的壁板，并同步隐蔽安装在壁板后的浴室部件。

1. 墙板拼接成浴室壁板

根据图纸将墙板进行分类，确认集成卫生间四周的壁板对应的尺寸，再依次将四面壁板拼装好备用。

(1) 将两块墙板平铺在有保护垫层的地面上，确保两块墙板的拼接处、长度两端平齐、吻合，内表面无高低错位（注意墙板的上下及拼接的逆顺方向）。

（2）用自攻钉将两块墙板背面外边缘自带的连接筋连接好。

（3）在浴室同一边可以由几块墙板平接，用同样方法，连接第三块、第四块墙板，达到所需要的宽度。

（4）两块墙板拼缝处安装中缝压线（橡胶密封条）。

（5）为保证SMC壁板的强度，需要在墙板反面安装墙板加强筋（一般由不锈钢方管加工而成）。

2. 给排水安装

隐藏在墙板背后的给排水，应事先在墙板对应位置安装好相关管件。

（1）给水管安装。

①水管包括热水管（红色）和冷水管（白色或蓝色），一般由铝塑复合管、铜管配件（或PPR管及其配件）在工厂制作成型并通过试水打压实验，应符合国家规定标准。

②按事先设计好的集成卫生间各给水接头位置，在墙板上开好各给水管道接头的安装孔。

③将冷热水给水管的一端分别与主体的冷热水管连接，注意接头垫圈一定要垫平，拧紧螺帽时用力要适度，另一端穿过墙板对应孔洞，用锁母固定在墙板上。给水处可安装角阀，方便断水维修。给水管应固定在壁板背面，以免通水时产生震动。

④安装时请注意按照"左热右冷"的原则（以工人站在卫生间内来定左右），避免冷热水装反。

⑤坐便器的给水、淋浴或浴缸的给水也需要同步安装。

（2）面盆排水安装。

在防水盘安装时已经把面盆排水管接入到设计指定位置。

①按照设计高度，在对应的壁板位置开孔。

②测量高度，安装穿壁板的面盆横向排水管。

③安装壁板时，将面盆横向排水管穿过事先开好的壁板孔洞，并套上装饰盖。

④将存水弯与面盆竖向排水管连接在一起。

⑤将存水弯与面盆横向排水管连接在一起。

3. 墙板与底盘的固定

（1）墙板外装法。

当浴室外围建筑墙体没有砌筑时用此方法。

①将拼装好的墙板移入到防水盘挡水反边的安装面，调整好位置。

②直接用自攻钉将墙板与防水盘固定好。

（2）墙板内装法。

当浴室外围建筑墙体已经砌筑好时用此方法。工人需要站在防水盘以内施工。

①事先在墙板下端铣腰形孔。

②在防水盘对应位置旋入自攻钉。

③将铣好的腰形孔对准自攻钉放入定位，利用腰形孔稍微调整位置。

4. 壁板阴角的连接

（1）壁板阴角的连接用拐角连接件（厂家定制的一种金属卡片）。

（2）将拐角连接件的一边固定在壁板的侧面，再将壁板卡入拐角连接件的槽内。

5. 卫生间门的安装

卫生间门应在顶板安装好以后再安装。一般卫生间门及门框均采用防水材料，且门洞高度低于墙板高度为宜，门框上方需要拼接一块墙板，便于加强整个卫生间框架的稳定性。

（1）将拼接墙板固定到门框上方。

（2）将整个门框用自攻钉固定到预留门洞上，并装上装饰盖。

（3）安装门页，并调试好门页与门框的缝隙。具体可参考门提供商的安装说明书。

（4）装上门锁。具体可参考门锁提供商的安装说明书。

4.9.3　顶板安装

将顶板按照设计要求，进行安装前的排布、定位。用自攻钉将顶板拼接成一整块，并把加强筋安装到天花板上。将拼好的整块顶板放置在壁板顶端，用自攻钉将壁板固定。最后安装顶板检修口面板（此步骤应在灯具、排气扇等安装完后再操作）。

4.9.4　卫生间部件安装

本节列举了常用卫生间部件的安装方式。相同部件不同式样会有不同的安装方式，具体安装方式应根据实际提供的部件的说明安装。

为了保证部件安装的牢固性，一般应预先在部件安装位置加装垫木（垫块）因为卫生间部件的安装大都是按传统浴室的墙面来考虑的，比如墙面上安装的部件大多数都是打膨胀螺钉，这就并不适用于集成卫生间的墙板，所以设计和安装人员应事先了解这些部件，找到更好的安装方式。

1. 坐便器的安装

（1）仔细清理排污法兰表面上和坐便器排放口的灰尘及杂物；在排污法兰上垫上密封脂。

（2）将坐便器对正套装在排污法兰上，稍微用力往下压，同时端正坐便器的位置。

（3）待坐便器安放稳妥后，放上垫片，小心拧紧固定螺母，并接好进水管。

2. 浴帘安装

（1）先将帘杆座与垫片用自攻钉固定在浴室壁板上。

（2）将浴帘布用帘钩连接并挂入帘杆。

（3）将挂好浴帘布的帘杆插入帘杆座中。

3. 毛巾架、浴巾架的安装

（1）先将不锈钢管与架座连接好。

（2）用自攻钉紧固。

（3）盖上装饰帽。

4. 卷纸器、置物架的安装

（1）用自攻钉紧固。

（2）盖上装饰帽。

5. 化妆镜的安装

（1）按照设计图纸，标记小镜夹的位置，装好镜夹。

（2）将镜子插入下方镜夹槽内。

（3）将上方镜夹朝下扣住镜子，调整镜子的水平、垂直位置。

4.9.5　集成卫生间与外部接口及预留预埋

1. 与建筑专业的关系

（1）建筑地面及防水。

①集成卫生间要求主体地面平整度误差小于 5 mm。

②集成卫生间防水盘在工厂整体模压成型，自带防水挡边，可杜绝渗漏。

（2）建筑室内平面预留空间。

①集成卫生间的安装都需要一定的空间，原则上每侧需预留不小于 60 mm 的安装空间。

②因为集成卫生间防水盘都是一次模压成型，尺寸是固定的，所以建筑平面预留空间尺寸很重要。

③建筑设计时应注意浴室门垛的尺寸。

④预留尺寸应根据每个生产厂家产品的实际情况来定。

（3）建筑室内立面预留空间及窗洞、门洞。

①每个生产厂家都有标准的壁板高度，一般来说，高度通常有 2 m、2.2 m、2.4 m 等规格。

②预留高度应综合考虑，除了壁板的高度外，还应考虑天花的厚度、天花上所装排气扇的高度、防水盘本身的厚度及防水盘的安装方式。

③当高度 H 不够时，排气扇的安装可避开存水弯、结构梁的位置。

④直排时，卫生间区域楼板下沉高度 $H = H_1 + H_2$。

⑤主体门洞高度应与集成卫生间门洞高度 H_6 平齐。

建筑室内立面预留空间及窗洞、门洞如图 4 - 79 所示，图中符号说明如下。

H：建筑室内立面预留空间高度尺寸（因为是直排，所以不包含横向管道安装所需要的高度）。

H_1：防水盘安装（横排/直排）高度尺寸。

H_2：集成卫生间防水盘高度尺寸（不含防水挡边高度）。

H_3：集成卫生间壁板高度尺寸。

H_4：集成卫生间顶板上安装的灯具、排气扇等所需要的高度空间。

H_5：浴室窗户距离防水盘的高度（应考虑到安装集成卫生间后，此高度符合相关行业规范）。

H_6：浴室门洞距离防水盘的高度（此高度应小于 H_3）。

2. 集成卫生间与装饰、装修的关系

集成卫生间是一个功能齐全的独立卫生单元，本身不再需要进行任何二次装修。但集成卫生间会和主体窗户、门洞等有一定的衔接关系，需要根据装修风格进行适当的装修。本节选用的材料及装修方式仅供参考。在建筑材料日益丰富，物流、信息日益发达的今天，还可以有多种装修方式。

集成卫生间可以在对应建筑窗洞位置现场开洞，建议加装窗套。集成卫生间开窗位置应避开毛巾架、浴巾架、浴帘杆、淋浴间、洗面台、化妆镜、置物架、龙头等配件的安装位置，并留出足够的安装空间。

集成卫生间一般预留门洞尺寸为 700 mm × 2000 mm；靠浴室内的门框、门页宜采用防水

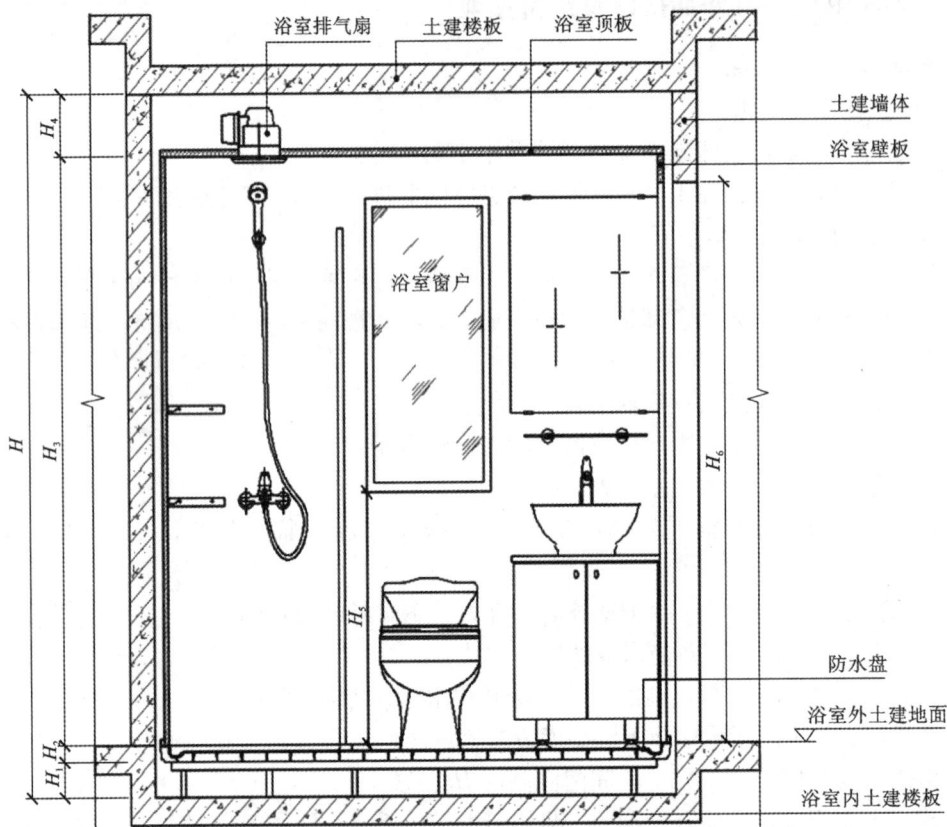

图4-79　建筑室内立面预留空间及窗洞、门洞

材料,靠外侧可加装与室内装修风格协调的门套线。

3.集成卫生间与水暖、电气专业的关系

(1)给水。

集成卫生间一般自带工厂生产的冷热水给水系统,贴着浴室壁板走管路,将冷热水送至浴室内指定位置。这在4.9.2小节"壁板安装"中已有详细的安装说明。集成卫生间给水需要与外部的冷热给水管用波纹管连接。外部冷热给水管一般预留在浴室顶板上方,靠近洗面台龙头或淋浴龙头上方位置,G1/2接头,高度位置在浴室顶板上方200 mm即可。

(2)排水及排污方式。

①浴室底盘排水方式及坐便器排污方式。

直排:楼板预留孔位与底盘孔位匹配,则选择直排方式。

横排:楼板预留孔位与底盘孔位不匹配,又无法更改预留孔洞位置时,可以选择横排方式。

②洗面盆排水方式。

一般为穿壁板接立管,立管指主体的排水立管。此种方式将排水管隐藏在壁板之后,比较美观。

③淋浴及浴缸排水方式。

可与底盘排水共用，或设置独立的排水。

（3）电气。

①浴室电气开关根据使用习惯设置于浴室室外门侧。

②考虑用电安全，如有需要，应使用防水插座。

③浴室等电位的设置：浴室给水五金接头、电器接头等金属件须加等电位连接，以保证安全；为方便安装，等电位预留位置可设置在浴室顶板以上 200 mm。

4. 集成卫生间的预留预埋设计

在装配式建筑混凝土预制构件上，按照集成卫生间的安装要求，做好预留预埋，可大大提高后期集成卫生间的安装质量和效益。

集成卫生间的预留预埋设计分两种情况。

（1）卫生间区域楼面下沉且立管在浴室区域内（图 4 - 80）。

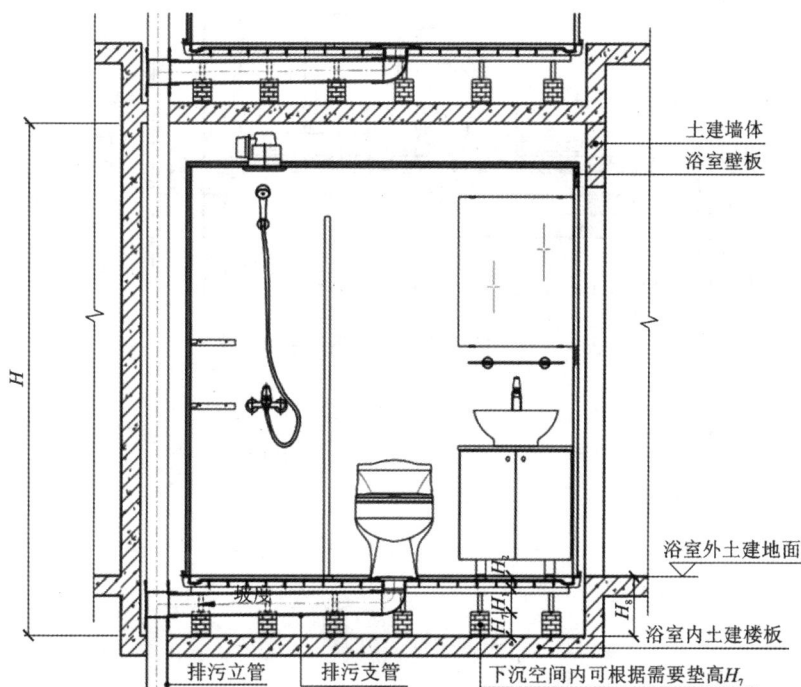

图 4 - 80 楼面下沉

这种下沉方式，适合集成卫生间防水盘的安装，一般所需要的下沉高度为 300 mm 左右，且由于支管一般是后期再安装，更容易控制好各管道安装定位尺寸，使之完全符合集成卫生间的安装要求。另外，集成卫生间安装后，可使浴室防水盘高度平齐或略低于浴室外主体地面高度。

排污、排水支管安装时，应注意留有排水坡度。

（2）卫生间区域楼面不下沉或下沉高度不大（图 4 - 81）。

主体楼板没有下沉时，对排水、排污管孔洞的预留精度要求比较高。

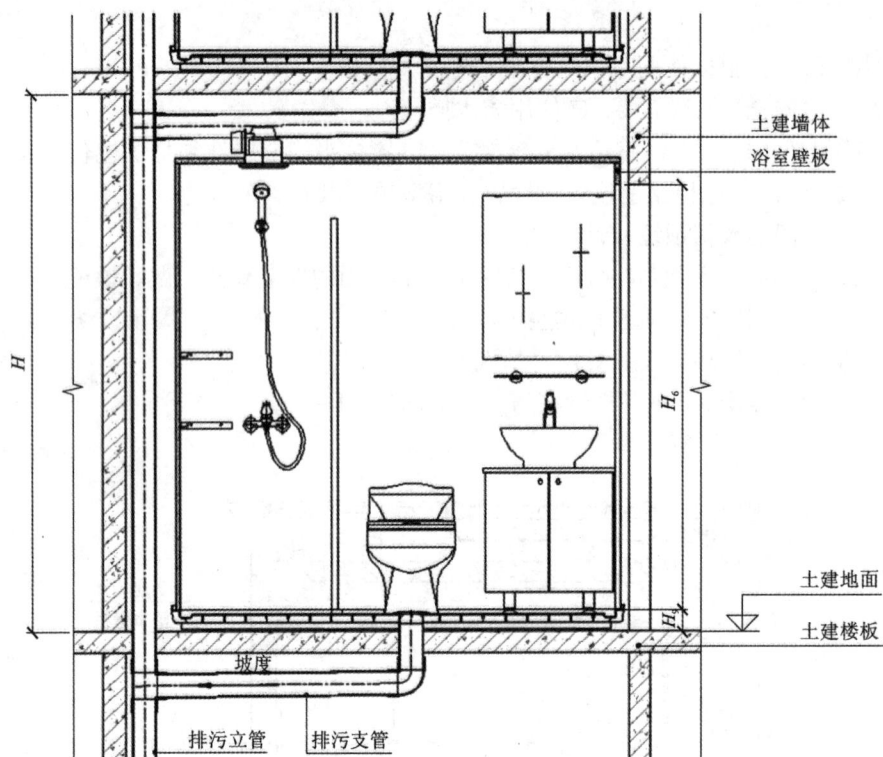

图 4 - 81 楼面不下沉或下沉高度不大

第 5 章

质量验收

　　建筑工程中的质量验收主要是对建筑物的质量进行综合评判,使得建筑物的质量得到控制,从而约束施工单位的行为,促使其建造质量过硬的建筑工程。质量验收环节不仅要检测建筑物的外观、结构、尺寸,还要对建筑所用的原材料、中间产品以及建筑物本身进行检测,包括它们的物理性质和化学成分。所以,作为施工单位应当积极发挥质量验收的作用,将验收工作逐步实现规范化,促进建筑环节的整体能力提升。

　　质量验收是建筑过程的关键环节,对整个建筑项目的成败起到了至关重要的作用,尤其是在我国大踏步前进的关键时期,保证建筑工程的质量,对我国的发展提供了基础保障。

　　装配式混凝土建筑根据《混凝土结构工程施工质量验收规范》(GB 50204—2015)要求在传统工程模板、钢筋、预应力、混凝土、现浇结构等分项工程质量验收的基础上增加了装配式结构分项工程的质量验收。装配式结构分项工程的验收包括预制构件进场、预制构件安装以及装配式结构特有的钢筋连接和构件连接等内容。对于装配式结构现场施工中涉及的钢筋绑扎、混凝土浇筑等内容,应分别纳入钢筋、混凝土、预应力等分项工程进行验收。装配式结构分项工程可按楼层、结构缝或施工段划分检验批。

5.1　装配式结构分项工程

　　预制构件包括在专业企业生产和总承包单位制作的构件。对于专业企业的预制构件,《混凝土结构工程施工质量验收规范》(GB 50204—2015)规定其作为"产品"进行进场验收,具体应符合国家现行有关标准的规定。现场施工时,与预制构件相关的工序按照相关分项工程进行验收。装配式结构分项工程可按照楼层、结构缝或施工段划分检验批。

　　装配式建筑宜建立预制混凝土构件生产首件验收制度。预制混凝土构件生产首件验收制度是指由预制混凝土构件生产单位制作的同类型的首个预制混凝土构件,建设单位组织设计单位、施工单位、监理单位、预制混凝土构件制作单位进行验收,合格后方可进行批量生产。当采用驻厂监理时,驻厂监理工程师应在预制构件隐蔽验收部位、混凝土浇筑等关键工序进行旁站监理。

5.1.1　一般规定

　　(1)预制构件交付时,应提供以下验收材料。

①隐蔽工程质量验收表。

②成品构件质量验收表。

③钢筋进厂复验报告。

④混凝土留样检验报告。

⑤经具有相应法定检测资质的第三方工程质量检测机构出具的原材料、钢筋、套筒、保温材料、连接件、预埋件、混凝土试块等抽样复检报告。

⑥产品合格证。

⑦其他相关的质量证明文件等资料。

(2)检验批的质量检测需满足的要求。

①原材料、构配件和器具等产品的进场复查，应按进场的批次和产品的抽样检验执行。

②混凝土强度、预制构件结构性能等，应按国家和地方现行有关标准的抽样检验方案执行。

③采用计数检验的项目，除有专门要求外，一般项目的合格率应达到80%以上，且不得有严重缺陷。

(3)构件质量进场检验，应检验构件的外观质量、外形尺寸、预埋件位置偏差。

(4)结构构件(指单独受力构件，如预制楼梯等)应按国家现行标准《混凝土结构工程施工质量验收规范》(GB 50204—2015)的要求进行结构性能检验。构件结构性能检验不合格的构件不得使用。

(5)装配整体式混凝土结构分部工程应在安装施工过程中进行下列隐蔽项目的现场验收。

①结构预埋件、钢筋接头、螺栓连接、套筒灌浆接头、钢筋浆锚搭接接头等。

②预制构件与结构连接处钢筋及混凝土结合面。

③预制构件之间及预制构件与后浇混凝土之间隐蔽的节点、接缝。

④预制混凝土构件接缝处防水、防火等构造做法。

⑤超过6层或总高超过20 m的装配式建筑，施工过程中每3层进行构件垂直度及平面尺寸检查。

(6)装配式结构现场现浇筑混凝土部位(如装配式结构连接部位、叠合构件现场浇筑部位)，浇筑前应进行隐蔽工程验收。隐蔽工程验收应包括下列内容：

①混凝土粗糙面的质量，键槽的尺寸、数量、位置。

②钢筋牌号、规格、数量、位置、间距、箍筋弯钩的弯折角度及平直段长度。

③钢筋的连接方式、接头位置、接头数量、接头面积百分率、搭接长度、锚固方式及锚固长度。

④预埋件、预留管线的规格、数量、位置。

⑤构件检验报告。

5.1.2　预制构件

预制构件分为工厂生产和现场制作。现场制作的预制构件，按照现浇结构相关要求进行各分项工程验收。工厂生产的构件按照产品要求进行进场验收。

预制构件的验收主要从两个方面进行：构件自身结构性能验收和构件外观尺寸验收。

1. 主控项目

混凝土预制构件专业生产企业制作的预制构件或部件进场后，预制构件或部件性能检验应考虑构件特点及加载检验条件，《混凝土结构工程施工质量验收规范》提出了梁板类简支受弯预制构件的结构性能检验要求；其他预制构件除设计有专门要求外，进场时可不做结构性能检验。

对于用于叠合板、叠合梁的梁板类受弯预制构件（叠合底板、底梁），是否进行结构性能检验及检验方式应根据设计要求确定。

对多个工程共同使用的同类型预制构件，也可在多个工程的施工、监理单位见证下共同委托进行结构性能检验，其结果对多个工程共同有效。

预制钢筋混凝土构件和容许出现裂缝的预制预应力混凝土构件应进行承载力、挠度和裂缝宽度检验；不容许出现裂缝的预制预应力混凝土构件应进行承载力、挠度和抗裂度检验。

对大型构件及有可靠应用经验的构件，可只进行裂缝宽度、抗裂度和挠度检验；对应用数量较少的构件，当能提供可靠依据时，可不进行结构性能检验。

对所有进场时不做结构性能检验的预制构件，可通过施工单位或监理单位代表驻厂监督生产的方式进行质量控制，此时构件进场的质量证明文件应经监督代表确认。当无驻厂监督时，预制构件进场时应对预制构件主要受力钢筋数量、规格、间距及混凝土强度、混凝土保护层厚度等进行实体检验，具体可按以下原则执行：

（1）实体检验宜采用非破损方法，也可采用破损方法，非破损方法应采用专业仪器并符合国家现行有关标准的有关规定。

（2）检查数量可根据工程情况由各方商定。一般情况下，可为不超过 1000 个同类型预制构件为一批，每批抽取构件数量的 2% 且不少于 5 个构件。

对所有进场时不做结构性能检验的预制构件，进场时的质量证明文件宜增加构件生产过程检查文件，如钢筋隐蔽工程验收记录、预应力筋张拉记录等。

（3）预制构件的外观质量不应有严重缺陷或裂纹，且不应有影响结构性能和安装、使用功能的尺寸偏差。

（4）预制构件上的预埋件、预留插筋、预埋管线等的规格和数量以及预留孔、预留洞的数量应符合设计要求。

2. 一般项目

（1）预制构件表面的标识应清晰、可靠，以确保能够识别预制构件的"身份"，并在施工全过程中对发生的质量问题可追溯。预制构件表面的标识内容一般包括生产单位、构件型号、生产日期、质量验收标志等，如有必要，尚需通过约定标识表示构件在结构中安装的位置和方向、吊运过程中的朝向等。

（2）预制构件的外观质量不应有一般缺陷。

（3）预制构件尺寸偏差及检验方法应符合表 5-1 的规定，设计有专门规定时，尚应符合设计要求。施工过程中临时使用的预埋件，其中心线位置允许偏差可取表 5-1 中规定数值的 2 倍。

检查数量：同一类型的构件，不超过 100 个为一批，每批应抽查构件数量的 5%，且不应少于 3 个。

表 5-1 预制构件尺寸允许偏差及检验方法

项目			允许偏差/mm	检验方法
长度	板、梁、柱、桁架	<12 m	±5	尺量
		≥12 m 且 <18 m	±10	
		≥18 m	±20	
	墙板		±4	
宽度、高(厚)度	板、梁、柱、桁架截面尺寸		±5	钢尺量测一端及中部,取其中偏差绝对值较大处
	墙板的高度、厚度		±4	
表面平整度	板、梁、柱、墙板内表面		5	用 2 m 靠尺和塞尺量测
	墙板外表面		3	
侧向弯曲	板、梁、柱		$L/750$ 且 ≤20	拉线、钢尺量测最大侧向弯曲处
	墙板、桁架		$L/1000$ 且 ≤20	
翘曲	楼板		$L/750$	调平尺在两端量测
	墙板		$L/1000$	
对角线差	楼板		10	钢尺量测两条对角线
	墙板、门窗口		5	
预留孔	中心位置		5	尺量
	孔尺寸		±5	
预留洞	中心位置		10	尺量
	洞口尺寸、深度		±10	
预埋件	预埋板中心线位置		5	尺量
	预埋板与混凝土面平面高差		0,-5	
	预埋螺栓		2	
	预埋螺栓外露长度		+10,-5	
	预埋套筒、螺母中心线位置		2	
	预埋套筒、螺母与混凝土面平面高差		±5	
预留插筋	中心线位置		5	尺量
	外露长度		+10,-5	
键槽	中心线位置		5	尺量
	长度、宽度		±5	
	深度		±10	

注:①L 为构件长度,单位为 mm。
②检查中心线、螺栓和孔道位置偏差时,沿纵、横两个方向量测,并取其中偏差较大值。
③预制构件的粗糙面的质量及键槽的数量应符合设计要求。

5.1.3 安装与连接施工质量验收

构件安装的质量直接影响到建筑的质量及施工过程中的安全。预制构件安装完成，应进行验收合格后方可进行相关工序的施工。构件的安装不是一个独立的工序，与钢筋、模板工序相关。因此预制构件的验收分为两个阶段：安装后的验收和混凝土浇筑前的验收。安装施工质量的验收，主要包含构件的现场现浇混凝土部位的隐蔽工程验收、临时加固措施、安装位置与相关工序施工质量验收等。

1. 主控项目

（1）预制构件临时固定措施应符合安全施工的要求。

临时固定措施是装配式结构安装过程中承受施工荷载、保证构件定位、确保施工安全的有效措施。临时支撑是常用的临时固定措施，包括水平构件下方的临时竖向支撑、水平构件两端支承构件上设置的临时牛腿、竖向构件的临时斜撑等。

（2）装配式结构采用现浇混凝土连接构件时，构件连接处后浇混凝土的强度应符合设计要求。当叠合层或连接部位等的后浇混凝土与现浇结构同时浇筑时，可以合并验收。对有特殊要求的后浇混凝土应单独制作试块进行检验评定。

（3）预制构件采用套筒灌浆连接或浆锚搭接连接时，连接接头应有有效的型式检验报告，灌浆料强度、性能应符合现行国家标准、设计要求，灌浆应密实、饱满。

钢筋套筒连接或浆锚搭接连接是装配式结构的重要连接方式。钢筋采用套筒灌浆或浆锚连接时，连接接头的质量及传力性能是影响装配式结构受力性能的关键，应严格控制。套筒灌浆连接的验收及平行加工试件的制作应按照现行行业标准《钢筋套筒灌浆连接应用技术规程》（JGJ 355—2015）的有关规定执行。

（4）钢筋采用焊接连接时，其接头质量应符合现行行业标准《钢筋焊接及验收规程》（JGJ 18—2012）的规定。装配式混凝土结构中钢筋连接的特殊性，很难做到连接试件原位截取，故要求制作平行加工试件。平行加工试件应与实际钢筋连接接头的施工环境相似，并宜在工程结构附近制作。

（5）钢筋采用机械连接时，其接头质量应符合现行行业标准《钢筋机械连接技术规程》（JGJ 107—2016）的规定、平行加工试件要求的相关规定。对于机械连接接头，应符合《混凝土结构工程施工质量验收规范》（GB 50204—2015）的规定检验螺纹接头拧紧扭矩和挤压接头压痕直径。

（6）在装配式结构中，常会采用钢筋或钢板焊接、螺栓连接等"干式"连接方式，此时钢材、焊条、螺栓等产品或材料应按批进行进场检验，施工焊缝及螺栓连接质量应按国家现行标准《钢结构结构施工质量验收规范》（GB 50205—2001）、《钢筋焊接及验收规程》（JGJ 18—2012）的相关规定进行检查验收。

（7）装配式结构施工后，其外观质量不应有严重缺陷，且不应有影响结构性能和安装、使用功能的尺寸偏差。

2. 一般项目

（1）装配式结构施工后，其外观质量不宜有一般缺陷。

（2）预制墙板安装的允许偏差应符合表 5-2 的规定。

表 5-2　预制墙板安装的允许偏差

项目	允许偏差/mm	检验方法
单块墙板轴线位置	5	基准线和钢尺量测
单块墙板顶标高偏差	±3	水准仪或拉线、钢尺量测
单块墙板垂直度偏差	3	2 m 靠尺量测
相邻墙板高低差	2	钢尺量测
相邻墙板拼缝宽度偏差	±3	钢尺量测
相邻墙板平整度偏差	4	2 m 靠尺和塞尺量测
建筑物全高垂直度	$H/1000$ 且 ≤30	经纬仪、钢尺量测

注：H 为室外地坪到建筑物最高点的垂直高度，单位为 mm。

（3）预制梁、柱安装的允许偏差应符合表 5-3 的规定。

表 5-3　预制梁、柱安装的允许偏差

项目	允许偏差/mm	检验方法
梁、柱轴线位置	5	基准线和钢尺量测
梁、柱标高偏差	3	水准仪或拉线、钢尺量测
梁搁置长度	±10	钢尺量测
柱垂直度	3	2 m 靠尺或吊线量测
柱全高垂直度	$H/1000$ 且 ≤30	经纬仪量测

注：H 为室外地坪到建筑物最高点的垂直高度，单位为 mm。

（4）预制楼板安装的允许偏差应符合表 5-4 的规定。

表 5-4　预制楼板安装允许偏差

项目	允许偏差/mm	检验方法
轴线位置	5	基准线和钢尺量测
标高偏差	±3	水准仪或拉线、钢尺量测
相邻构件平整度	4	2 m 靠尺或吊线量测
相邻楼板接缝宽度偏差	±3	钢尺量测
楼板搁置长度	±10	钢尺量测

（5）阳台板、空调板、楼梯安装的允许偏差应符合表 5-5 的规定。

表 5 – 5 阳台板、空调板、楼梯安装允许偏差

项目	允许偏差/mm	检验方法
轴线位置	5	基准线和钢尺量测
标高偏差	±3	水准仪或拉线、钢尺量测
相邻构件平整度	4	2 m 靠尺或吊线量测
楼梯搁置长度	±10	钢尺量测

(6)装配式结构施工后,预制构件位置、尺寸偏差及检验方法应符合设计要求;当设计无具体要求时,应符合表 5 – 6 的规定;预制构件与现浇结构连接部位的表面平整度应符合表 5 – 6 的规定。

表 5 – 6 装配式结构构件位置和尺寸允许偏差及检验方法

项目		允许偏差/mm	检验方法
构件轴线位置	竖向构件(柱、墙板、桁架)	8	经纬仪及尺量
	水平构件(梁、楼板)	5	
标高	梁、柱、墙板、楼板底面或顶面	±5	水准仪或拉线、尺量
构件垂直度	柱、墙板 安装后的高度 ≤6 m	5	经纬仪或吊线、尺量
	>6 m	10	
构件倾斜度	梁、桁架	5	经纬仪或吊线、尺量
相邻构件平整度	梁、楼板底面 外露	3	2 m 靠尺和塞尺量测
	不外露	5	
	柱、墙板 外露	5	
	不外露	8	
构件搁置长度	梁、板	±10	尺量
支座、支垫中心位置	板、梁、柱、墙板、桁架	10	尺量
墙板接缝宽度		±5	尺量

5.2 装配式混凝土结构分部工程施工质量验收

根据国家标准《建筑工程施工质量验收统一标准》(GB 50300—2013)的规定,在混凝土结构子分部工程验收前应进行结构实体检验。结构实体检验的范围仅限于涉及结构安全的重要部位,结构实体检验采用由各方参与的见证抽样形式,以保证检验结果的公正性。

对结构实体进行检验，并不是在子分部工程验收前的重新检验，而是在相应分项工程验收合格的基础上，对重要项目进行的验证性检验，其目的是为了强化混凝土结构的施工质量验收，真实地反映结构混凝土强度、受力钢筋位置、结构位置与尺寸等质量指标，确保结构安全。

5.2.1　一般规定

（1）装配式混凝土结构分部工程验收时应提交下列资料和记录：

①工程设计文件、预制构件制作和安装的深化设计图、设计变更文件。

②装配式混凝土结构工程专项施工方案。

③预制构件出厂合格证、相关性能检验报告及进场验收记录。

④主要材料及配件质量证明文件、进场验收记录、抽样复验报告。

⑤预制构件安装施工验收记录。

⑥钢筋套筒灌浆或钢筋浆锚搭接连接的施工检验记录，对于套筒灌浆接头应提供密实度检测报告及现场套筒灌浆全过程的影像资料。

⑦隐蔽工程检查验收文件。

⑧后浇混凝土、灌浆料、坐浆材料强度等检测报告。

⑨外墙淋水试验、喷水试验记录，卫生间等有防水要求的房间蓄水试验记录。

⑩分项工程质量验收记录。

⑪装配式混凝土结构实体检测报告。

⑫工程的重大质量问题的处理方案和验收记录。

⑬其他文件和记录。

（2）装配整体式混凝土结构子分部工程施工质量验收合格应符合下列规定：

①有关分项工程施工质量验收合格。

②质量控制资料完整。

③观感质量验收合格。

④涉及结构安全的材料、试件、施工工艺和结构的重要部位的见证检测或实体检验满足国家和地方现行有关标准的要求。

（3）装配式混凝土结构子分部工程施工质量验收的内容、程序、组织、记录，应按照国家现行标准《建筑工程施工质量验收统一标准》（GB 50300—2013）和《混凝土结构工程施工质量验收规范》（GB 50204—2015）和本规程规定进行。

（4）根据建筑物的层数，将主体结构分部工程拆分为 2~3 个施工段，每个施工段由 8~10 层组成。主体结构由构件（外墙板、叠合梁、内墙板、叠合楼板、其他构件）安装分项工程、钢筋分项工程、混凝土分项工程、模板分项工程组成。

（5）施工段内各分项工程验收合格后，方可进行该施工段内的建筑装饰装修工程、给水、排水、电气及采暖工程等施工。

（6）构件安装尺寸允许偏差应符合表 5-7 要求。

表 5 - 7　构件安装尺寸允许偏差

检查项目		允许偏差/mm
柱、墙等竖向结构构件	标高	±10
	中心线位置	5
	垂直度	5
梁、楼板等水平构件	中心线位置	5
	标高	±10
外墙板面	板缝宽度	±5
	通长缝直线度	5
	接缝高低差	5

（7）对外墙接缝应进行防水性能抽查，并做淋水试验。渗漏部位应进行修补。每栋房屋淋水试验的数量，每道墙面不少于 10% ~20% 的缝，且不少于一条缝。试验时，在屋檐下竖缝 1.0 m 宽范围内淋水 40 min，应形成水幕。

（8）检验批合格质量应符合下列规定：

①主控项目的质量经抽样检验合格。

②一般项目的质量经验收合格，且没有出现影响结构安全、安装施工和使用要求的缺陷。

③一般项目中允许偏差项目合格率≥80%，允许偏差不得超过最大值的 1.5 倍，且没有出现影响结构安全、安装施工和使用要求的缺陷。

5.2.2　主控项目

（1）分项工程验收应提交下列资料：

①施工图和预制构件深化设计图、设计变更文件；

②工程施工所用各种材料、连接件及预制混凝土构件的产品合格证书、性能测试报告、进场验收记录和复检报告；

③分项工程验收记录。

（2）预制构件和结构之间的连接、叠合、复合、密封应符合设计要求。子分部工程验收时，尚应提交下列文件：

①钢筋连接、机械连接的节点构造隐蔽工程检验记录；

②构件叠合和构件连接部位的后浇混凝土或砂浆强度检测报告；

③外墙防水工程进场材料的复验报告、淋水检测报告。

5.2.3　一般项目

（1）现场装配施工的允许偏差应符合表 5 -7 的要求。

（2）钢筋分项工程、模板分项工程、混凝土分项工程的允许偏差应符合国家现行标准《混凝土结构工程施工质量验收规范》（GB 50204—2015）的相关要求。

5.2.4 分部工程质量验收

（1）分部工程施工质量验收合格，应符合下列规定：

①检验批质量验收合格，符合国家现行标准《混凝土结构工程施工质量验收规范》（GB 50204—2015）附录 A 中表 A.0.1 的规定。

②分项工程施工质量验收合格，符合国家现行标准《混凝土结构工程施工质量验收规范》（GB 50204—2015）附录 A 中表 A.0.2 的规定。

③子分部工程施工质量验收合格，符合国家现行标准《混凝土结构工程施工质量验收规范》（GB 50204—2015）附录 A 中表 A.0.3 的规定，还应做到质量控制资料完整。

（2）分项工程施工质量不符合要求时，应按下列规定进行处理：

①经返工、返修或更换构件、部件的检验批，应重新进行检验。

②经有资质的检测单位检测鉴定达到设计要求的检验批，应予以验收。

③经有资质的检测单位检测鉴定达不到设计要求，但经原设计核算并确认仍可满足结构安全和使用功能的检验批，可予以验收。

④经返修或加固处理能够满足结构安全使用要求的分项工程，可根据技术处理方案和协商文件进行验收。

（3）分部工程施工质量验收合格后，应将所有的验收文件存档备案。

第6章

项目案例

装配式建筑施工组织设计

项目概况：

麓谷小镇，位于长沙市岳麓区尖山路与青山路交汇处。项目包含11栋32～33层住宅，1栋3层幼儿园，6栋2～3层商业。小区住宅为全装修集成住宅，面积242843 m^2；总占地面积90559 m^2，总建筑面积308807.99 m^2，其中地上266184.99 m^2，地下42623 m^2。本章以10#栋住宅为例。

10#栋为装配整体式框架–现浇剪力墙结构，占地面积606.3 m^2，总建筑面积18020.24 m^2，层高2.95 m，建筑层数33层，建筑高度97.8 m；预制构件有外墙挂板、内墙板、隔墙板、叠合梁、叠合阳台板、全预制空调板、楼梯；选用塔吊作为起重设备；模板选用大模板；外防护选用装配式建筑专用外挂式作业平台。

6.1　平面布置

6.1.1　塔吊

在项目确定后，根据结构、建筑设计图纸及相关规范进行预制构件的初步拆分，再进行预制构件的深化设计。根据预制构件拆分图得出每块预制构件的重量，进行吊装设备的选型。

单层预制构件的数量为：外墙挂板30块；叠合梁34块；内墙板27块；隔墙板为10块；叠合楼板49块（包含叠合阳台板3块、全预制空调板6块）；楼梯2块。根据项目实际情况塔吊位置定在10#栋东面。根据每个吊装区域内最重构件以及塔吊覆盖范围内最大起重量（表6－1）确定最经济的塔吊为TC6517B－10（表6－2），塔吊臂长选用40 m，实际臂长41.75 m。塔吊附着在现浇剪力墙上（图6－1）。

表6－1　吊装区域内最重构件

吊装区域/m	0～20	20～25	25～30	30～40
构件名称	WGX103	NQY403	WGX102	WGY102
构件类别	外墙挂板	内墙板	外墙挂板	外墙挂板
构件重量/t	5.7	4.8	5.7	3.07

表 6 - 2　TC6517B - 10 塔吊参数　　　　　　　　　　t

塔吊规格	臂长/m														
	15.0	17.5	20.0	22.5	25.0	27.5	30.0	32.5	35.0	37.5	40.0	42.5	45.0	47.5	50.0
50 m(R = 51.75)	10.0	10.0	8.73	7.62	6.74	6.02	5.42	4.92	4.50	4.13	3.81	3.53	3.27	3.05	2.85
45 m(R = 46.75)	10.0	10.0	9.25	8.08	7.15	6.39	5.77	5.24	4.79	4.40	4.06	3.76	3.50	—	—
40 m(R = 41.75)	10.0	10.0	9.43	8.24	7.29	6.52	5.88	5.35	4.89	4.49	4.15	—	—	—	—
35 m(R = 36.75)	10.0	10.0	9.54	8.33	7.37	6.60	5.95	5.41	4.95	—	—	—	—	—	—
30 m(R = 31.75)	10.0	10.0	9.68	8.46	7.49	6.70	6.05	—	—	—	—	—	—	—	—

注: R 为实际臂长, 单位为 m。

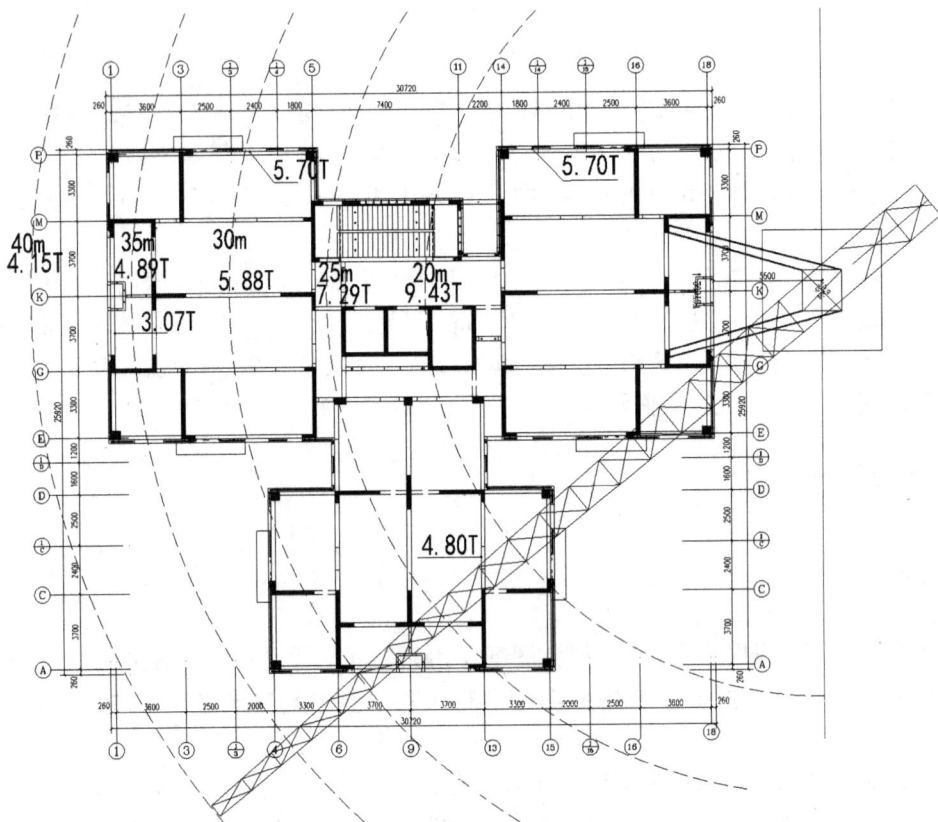

图 6 - 1　10# 栋塔吊平面布置图

由于 10# 栋建筑高度为 97.8 m, 塔吊安装高度必须大于建筑高度, 塔吊实际使用时的最大高度为 110.5 m。根据 TC6517B - 10 塔吊说明书中有关附墙高度的要求(图 6 - 2)以及项目实际情况绘制塔吊附墙立面图(图 6 - 3)。

塔吊说明书中要求第一道附墙不得高于 37 m, 实际第一道附墙安装在建筑物的 12 层, 高度为 33.6 m; 第二道附墙与第一道附墙之间的距离不得超过 25.2 m, 实际第二道附墙安装在建筑物的 19 层, 两道附墙之间的间距为 22.4 m; 第三道附墙与第二道附墙之间的距离不得超过 25.2 m, 实际第三道附墙安装在建筑物的 27 层, 两道附墙之间的间距为 22.4 m; 塔吊附着三道附墙后, 上部自由高度应小于 37.4 m, 实际上部自由高度为 32.1 m。

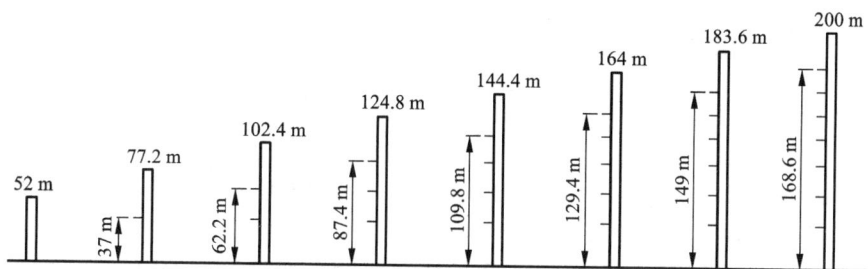

图 6-2　塔吊附墙高度

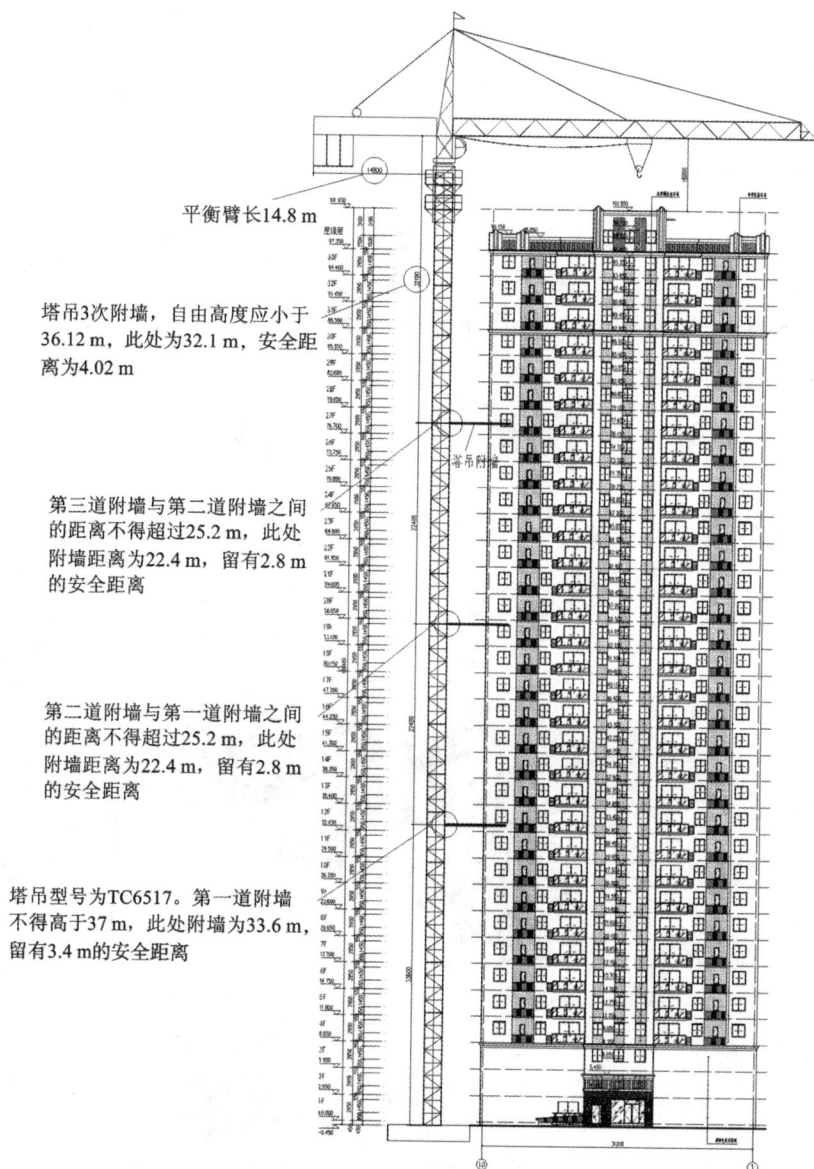

平衡臂长14.8 m

塔吊3次附墙，自由高度应小于36.12 m，此处为32.1 m，安全距离为4.02 m

第三道附墙与第二道附墙之间的距离不得超过25.2 m，此处附墙距离为22.4 m，留有2.8 m的安全距离

第二道附墙与第一道附墙之间的距离不得超过25.2 m，此处附墙距离为22.4 m，留有2.8 m的安全距离

塔吊型号为TC6517。第一道附墙不得高于37 m，此处附墙为33.6 m，留有3.4 m的安全距离

图 6-3　塔吊附墙立面图

6.1.2 施工道路及堆场

施工现场预制构件运输道路为环形道路，道路宽度为8 m，路面平整无急转弯、大坡度、泥泞、坑洼等。

其中10#栋预制构件运输道路经过地下室顶板，在运输构件车经过的地下室顶板位置下部搭设满堂架支撑，在地下室顶板后浇带位置铺设钢板，并经过了原结构设计单位验算，满足承载力要求。在塔吊周围预留了3~4个半挂车停靠位置，并将此区域内的地下室顶板下部搭设满堂支撑，使其满足由于存放预制构件而产生的荷载。既保证了构件的及时供应，也避免了构件由于卸车而带来的二次吊运工作，提高了塔吊的工作效率。

6.2 安装策划

6.2.1 绘制三维模型

根据建筑、结构施工图以及预制构件深化设计图纸绘制三维模型（图6-4），模拟现场吊装施工。检查预制构件深化设计高度是否与建筑、结构施工图一致；检查叠合梁锚入同一支座中的底筋是否有干涉；预制构件与预制构件及现浇构件连接节点是否合理。

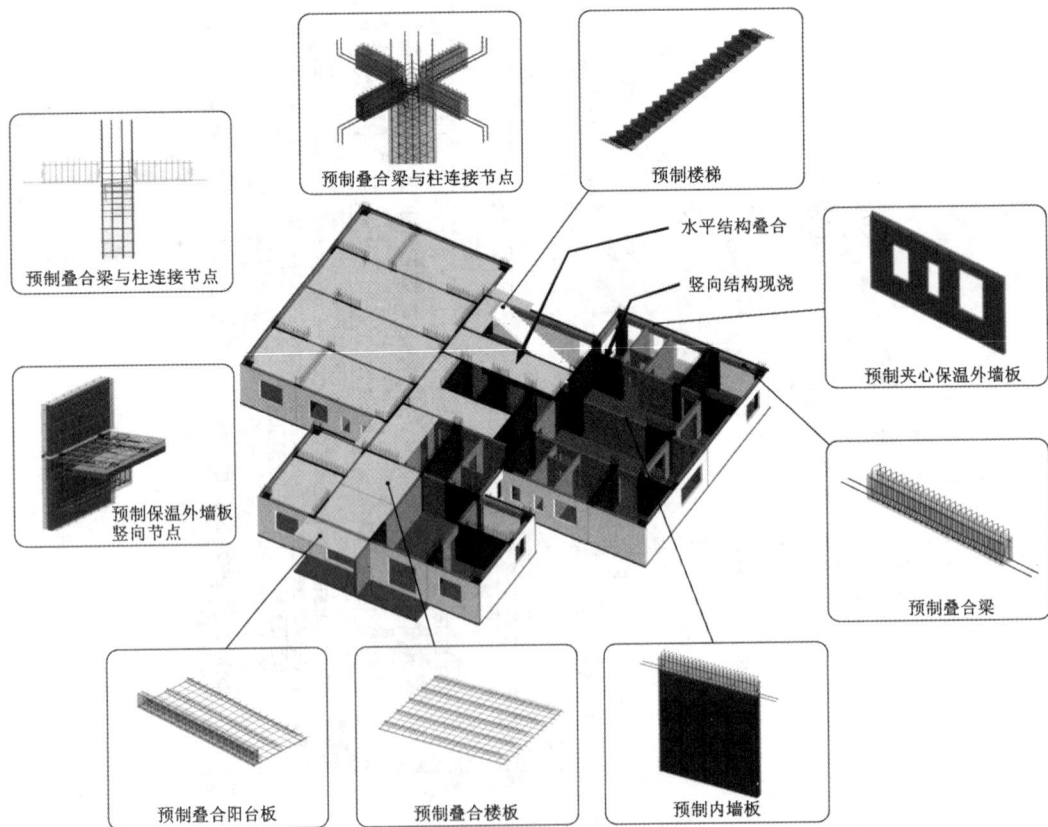

图6-4 三维模型

6.2.2　编制施工流程图

1. 根据以往多个装配式建筑项目施工中统计的人工工效

(1) 吊装用时：外墙挂板约 15 min/块；内墙板、隔墙板约 15 min/块；叠合梁和叠合楼板约 12 min/块；楼梯梯段吊装约 15 min/块。

(2) 若大模板需要塔吊配合安装时，吊装长度大于 2.5 m 的大模板用时约 10 min/块，其余均为 6 min/块。

(3) 剪力墙混凝土吊运量为 1.5 m³/次，每次每斗用时约 20 min；楼板混凝土每次每斗 10 min。

(4) 剪力墙钢筋绑扎、楼板钢筋绑扎约 20 m²/(人·工日)。

(5) 模板安拆约 15 m²/(人·工日)。

(6) 水电预埋约 50 m²/(人·工日)。

(7) 支撑搭设约 100 m²(标准层面积)/(人·工日)。

2. 为了各工序之间有序地穿插作业，各工序可根据以下经验穿插节点

(1) 在测量放线的同时可以准备支撑材料、吊装所需的辅材及设备等进行一些辅助工作。

(2) 在外墙挂板吊装完成之后，可以将剪力墙、柱的钢筋绑扎至梁底；如项目防护采用外挂架时，外墙挂板吊装完成之后可将外挂架提升一层。

(3) 吊装内墙板、叠合梁及隔墙板时，根据吊装顺序将整个作业面分区分段，在某个区域内的预制构件吊装完成之后，可以在这个区域内穿插钢筋绑扎、水电预埋、模板安装、支撑搭设等作业；如采用大模板作为竖向墙柱模板时，可将隔墙板放在竖向墙柱模板拆除完成之后吊装，且同时可以搭设板底支撑。

(4) 叠合楼板上的水电预埋及钢筋绑扎也可根据吊装顺序分区分段穿插作业。

(5) 叠合梁、叠合楼板支撑搭设应在该构件吊装前提前一个时间段搭设完成。

3. 项目实际工程情况

(1) 吊装构件中外墙挂板为 30 块，叠合梁为 34 块，内墙板为 27 块，隔墙为 10 块，叠合楼板为 49 块，楼梯为 2 块。

(2) 吊装大模板为 72 块。

(3) 本项目临边防护采用的是外挂架；支撑体系采用的是独立三脚架支撑；模板采用的是大模板；混凝土浇筑采用的是竖向墙柱与水平梁板分次浇筑，用 1.5 方量料斗吊运浇筑。

根据上述说明编制标准层流程图(图 6-5)，细化每个工作时间段的工作内容，优化施工顺序。

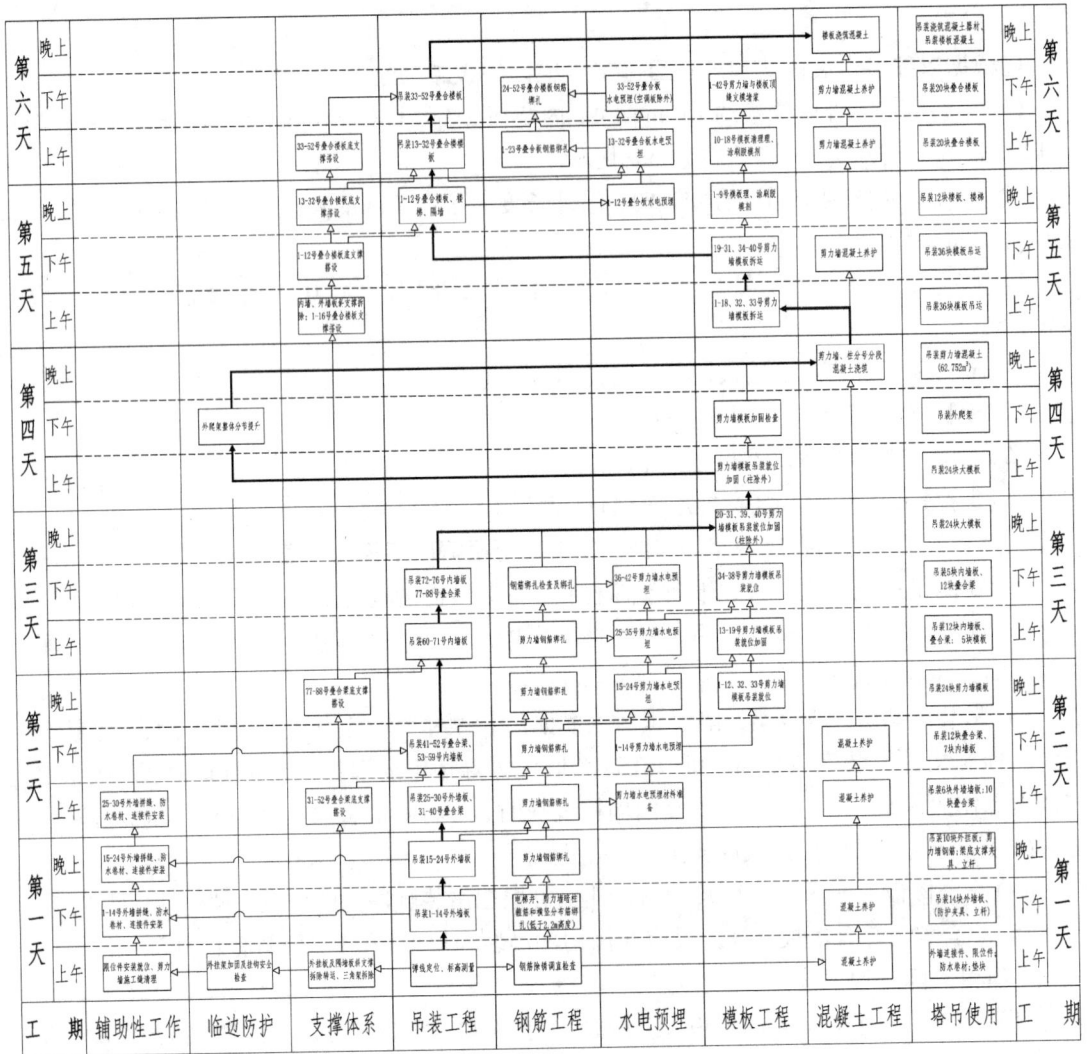

图 6 - 5　标准层施工流程图

注：图中箭头加粗的为关键线路，其余的均为非关键线路。

6.2.3　绘制测量放线图

测量放线图绘制步骤：首先确定测量放线孔，根据测量放线孔定出主控线，再根据主控线标注出主控线与轴线之间的尺寸关系，最后根据轴线定出预制构件的边线及端线。本项目中外墙挂板突出楼层结构标高，所以外墙挂板边线为 200 mm 的水平控制线（图 6 - 6）。

图中包含大量建筑平面图及尺寸标注（测量放线图），此处为图形内容。

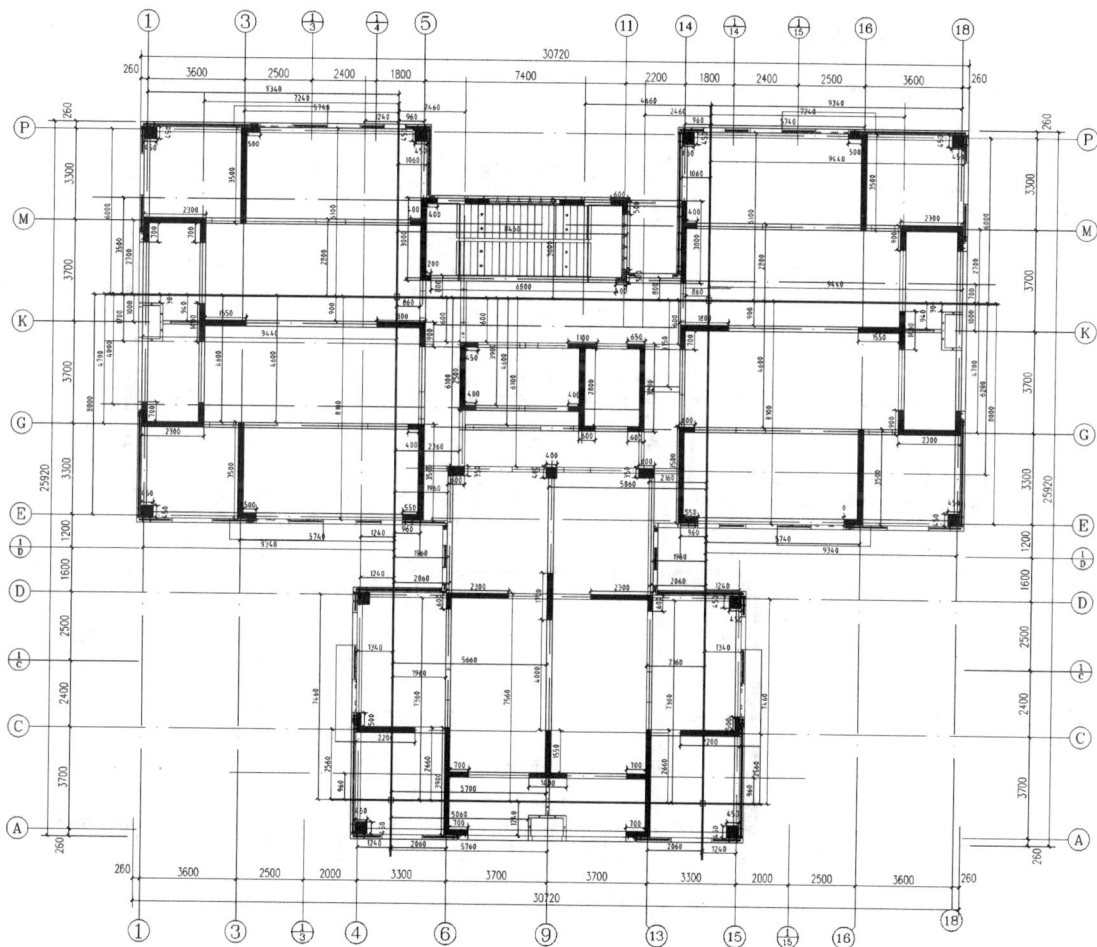

标准层测量放线图

图 6-6 测量放线图

6.2.4 编制外墙挂板吊装顺序

本项目外墙挂板从楼梯间位置开始按逆时针方向编制，按这种方向编制的主要原因是既避免了最后一块外墙挂板插入式吊装，又避免了由于漏编墙板而要重新调整吊装顺序，减少了吊装工人来回跑动的时间，提高了施工效率；还由于楼梯间有大面积的剪力墙钢筋需要绑扎，提前给钢筋工创造作业条件(图 6-7)。

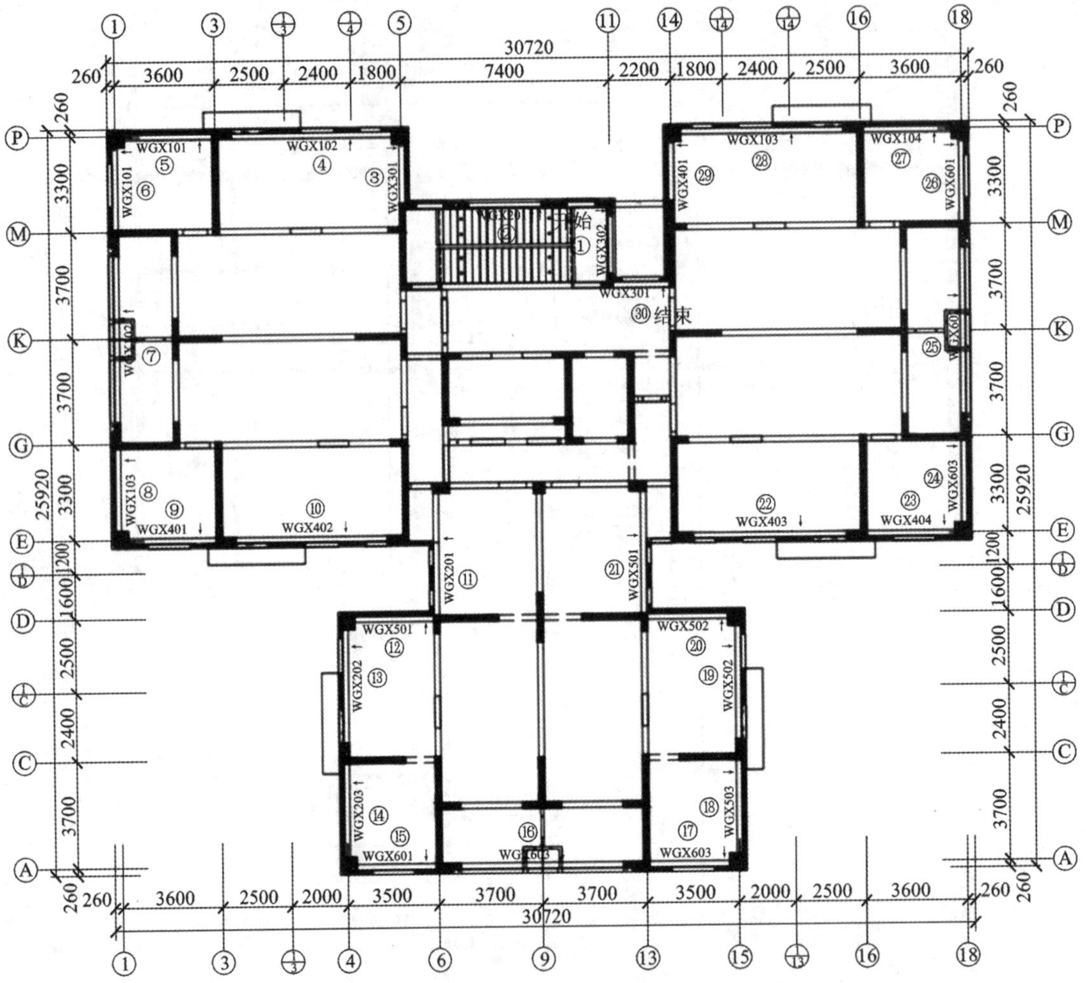

标准层外墙挂板吊装顺序

图 6-7　外墙挂板吊装顺序

6.2.5　编制叠合梁、内墙板吊装顺序

　　根据三维模型编制叠合梁及内墙板吊装顺序。为了保障后续工序的有序进行，将整个作业面大致分为三个区域。首先编制 1-9 轴交 E-P 轴作业面的叠合梁与内墙板；其次编制 4-15 轴交 A-E 轴作业面的叠合梁与内墙板；最后编制 9-18 轴交 E-P 轴作业面的叠合梁与内墙板(图 6-8)。

　　编制叠合梁的吊装顺序时，按底筋的避让原则先下锚、后直锚、再上锚；梁底标高低的先吊，梁底标高高的后吊。

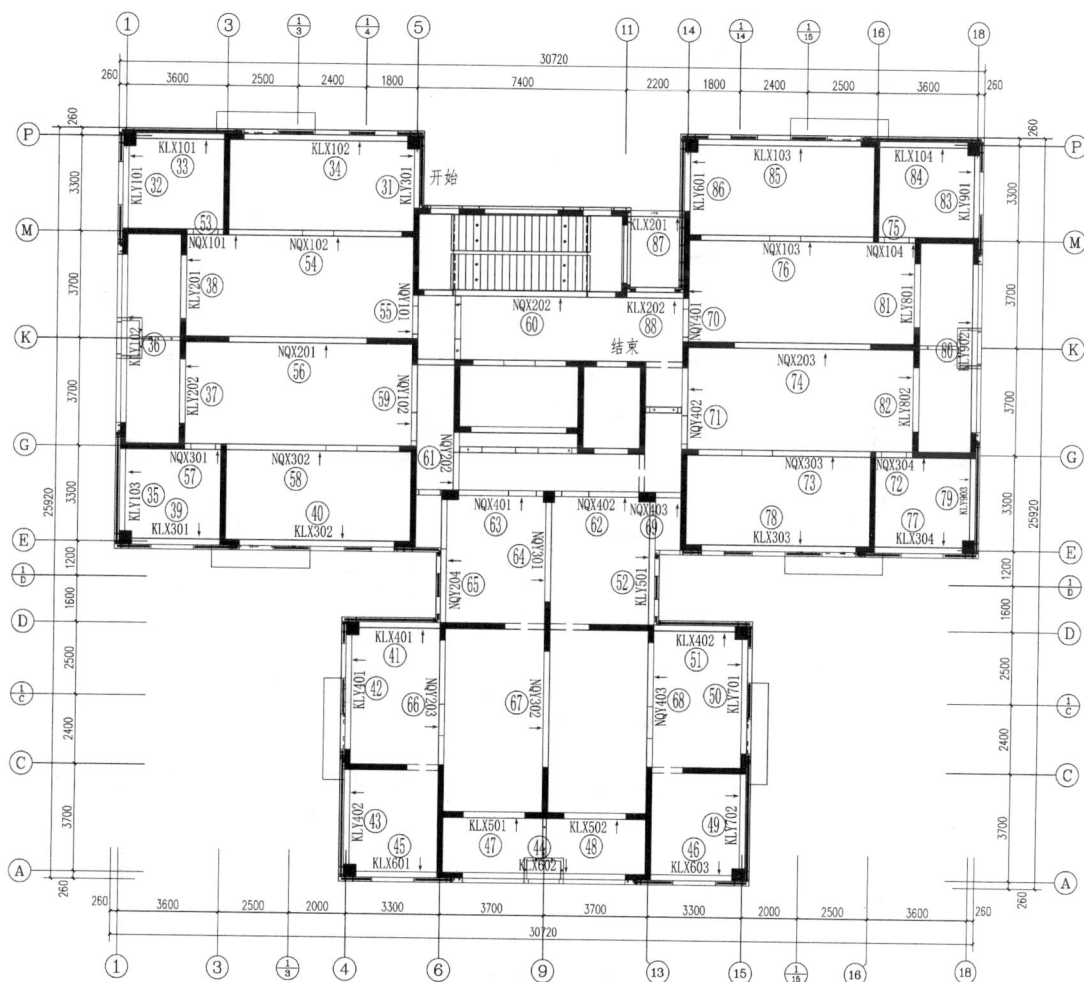

标准层叠合梁、内墙板吊装顺序

图6-8 叠合梁、内墙板吊装顺序

6.2.6 编制隔墙板吊装顺序

为了保障后续工序的有序进行，将整个作业面大致分为三个区域。首先编制1-9轴交E-P轴作业面的隔墙板；其次编制4-15轴交A-E轴作业面的隔墙板；最后编制9-18轴交E-P轴作业面的隔墙板(图6-9)。剪刀梯中间的隔墙板由于吊装施工而编制在叠合楼板吊装顺序中。

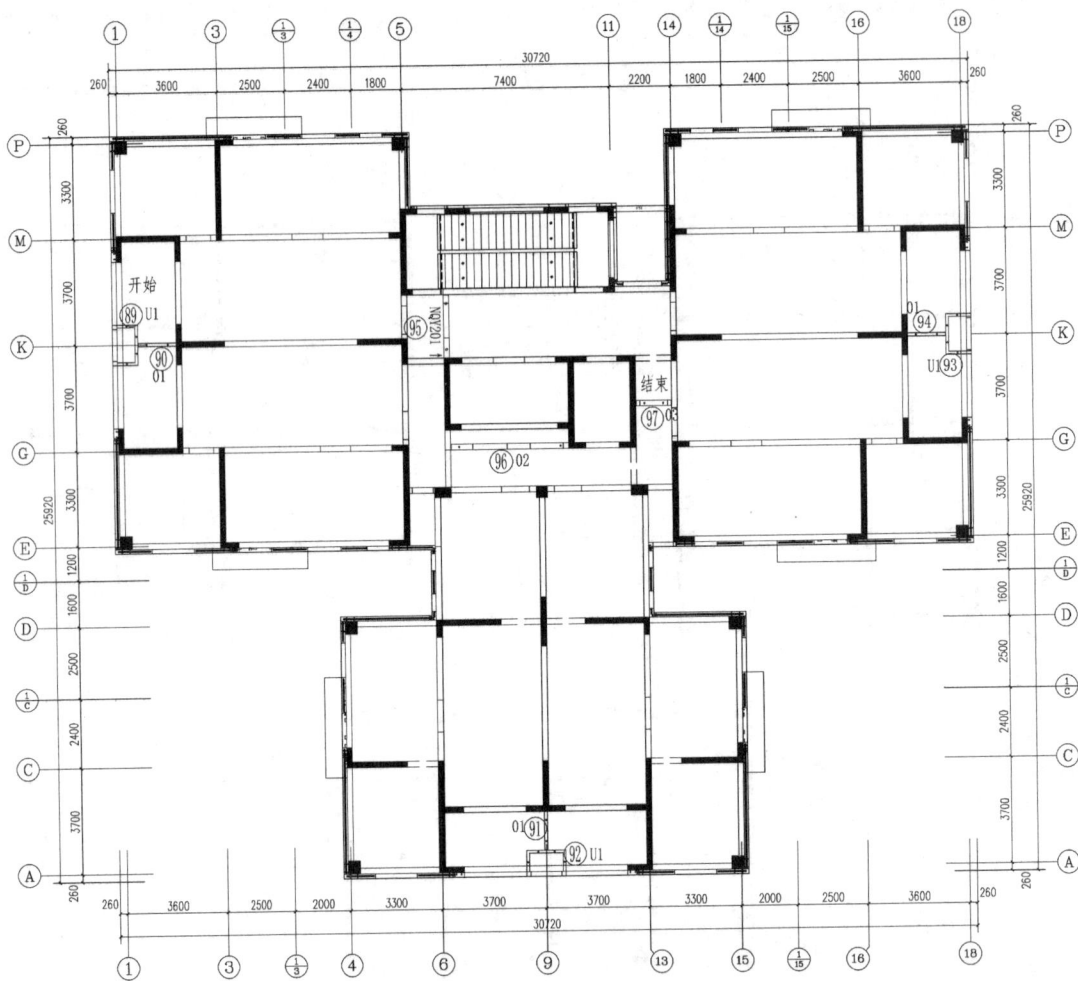

标准层隔墙板吊装顺序

图6-9 隔墙板吊装顺序

6.2.7 编制叠合楼板吊装顺序

为了保障后续工序的有序进行，将整个作业面大致分为三个区域，首先编制1-9轴交E-P轴作业面的叠合楼板；其次编制4-15轴交A-E轴作业面的叠合楼板；最后编制9-18轴交E-P轴作业面的叠合楼板。

优先编制吊装梯段及歇台板的吊装顺序，方便材料的转运和人员的出入；按照每个作业面内先中间后临边，先叠合楼板后全预制空调板和叠合阳台板的原则编制吊装顺序(图6-10)。

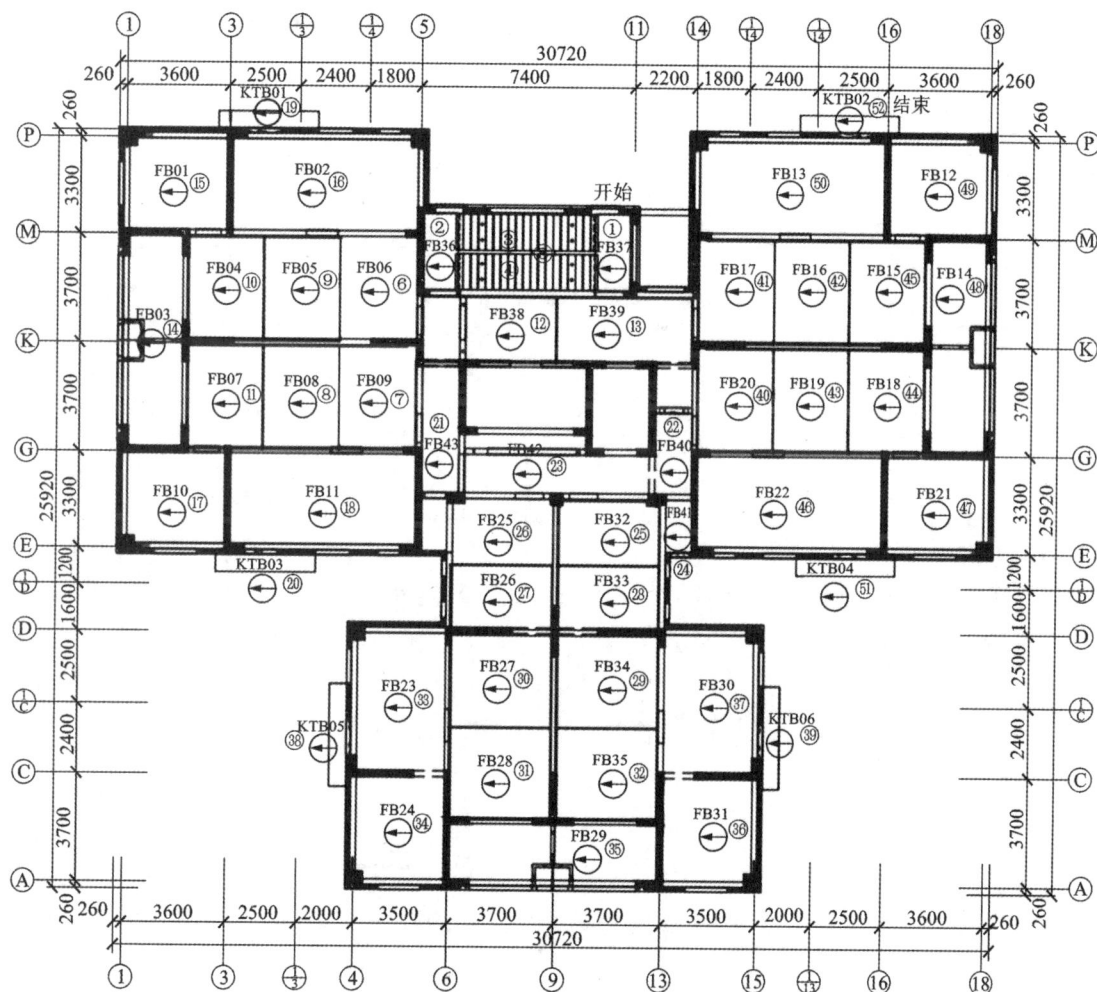

标准层叠合楼板吊装顺序

图 6 – 10 叠合楼板吊装顺序

6.2.8 绘制板底支撑平面布置图

本项目叠合楼板主要采用独立三角支撑,搭设、拆除简单,需要的人工少,悬挑的全预制空调板以及叠合歇台板采用轮扣式支撑作为板底支撑(图 6 – 11)。

绘制独立式三角支撑平面布置图时须注意以下几点:

(1)工字木长端距墙边不小于 300 mm,侧边距墙边不大于 700 mm。

(2)独立立杆距墙边不小于 300 mm,不大于 800 mm。

(3)独立立杆间距小于 1.8 m,当同一根工字木下两根立杆之间间距大于 1.8 m 时,须在中间位置再加一根立杆,中间位置的立杆可以不带三脚架;工字木方向需与预应力钢筋(桁架钢筋)方向垂直。

（4）工字木端头搭接处不小于 300 mm。

（5）独立支撑体系不适应于悬挑构件，如空调板、外阳台、楼梯休息平台等处。

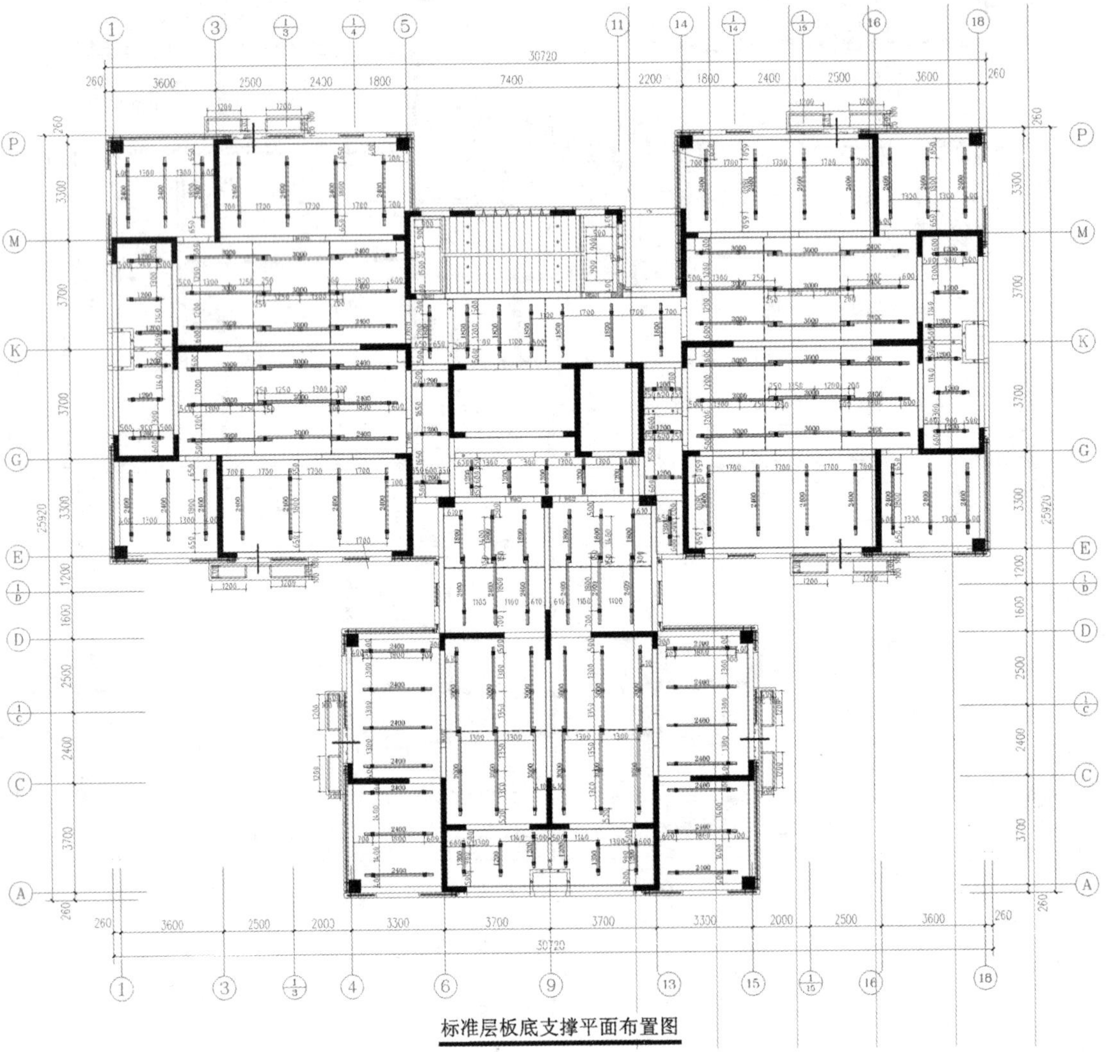

标准层板底支撑平面布置图

图 6 – 11　板底支撑平面布置图

6.2.9　绘制梁底支撑平面布置图

本项目中外墙挂板上的窗带窗框，所以靠外墙挂板处叠合梁底标高平窗顶标高位置采用 U2 形梁底夹具，叠合梁底标高平门顶标高位置采用 U1 形梁底夹具，没有门窗位置的采用 Z 形梁底夹具。室内的梁采用盘扣式支撑搭设井字架支撑。

当叠合梁长度小于 4 m 时叠合梁底支撑点不应少于 2 个，当叠合梁长度大于 4 m、小于 6 m 时叠合梁底支撑点不应少于 3 个，当叠合梁长度大于 6 m 时叠合梁底支撑点不应少于 4 个；一般情况下叠合梁底支撑点距现浇构件边的距离不宜小于 500 mm；叠合梁底支撑宜成对称布置（图 6 – 12）。

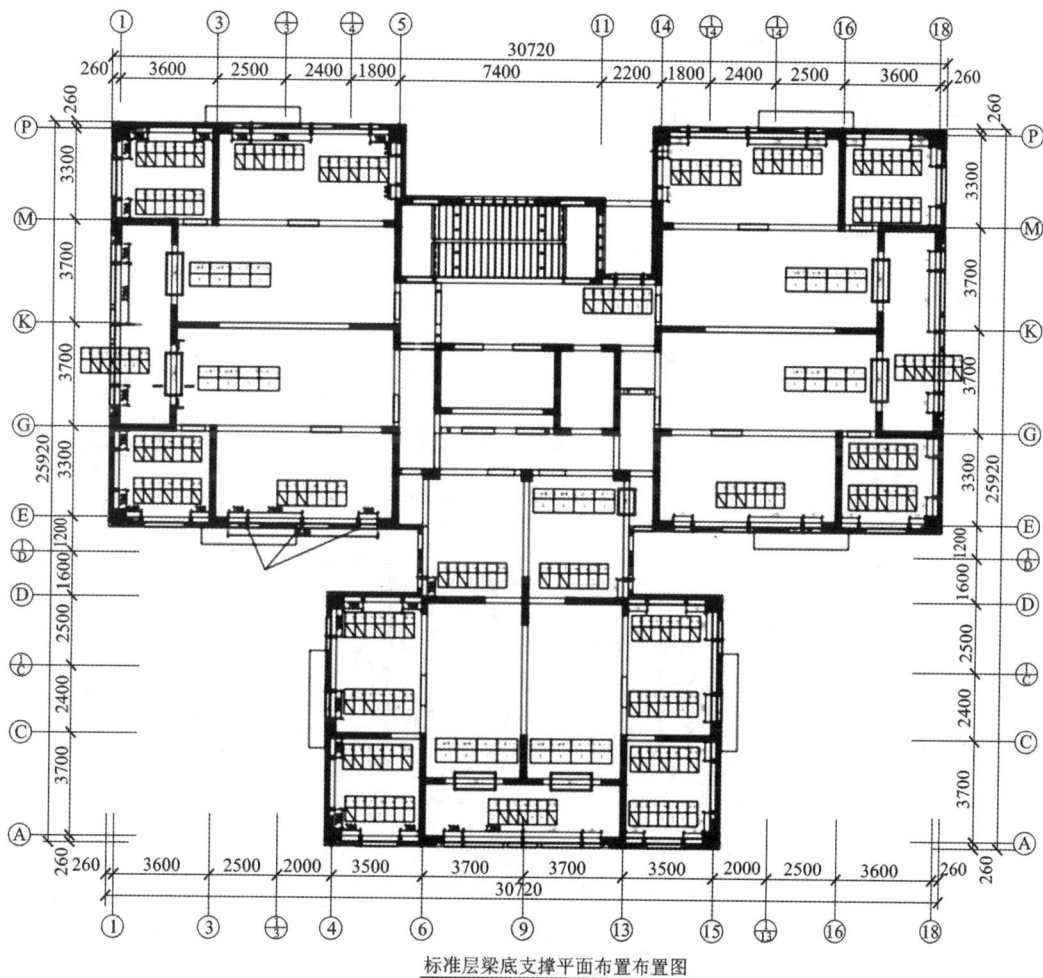

标准层梁底支撑平面布置布置图

图 6-12 梁底支撑平面布置图

6.3 施工预留预埋

在 PC 深化设计时,要进行预制构件的预留预埋,不同的模板、支撑对预留预埋的要求都不一样,因此在 PC 构件设计时不仅要确认模板和支撑体系,还要在预留预埋设计完成之后与工厂和项目现场施工班组沟通确定方案,减少 PC 构件后期由于模板体系带来的预留预埋设计变更。

6.3.1 编制斜支撑平面布置图

本项目采用的是带钩式斜支撑,当构件长度小于等于 4 m 时布置 2 根斜支撑,4~6 m 时布置 3 根斜支撑,6 m 以上布置 4 根斜支撑;斜支撑布置高度在构件 2/3 位置。外墙挂板有预留斜支撑套筒应根据套筒布置,斜支撑距离剪力墙柱需大于 600 mm,斜支撑与地面的角度应为 30°~60°;套筒位置需避开水电管线或其他预埋;楼板需在相应位置预埋支撑环,支撑环一般采用 φ14 mm 圆钢。施工时需注意在支撑环相应位置预留孔,保证斜支撑有固定空间；当两斜支撑在平面上有交叉时，交叉点距两构件边的距离差不应小于100 mm，这样才能在斜支撑安装时避免两根斜支撑的干涉(图6-13)。

预制构件深化设计时，根据斜支撑平面布置图，在相应的构件上预埋斜支撑套筒或斜支撑拉环。

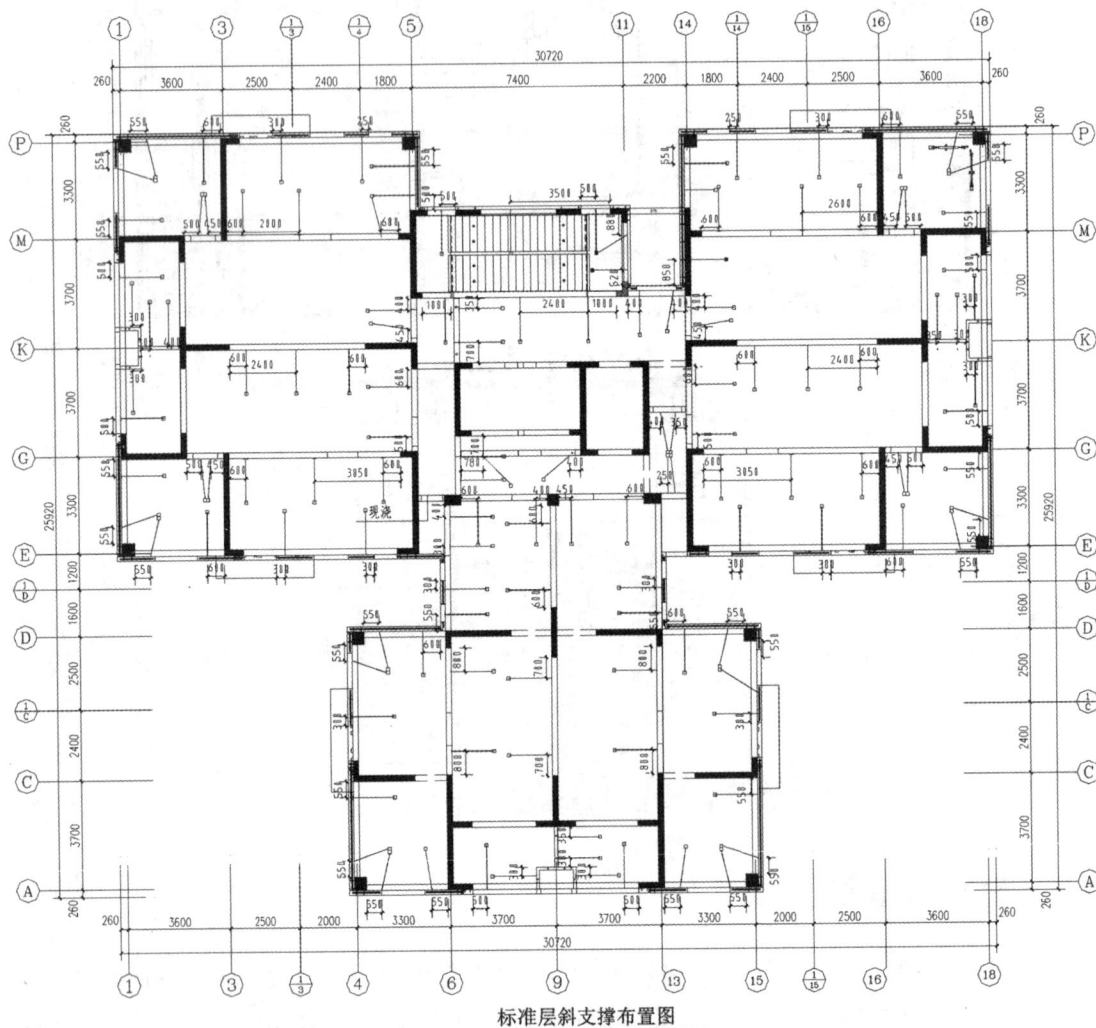

标准层斜支撑布置图

图6-13 斜支撑平面布置图

6.3.2 绘制模板平面布置图

本项目现浇构件模板采用的是组合式大木模板，当模板与预制外墙挂板作为现浇构件两侧模板时，在外墙挂板上预埋套筒，用于安装模板对拉杆(图6-14)。

现浇构件与预制构件有搭接的，模板向预制构件方向延伸100 mm；套筒位置避开钢筋(包含剪力墙竖向钢筋)以及水电预埋。预制构件深化设计时，根据模板平面布置图以及模板加工详图将拉模需要的套筒在预制构件相应的位置上预埋套筒。

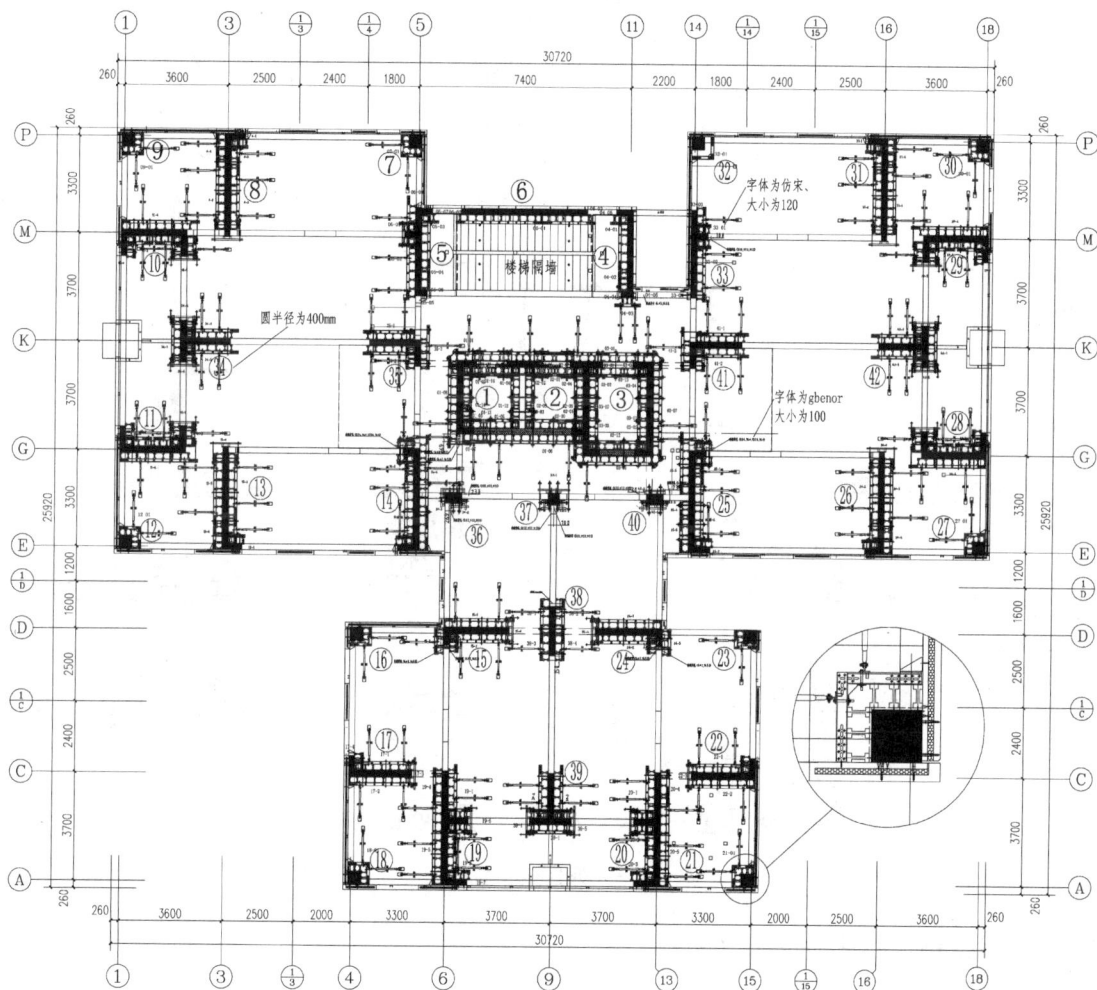

图 6 - 14　模板平面布置图

6.3.3　装配式建筑专用外挂式作业平台

　　本项目外防护采用的是装配式建筑专用外挂式作业平台(简称外挂架),根据项目特点先绘制外挂架平面布置图(图 6 - 15)。

　　套筒型号一般采用 M16 双杆套筒,且两个套筒为一组;套筒定位应避开其他(如连接钢筋、吊具、水电预留预埋)干涉;预留套筒位置应不影响外墙构造防水,不影响构件使用,预留固定方式应可靠,且有足够空间。

　　建筑物外围平直段采用的最长的外挂架为 3.0 m 直线节,最短的为 1.5 m 直线节,建筑物外围阴角采用的是 1.1 m×1.1 m 内角节,建筑物外围阳角处采用的是 1.1 m×1.3 m 外角节。空调板位置采用搭接踏板与搭接防护栏杆。

　　根据外挂架平面布置图再布置挂钩座位置,平面图上每榀外挂架布置 2 个挂钩座,且挂钩座宜成对称布置,一般情况下挂钩座距外挂架边的距离宜大于 300 mm。

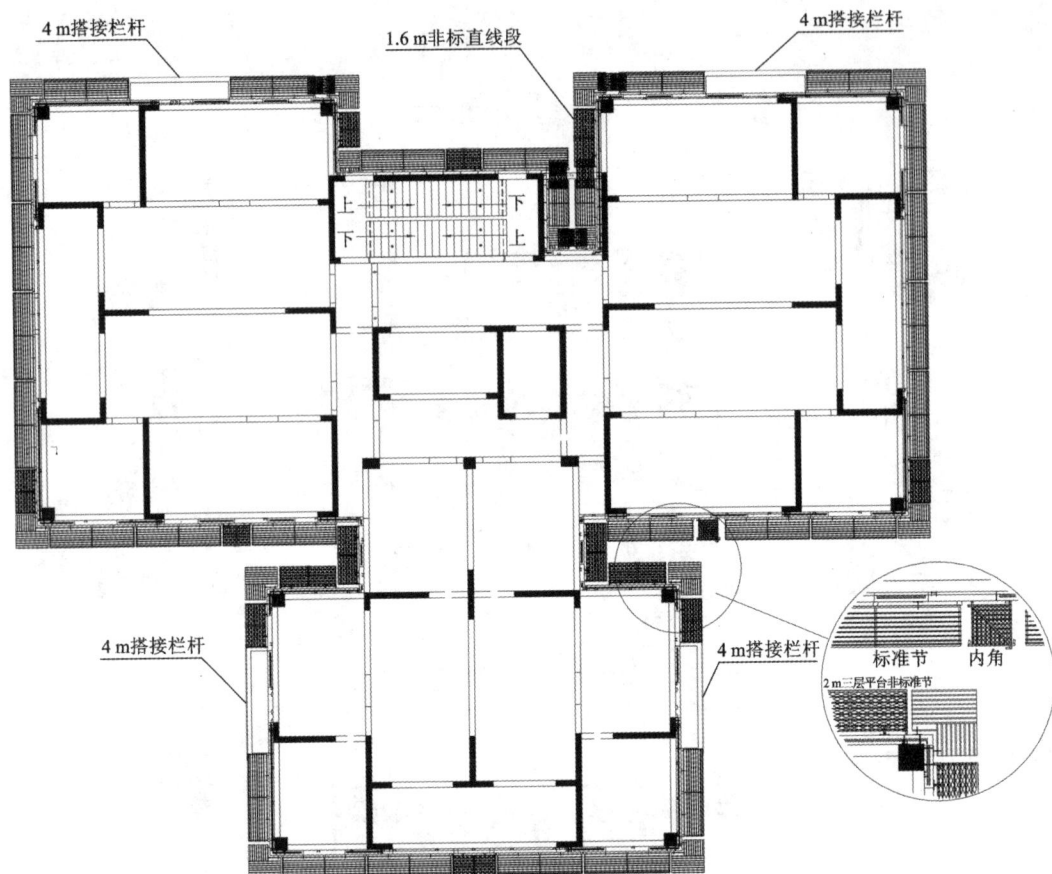

图 6-15 外挂架平面布置图

6.4 BOM 清单及工况图

6.4.1 设备清单

设备清单见表 6-3。

表 6-3 设备清单

序号	设备名称	规格	单位	数量	备注
1	拖地插头带线	50 m	个	1	吊装班组数
2	电焊机	250 交流焊机	台	1	塔吊数
3	电源线	配电焊机	捆	1	塔吊数
4	压把式切割机		台	1	塔吊数
5	液化气喷火枪		把	1	塔吊数
6	电焊条	3.2 mm	kg	20	20×塔吊数
7	焊把线		捆	1	塔吊数
8	焊把		个	4	4×塔吊数
9	防坠器		个	4	4×塔吊数
10	活动扳手		个	4	4×塔吊数

续表 6 - 3

序号	设备名称	规格	单位	数量	备注
11	电动扳手	450 W	个	2	2 × 塔吊数
12	电锤		个	2	2 × 吊装班组数
13	锤花	10 m × 200 m	个	50	50 个/栋
14	电动扳手(套筒子)	17	个	10	10 × 吊装班组数
15	塔吊	TC6517B - 10	台	1	
16	人货电梯		台	1	

6.4.2　材料清单

材料清单见表 6 - 4。

表 6 - 4　材料清单

序号	材料名称		规格	单位	数量	备注
1	现浇钢筋	板钢筋	直径 6 mm	t	0.928	
2			直径 8 mm	t	39.004	
3			直径 10 mm	t	41.23	
4			直径 12 mm	t	24.13	
5			直径 18 mm	t	1.504	
6			直径 22 mm	t	1.12	
7			总计：107.916 t			
8		柱钢筋	直径 6 mm	t	18.166	不包括屋顶层和机房层
9			直径 8 mm	t	33.475	
10			直径 10 mm	t	28.134	
11			直径 12 mm	t	35.159	
12			直径 14 mm	t	8.282	
13			直径 16 mm	t	11.639	
14			直径 18 mm	t	0.528	
15			直径 20 mm	t	7.832	
16			直径 22 mm	t	4.004	
17			总计：147.219 t			
18		梁钢筋	直径 8 mm	t	0.632	
19			直径 10 mm	t	0.59	
20			直径 12 mm	t	1.314	
21			直径 14 mm	t	1.099	
22			直径 16 mm	t	1.802	
23			直径 18 mm	t	7.59	
24			直径 20 mm	t	13.119	
25			直径 22 mm	t	20.661	
26			直径 25 mm	t	12.48	
27			总计：59.287 t			

续表 6 - 4

序号	材料名称		规格	单位	数量	备注
28	现浇混凝土	剪力墙 1～5F	C55	m^3	286.945	不包括屋顶层和机房层
29		剪力墙 6～11F	C50	m^3	344.334	
30		剪力墙 12～16F	C45	m^3	286.945	
31		剪力墙 17～21F	C40	m^3	286.945	
32		剪力墙 22～32F	C35	m^3	631.279	
33		现浇板 1～5F	C40	m^3	159.775	
34		现浇板 6～11F	C40	m^3	191.73	
35		现浇板 12～16F	C35	m^3	159.775	
36		现浇板 17～21F	C35	m^3	159.775	
37		现浇板 22～32F	C35	m^3	351.505	
38	单栋合计				2859.008 m^3	
39	支撑材料	1200 mm 工字梁	H20	根	$8 \times 3 = 24$	单栋工程量
40		1800 mm 工字梁	H20	根	$30 \times 3 = 90$	
41		2400 mm 工字梁	H20	根	$24 \times 3 = 72$	
42		3000 mm 工字梁	H20	根	$14 \times 3 = 42$	
43		3600 mm 工字梁	H20	根	$20 \times 3 = 60$	
44		独立支撑立杆		根	$200 \times 3 = 600$	
45		独立支撑三脚架		个	$100 \times 1 = 100$	
46		独立顶托		个	$200 \times 3 = 600$	
47		900 横杆（工具式）	48 mm	根	$36 \times 4 = 144$	
48		1500 横杆（工具式）	48 mm	根	$48 \times 4 = 192$	
49		2600 横杆（工具式）	48 mm	根	$24 \times 4 = 96$	
50		可调顶托		根	$24 \times 4 = 96$	
51		400 mm 钢管横杆		根	$48 \times 4 = 192$	
52		900 mm 钢管横杆		根	$32 \times 4 = 128$	
53		1500 mm 钢管横杆		根	$16 \times 4 = 64$	
54		2600 mm 钢管立杆		根	$48 \times 4 = 192$	
55		普通可调顶托		个	$48 \times 4 = 192$	
56		U 形梁底夹具		个	$32 \times 2 = 64$	
57		Z 形梁底夹具		个	$25 \times 2 = 50$	
58		2300 mm 普通钢管	48 mm	根	$96 \times 2 = 192$	
59		普通可调顶托		个	$96 \times 2 = 192$	

续表 6-4

序号	材料名称		规格	单位	数量	备注
60		剪力墙模板		块	104	
61		模板斜支撑		个	151	
62		模板面积			528.9645 m²	
63		剪力墙栏杆支座及栏杆	操作平台	套	90	
64		砼顶撑		根	180×33=5940	标准层 1
65	模板	PVC 套管	直径 20 mm	米	1366	-33 层中 3 层循环 使用
66			直径 25 mm	米	5148	
67			M16 L=650 mm	根	80×7=560	
68		对拉杆	M16 L=420 mm	根	58×7=406	
69			M20 L=940 mm	根	346×7=2422	
70			M20 L=800 mm	根	164×7=1148	
71			M20 L=650 mm	根	10×7=70	
72		L 形连接件	125 mm×100 mm×5 mm	个	10×3×33=990	
73		L 形加高连接件	125 mm×220 mm×5 mm	个	10×1×33=330	
74		一字连接件	220 mm×100 mm×5 mm	个	17×3×33=1683	
75		一字加高连接件	220 mm×220 mm×5 mm	个	17×1×33=561	
76		外墙板定位件	170 mm×100 mm	个	27×2+20=74	
77		固定螺丝	M16×30	个	7202	
78		防水卷材	3 mm 自粘防水	m²	289	
79		塑料垫块 20 mm	70 mm×70 mm×20 mm	个	96×0.3×33=950	
80		塑料垫块 10 mm	70 mm×70 mm×10 mm	个	96×0.7×33=2218	
81	辅材	塑料垫块 5 mm	70 mm×70 mm×5 mm	个	96×0.7×33=2218	单栋吊装 周转材料
82		塑料垫块 3 mm	70 mm×70 mm×3 mm	个	96×0.7×33=2218	
83		塑料垫块 2 mm	70 mm×70 mm×2 mm	个	96×0.7×33=2218	
84		单面泡沫胶条	30 mm×3 mm	米	2475	
85			15 mm×5 mm	米	3960	
86		内、隔墙板定位件	L 定位件	个	108	
87		斜支撑	2 m	个	96	
88		自攻钉	M10×75	个	4052	
89			直径 22 mm，3 m 扎头	根		
90		钢丝绳 (6×19+1)	直径 18 mm，4 m 扎头	根	10	
91			直径 18 mm，6 m 扎头	根		

续表 6 – 4

序号	材料名称		规格	单位	数量	备注
92	辅材	铝合金靠尺	$L=2.5\ m$	个	1/每班组	单栋吊装周转材料
93		撬棍	$L=1.5\ m$	根	2/吊装班组数	
94		铝合金楼梯	3 m	个	1	
95		铁锤	4P	个	1	
96		安全带		条	8	
97		钢卷尺		个	1	
98		线锤	0.5 kg 及 1 kg	个	6	
99		水准仪		台	1	
100		电焊手套		双	6	

6.4.3　人员清单

人员清单见表 6 – 5。

表 6 – 5　人员清单

序号	操作工种	工种类型	人数
1	塔吊司机	特种工人	1
2	塔吊指挥员	特种工人	2
3	吊装工人	特种工人	8
4	施工员	管理人员	6
5	安全员	技术工人	1
6	电焊工	技术工人	2
7	测量员	技术工人	2
8	钢筋工	技术工人	8
9	水电工	技术工人	7
10	木工	技术工人	12
11	模板工	技术工人	8
12	砼工	技术工人	8
13	架子工	特种工人	6

6.4.4　工况图

对单层各分项工作工程量进行统计，参照人工工效确定分项工作的总工时，绘制各时段工况图内容。

第一天上午主要工作：工程现场。测量放线，每块预制构件、现浇构件的边线及端线；标高测量，每块预制构件底部垫块的布置位置及需要垫的高度在楼面上标识；将吊装预制构件所需要的斜支撑、定位件、连接件、螺栓等预制构件安装用的辅材，以及电动扳手、人字梯、安全绳等吊装所要用到的工具转运到作业层。

第一天下午主要工作：1～14 号外墙挂板的吊装完成固定；楼梯间、电梯井等不影响预制构件安装的现浇构件钢筋绑扎工作，绑扎钢筋时注意，箍筋只绑扎至叠合梁底部，剩余部分的箍筋等叠合梁吊装完成之后再绑扎。

第一天晚上主要工作：15～24 号外墙挂板的吊装完成固定；部分剪力墙钢筋绑扎，且只绑扎至叠合梁底标高。

第二天上午主要工作：25～30 号外墙挂板的吊装完成固定；31～40 号叠合梁吊装并控制好标高。部分剪力墙钢筋绑扎，且绑扎至叠合梁底标高。

第二天下午主要工作：41～52 号叠合梁的吊装；53～59 号内墙板的吊装完成并固定。部分剪力墙钢筋绑扎，且绑扎至叠合梁底标高。

第二天晚上主要工作：剪力墙模板吊装及模板对拉；部分剪力墙钢筋绑扎，且绑扎至叠合梁底标高。

第三天上午主要工作：60～71 号内墙板的吊装完成固定；部分剪力墙模板吊装。

第三天下午主要工作：72～76 号内墙板的吊装完成固定；部分梁底支撑安装，77～88 号叠合梁吊装施工；部分剪力墙模板吊装及模板对拉。

第三天晚上主要工作：剩余部分剪力墙模板吊装及模板对拉。

第四天上午主要工作：部分剪力墙模板加固。

第四天下午主要工作：剩余剪力墙模板加固。

第四天晚上主要工作：剪力墙混凝土浇筑及养护。

第五天上午主要工作：部分剪力墙模板拆模。

第五天下午主要工作：剩余剪力墙模板拆模；部分板底支撑搭设并进行标高复核。

第五天晚上主要工作：1～12 号叠合楼板吊装，其中包括楼梯及歇台板和楼梯隔墙；同时，穿插部分叠合板底支撑搭设。

第六天上午主要工作：13～32 号叠合楼板吊装，其中包括空调板；同时，穿插完成叠合板底支撑搭设；开始进行叠合板面钢筋及水电布置。

第六天下午主要工作：33～52 号叠合楼板吊装，其中包括空调板；同时，穿插完成叠合板底支撑搭设；完成叠合板面钢筋及水电布置。

第六天晚上主要工作：楼板混凝土浇筑及养护。

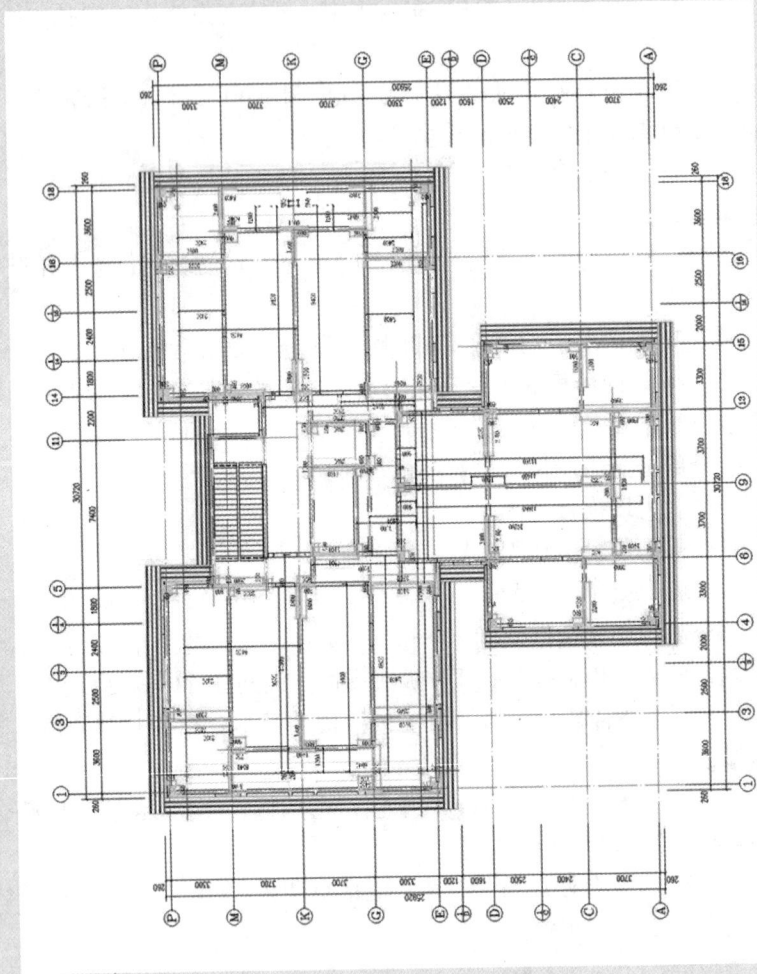

第一天上午工况图

第三层测量放线，挂架固定

说明：

红色表示第一天上午工作内容，具体如下：

1、内控点与放置测量控制线。

2、标高的测量。

3、挂架的提升。

制图		长沙远大住宅工业	项目名称	麓谷小镇1T6	图别	RC1-1
审核	RCF所	集团有限公司	第一天上午工况图 第三层		图号	
审批						

第一天上午材料统计表

序号	材料名称	规格	数量	单位	准备周期	单价	总价	备注
1	墨斗		2	个				材料
2	墨汁	0.5kg	2	瓶				材料
3	钓鱼线		2	把				材料
4	记号笔	红黑	5	支				材料
5	卷尺		2	套				材料
6	挂架		132	m				材料

第一天上午人员统计表

序号	操作工种工种类型	人数	单价	总价	备注
1	施工员 管理人员	6			

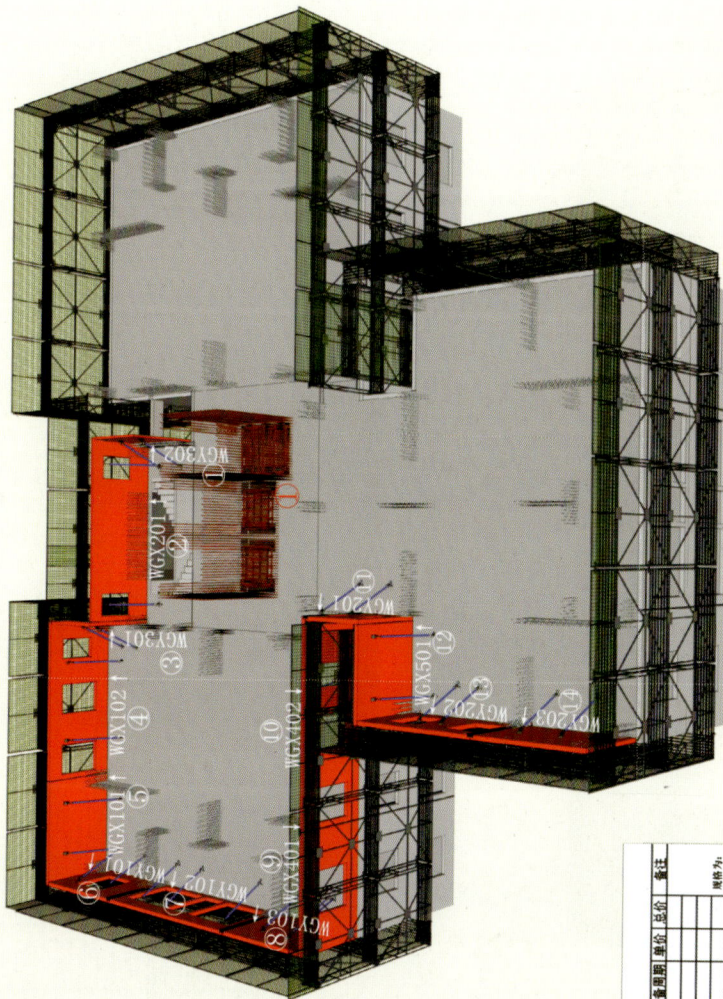

第一天下午工况图
外端板吊装、电梯井钢筋绑扎

图号　RC-1-2

项目名称　第一天下午工况图

项目名称　麓谷小镇1T6

长沙远大住宅工业

集团有限公司

5～10#栋

RC所

材图　审核　审批

说明：

图例：（红色）表示当天本时段正在施工区域。

1. 本时段吊装1～14号外端板（白色）。
2. 楼面混凝土养护。
3. 电梯井钢筋绑扎。即1号剪力墙（红色）。

第一天下午人员统计表

序号	操作工种	工种类型	人数	单价	总价	备注
1	吊装工人	特种工人	8			
2	塔吊司机	特种工人	1			
3	施工员	管理人员	1			
4	安全员	特种工人	1			
5	电焊员	特种工人	1			
6	测量员	技术工人	2			
7	钢筋工	技术工人	8			
8	混凝土养护	技术工人	1			
9	安装连接件及防水卷材	技术工人	2			

第一天下午材料统计表

材料名称	吊装顺序	材料编号	规格	数量	单位	备注/单价/总价	备注
外挂板	1	WGT302	2600X2930	1	块		
	2	WGX201	7320X2930	1	块		
	3	WGT301	2480X3010	1	块		
	4	WGX102	6570X3010	1	块		
	5	WGX101	4230X3010	1	块		
	6	WGT101	3382X3010	1	块		
	7	WGT102	4480X3010	1	块		
	8	WGT103	3820X3010	1	块		
	9	WGX401	4230X3010	1	块		
	10	WGX402	7310X3010	1	块		
	11	WGT201	2600X3010	1	块		
	12	WGX501	3280X3010	1	块		
	13	WGT202	4640X3010	1	块		
	14	WGT203	4100X3010	1	块		
一字连接件			220X1.0X05	24	个		规格为：长X宽
一字加高连接件			220X2.005	8	个		长(mm) ×宽(mm)
L型连接件			125X1.0X05	15	个		
L型加高连接件			125X2.005	3	个		规格为：长(mm) ×厚(mm)
防水卷材			3mm自粘防水	8.3	m²		
外墙定位件			17000.000950	33	个		
固定螺栓			M16X30	137	个		
垫块片				230	块		
斜支撑			2m	30	根		
自攻钉			M100T5	93	个		
							周转材料

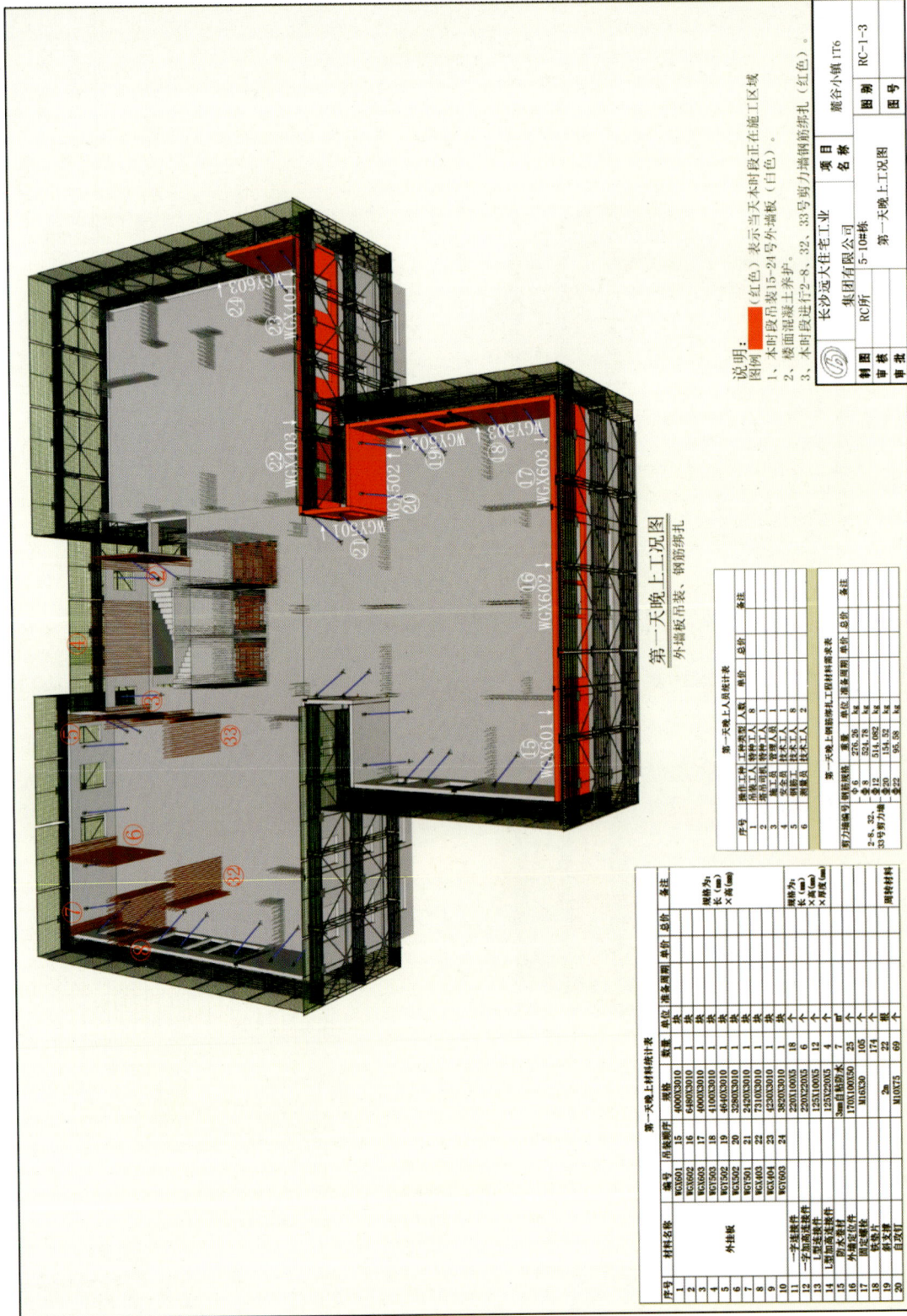

第一天晚上工况图
外墙板吊装、钢筋绑扎

说明：
图例 ■（红色）表示当天本时段正在施工区域
1、本时段吊装15～24号外墙板（白色）
2、楼面混凝土养护
3、本时段进行2-8、32、33号剪力墙钢筋绑扎（红色）

项目 名称	简谷小镇1T6
图册	5-10#栋 第一天晚上工况图
图号	RC-1-3

		长沙远大住宅工业 集团有限公司
制图		RC附
审核		
审批		

第一天晚上材料统计表

序号	材料名称	编号	规格	数量	单位	消耗周期	单价	总价	备注
1	外挂板	WGX601	4000X3010	1	块				现浇为：长（mm）×高（mm）
2		WGX602	6480X3010	1	块				
3		WGX603	4000X3010	1	块				
4		WGY503	4100X3010	1	块				
5		WGY502	4640X3010	1	块				
6		WGX502	3280X3010	1	块				
7		WGY501	2420X3010	1	块				
8		WGX403	7310X3010	1	块				
9		WGX404	4230X3010	1	块				
10		WGY003	3820X3010	1	块				
11	一字连接件		220X100X35	18	个				
12	一字加固连接件		220X220X35	6	个				
13	L型连接件		125X100X35	12	个				
14	L型加固连接件		125X220X35	4	个				现浇为：长（mm）×高（mm）×厚度（mm）
15	防水材料		3mm自黏防水	7	m²				
16	不规范检查件		170X100X50	25	个				调制材料
17	固定摩架		M16X30	105	个				
18	预备力		2m	174	根				
19	斜支撑			22	根				
20	吊钉		M10X75	69	个				

第一天晚上人员统计表

序号	施工工种	工种类型	人数	单价	总价	备注
1		吊装工人 特种工人	8			
2		塔吊司机 塔吊工	1			
3		施工员 管理人员	1			
4		安全员 技术工人	1			
5		钢筋工 技术工人	8			
6		测量员 技术工人	2			

第一天晚上钢筋绑扎工程材料需求表

剪力墙编号	钢筋规格	根数	单位	消耗周期	总价	备注
	Φ6	276.26	kg			
2-8、32、 33号剪力墙	Φ8	524.78	kg			
	Φ12	514.082	kg			
	Φ20	154.52	kg			
	Φ22	95.38	kg			

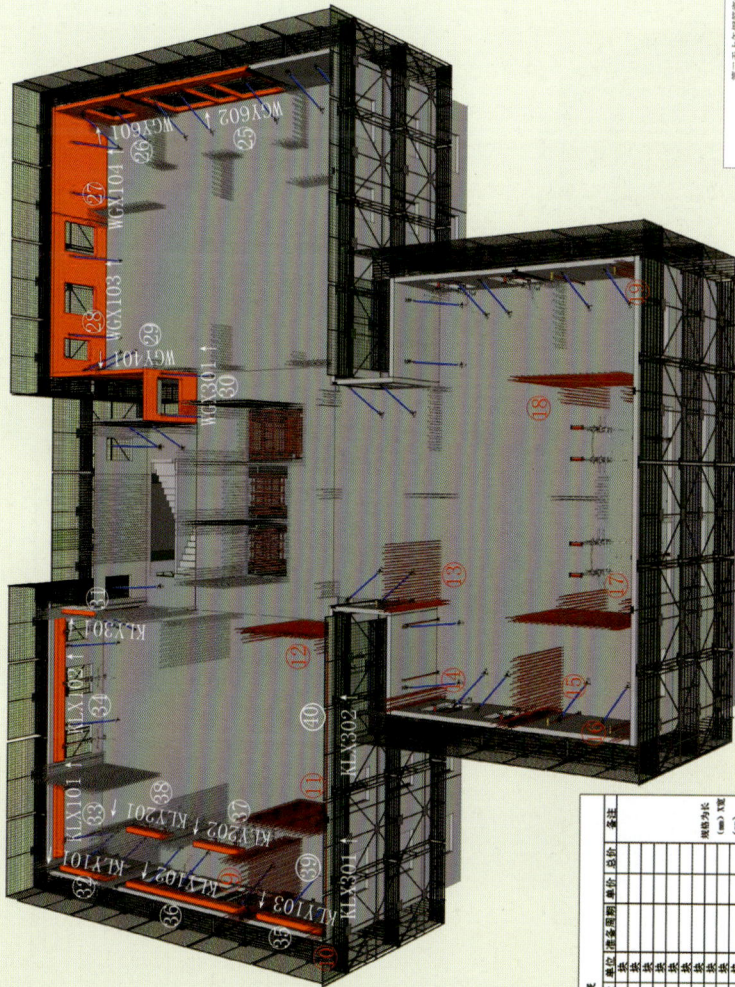

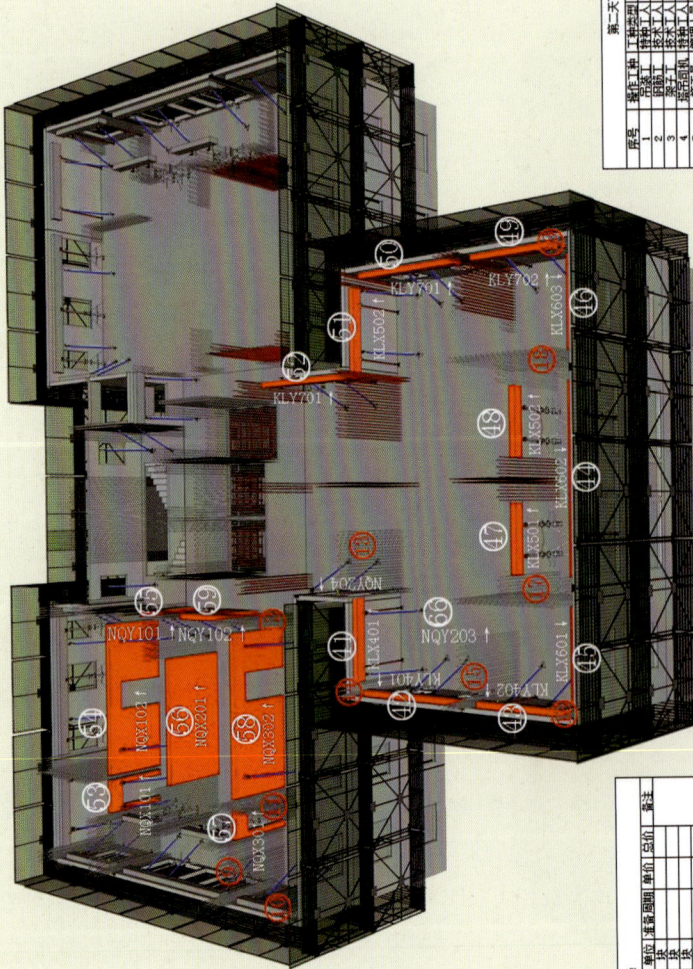

第二天下午工况图
内墙板吊装、梁底支撑搭设、钢筋绑扎

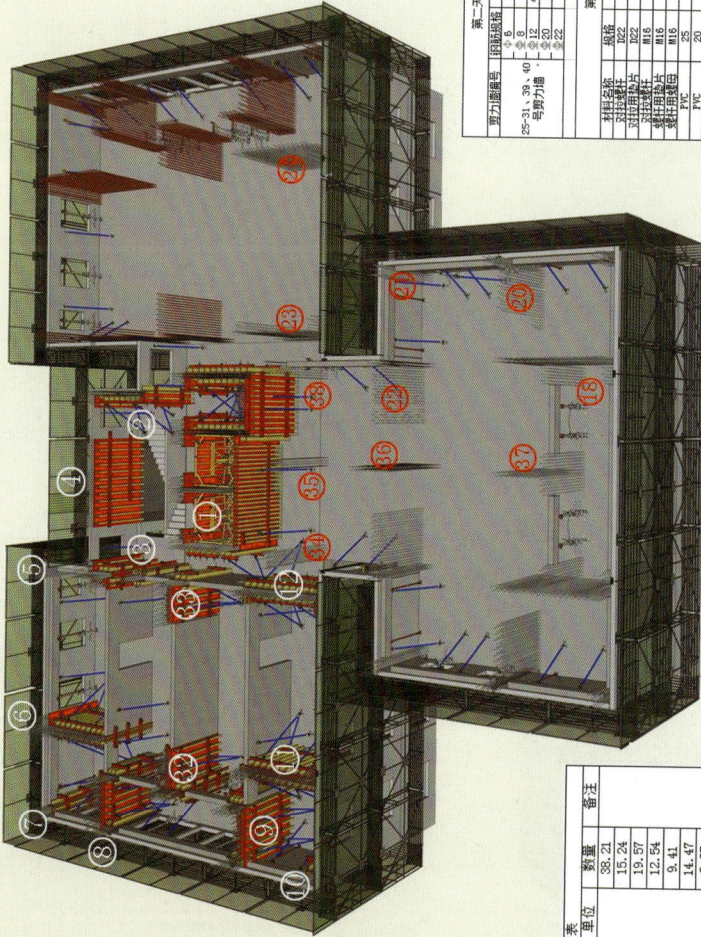

第二天晚上工况图
剪力墙模板吊装钢筋绑扎

第二天晚上钢筋material工程材料需求表

剪力墙编号	钢筋规格	重量	单位	储备周期	单价	总价	备注
25~31、39、40号剪力墙	⊕6	258.9	kg				暗柱分布筋钢筋扎
	⊕8	463.98	kg				
	⊕12	476.465	kg				
	⊕20	231.78	kg				
	⊕22	143.37	kg				

第二天晚上墙柱材料需求表

材料名称	规格	数量	单位	储备周期	单价	总价	备注
对拉螺杆	D22	133	根				
对拉螺母	D22	532	组				
对拉垫片	M16	44	块				
墙用钢片	M16	44	块				
墙用钢钉座	PVC	25	个				
墙用钢钉座	PVC	20	m				

说明：
图例 ▬（红色）表示当天本时段正在施工区域
1~12、32、33号剪力墙楼板吊装就位，20~24、34~
38号钢筋绑扎。

制图		长沙远大住宅工业		项目名称	麓谷小镇1T6	图别	RC-2-3
审核		集团有限公司				图号	
审批		RC所	5~10#栋		第二天晚上工况		

第二天晚上人员需求表

序号	施工工种	工种说明	人数	单价	总价	备注
1	架子工	搭架工人	8			
2	起重工	挂钩工人	7			
3	木工班	技术工人	7			
4	塔吊司机	操作司机	1			
5	管理员	管理人员	1			
6	塔吊指挥员	指挥工人	1			
7	安全员	技术工人	2			
8	木工	技术工人	12			

第二天晚上材料统计表

序号	剪力墙编号	材料名称	规格	单位	数量	备注
1	1	QM1			38.21	
2	2	QM2			15.24	
3	3	QM3			19.57	
4	4	QM4			12.54	
5	5	QM5			9.41	
6	6	QM6	18mm建筑模板	m²	14.47	周转材料
7	7	QM7			8.87	
8	8	QM8			11.51	
9	9	QM9			12.34	
10	10	QM10			10.11	
11	11	QM11			9.17	
12	12	QM12			12.18	
13	32	QM32			15.01	
14	33	QM33			17.71	

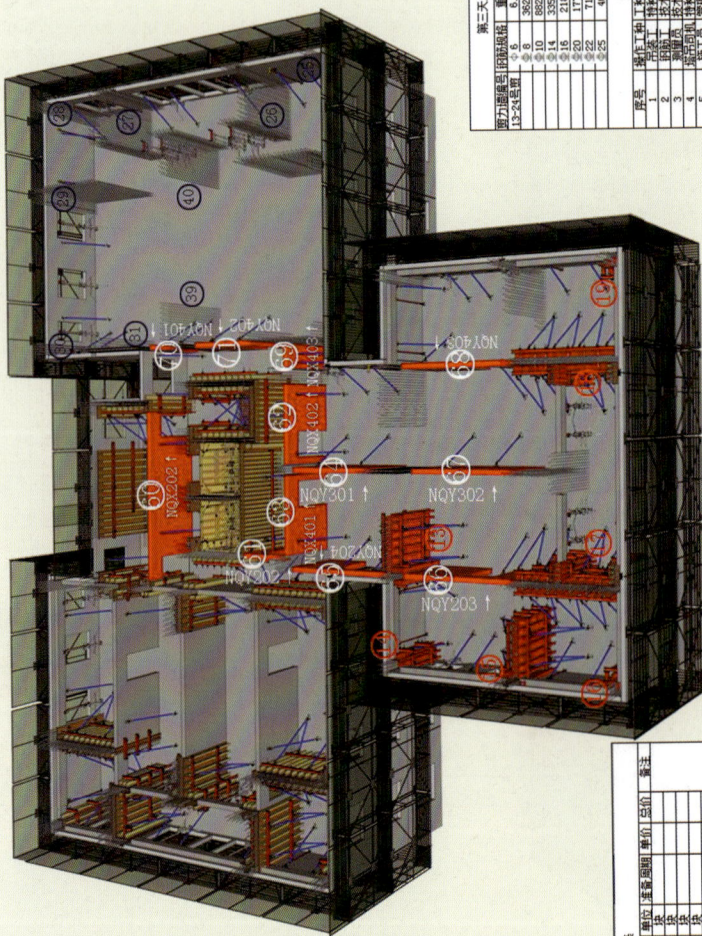

第三天上午工况图

剪力墙模板吊装、钢筋绑扎、内墙吊装

说明：

图例：（红色）表示当天本时段正在施工区域

13-19号剪力墙模板吊装就位（红色序号）、25-31、39、40号钢筋绑扎（紫色序号），60-70号内墙吊装（白色序号）。

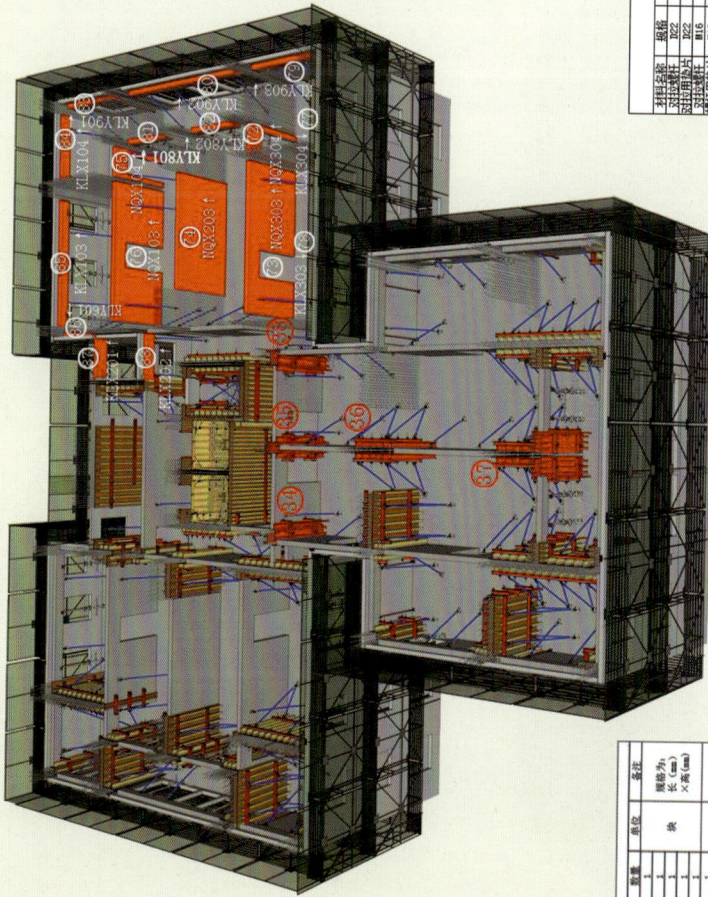

第三天下午工况图
内墙板、叠合梁、剪力墙模板吊装

第三天下午墙板材料需求表

材料名称	规格	数量	单位	准备周期	单价	总价	备注
对拉螺栓	D22	11	根				
对拉螺栓	D22	44	根				
螺母垫片	M16	0	块				
螺母垫片	M16	0	块				
螺杆固定器	M16	0	个				
PVC	25	4	根				
PVC	20	0	根				

说明：
图例（红色）表示当天本时段正在施工区域
吊装72-88号内墙板、叠合梁。34-38号剪力墙模板

图例：　　吊装72-88号内墙板
　　　　　吊装就位

第三天下午钢筋材料需求表

剪力墙编号	钢筋编号	重量	单位	准备周期	单价	总价	备注
13-24号剪力墙	Φ6	8.757	kg				按型分布钢筋扎
	Φ8	297.198	kg				
	Φ10	317.361	kg				

第三天下午人员需求表

序号	配套工种	工作岗位	人数	单位	总价	备注
1	配套工种	拼装工人	8			
2	安装工	安全员	1			
3	水电工	技术工	7			
4	混凝土队	技术工	1			
5	钢筋队	管理人员	1			
6	测量队	测量人员	1			
7	木工	技术工人	12			

第三天下午材料统计表

序号	材料名称	编号	吊装顺序	规格	数量	单位	备注
1	内墙板	NQX204	72	1200×2800	1	块	规格为（ 长（mm）× 宽（mm）×高（mm）
2		NQX303	73	5400×2800	1		
3		NQX203	74	4800×2800	1		
4		NQX103	75	1200×2800	1		
5		NQX104	76	5200×2800	1		
6		KLY304	77	4000×200×500	1	根	规格为（ 宽（mm）× 高（mm）×长（mm）
7		KLY303	78	5200×200×550	1		
8		KLY203	79	3600×200×450	1		
9	叠合梁	KLY202	80	5500×200×500	1		
10		KLY102	81	1350×200×550	1		
11		KLY901	82	2400×200×450	1		
12		KLX104	83	2400×200×550	1		
13		KLY104	84	2200×200×600	1		
14		KLY103	85	5200×200×550	1		
15		KLX201	86	2200×200×450	1		
16		KLY301	87	1100×200×550	1		
17		KLX203	88	1500×200×550	1		

第三天下午材料综合表

序号	材料编号	材料名称	规格	单位	数量	备注
1	34	QM34			7.33	
2	35	QM35		m³	9.01	周转材料
3	36	QM36	15mm建筑		12.77	
4	37	QM37	模板		15.57	
5	38	QM38			8.46	

长沙远大住宅工业集团有限公司

项目名称	莲合小镇 LT6	图别　RC-3-2
	5-10栋	图号
	第三天下午工况	
RC所		
制图		
审核		
审批		

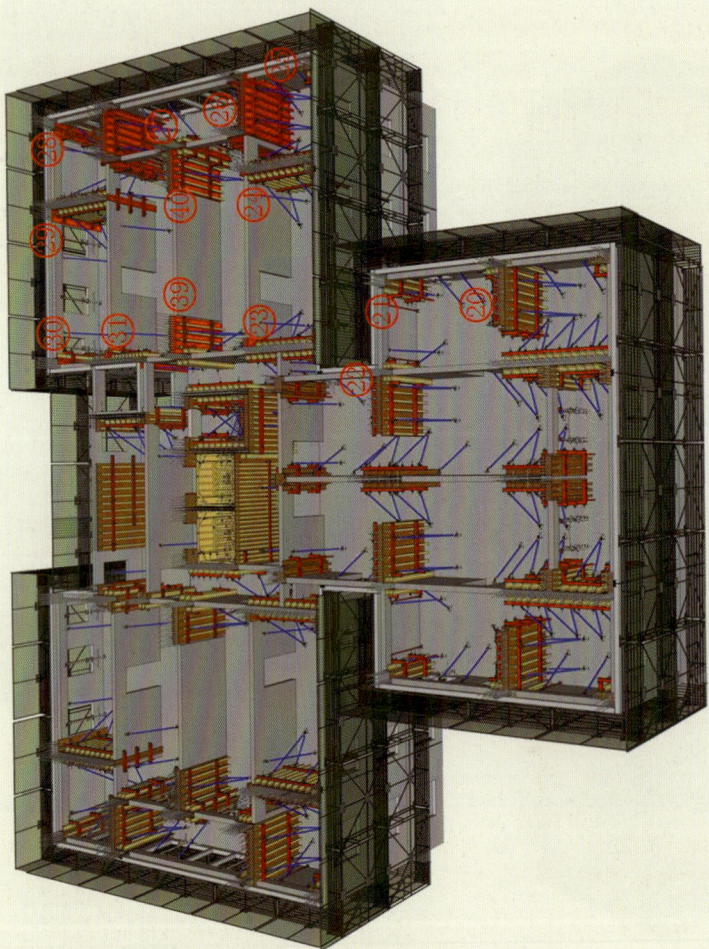

第三天晚上工况图

剪力墙模板吊装

说明：
图例：■ （红色）表示当天本时段正在施工区域
拆卸20-31、39、40号剪力墙模板

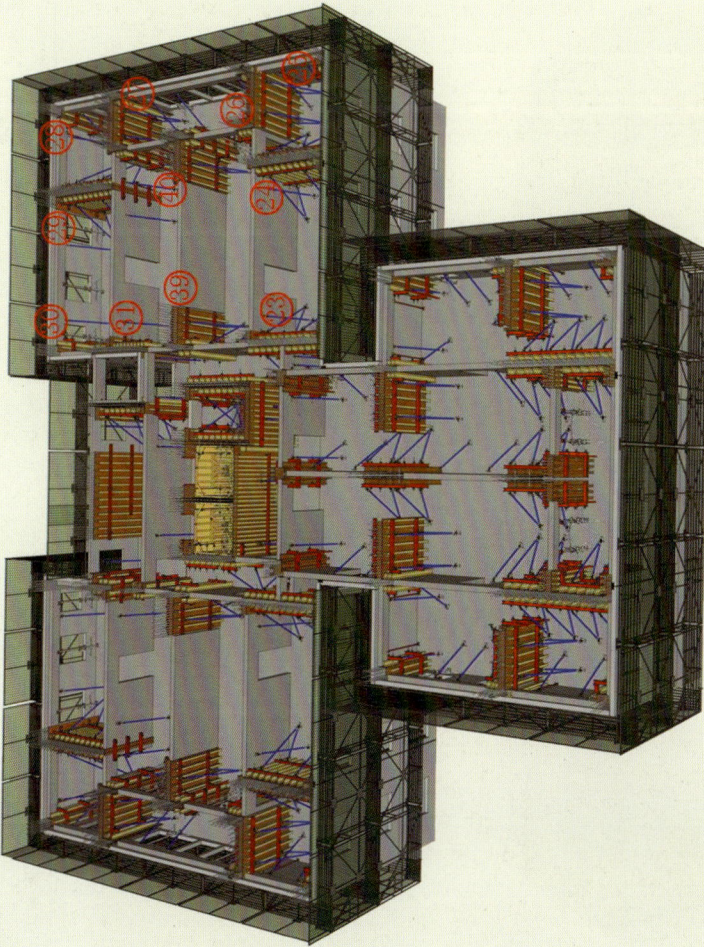

第四天上午工况图

剪力墙模板加固

说明：
图例（红色）表示当天本时段正在施工区域
剪力墙模板加固

制图	⑮	长沙远大住宅工业 集团有限公司 RC所	项目 名称	5~10#栋 第四天上午工况	整合小镇 1T6
审核					图别 RC-4-1
审批					图号

第四天上午人员统计表

序号	操作工种	工种类型	人数	单价	总价	备注
1	施工员	管理人员	1			
2	安全员	技术工人	1			
3	木工	技术工人	12			

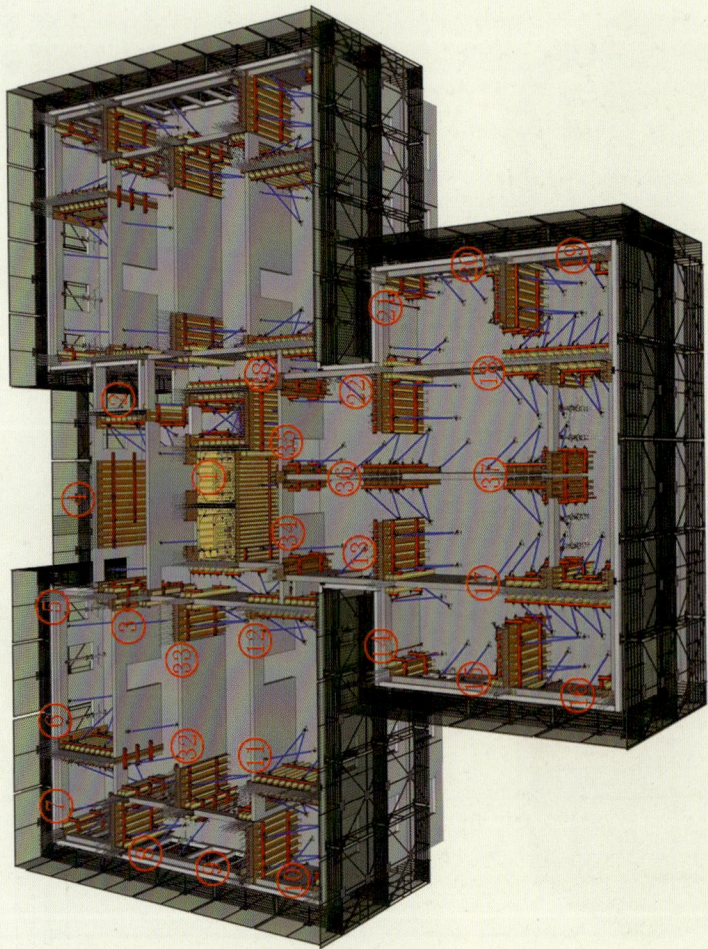

第四天下午工况图
剪力墙模板加固

说明：
图例 ■ （红色）表示当天本时段正在施工区域
剪力墙模板加固

第四天下午人员统计表

序号	操作工种	工种类型	人数	单价	总价	备注
1	施工员	管理人员	1			
2	安全员	技术工人	1			
3	木工	技术工人	12			

制图	长沙远大住宅工业	项目 名称	麓谷小镇 1T6
审核	集团有限公司	图别	RC-4-2
审批	RC所 5-10#栋	图号	
	第四天下午工况		

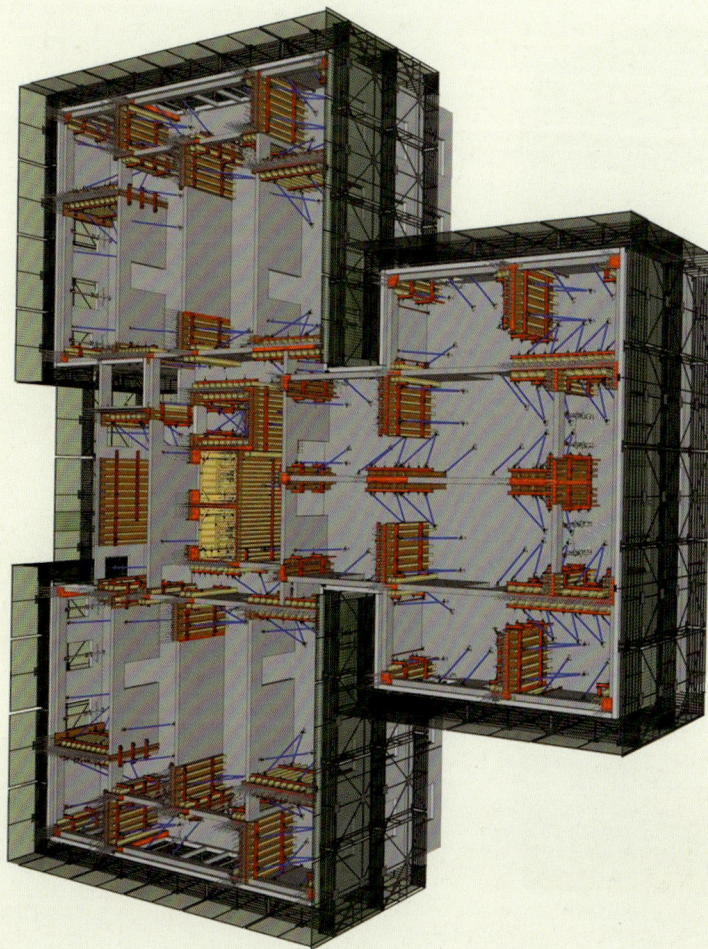

第四天晚上工况图
剪力墙混凝土浇筑

说明：
图例 ■（红色）表示当天本时段正在施工区域
剪力墙混凝土浇筑

	长沙远大住宅工业	项 目	筑谷小镇 1T6
	集团有限公司	名 称	
制图	RC所	第四天晚上工况	图 别	RC-4-3
审核		剪力墙混凝土浇筑		
审批			图 号	

第四天晚上材料统计表

序号	材料名称	型号	单位	数量	准备周期	单价	总价	备注
1	混凝土	C55	m³	66.334				

第四天晚上人工统计表

序号	操作工种	工种类型	人数	单价	总价	备注
1	架工	技术工人	6			
2	塔吊指挥员	特种工人	2			
3	塔吊司机	特种工人	1			
4	安全员	技术工人	1			
5	施工员	管理人员	1			

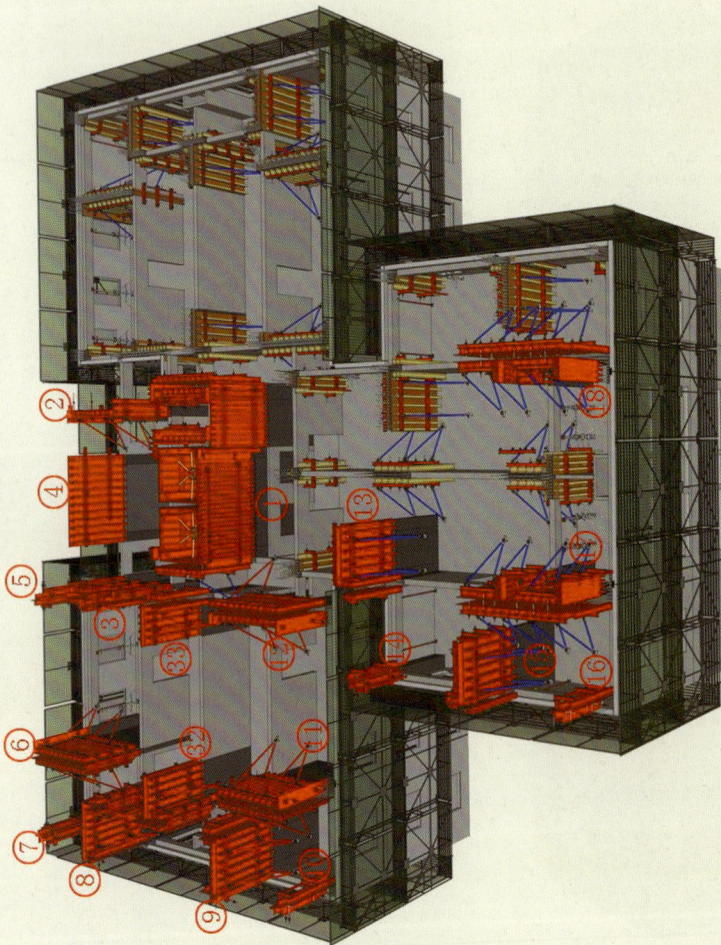

第五天上午工况图
剪力墙横板拆卸

说明：
图例 (红色) 表示当天本时段正在施工区域
拆卸1~18、32、33号剪力墙楼板

序号	操作工种	工种类型	人数	单价	总价	备注
1	施工员	管理人员	1			
2	塔吊指挥员	特种工人	2			
3	木工	特种工人	12			
4	塔吊司机	特种工人	1			
5	吊装工人	特种工人	2			
6	安全员	技术工人	1			
7	混凝土养护技术工人		1			

第五天上午人员统计表

	长沙远大住宅工业 集团有限公司 RC所	项目 名称	焦谷小镇 1T6
制图		第五天上午工况	
审核		剪力墙横板拆卸	
审批		图别	RC-5-1
		图号	

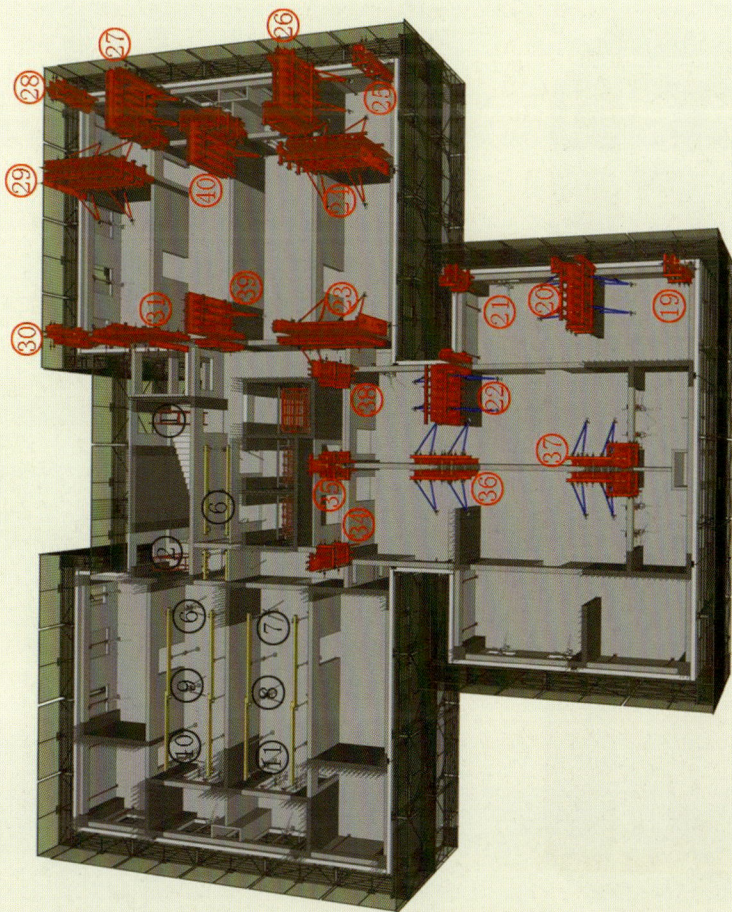

第五天下午工况图
剪力墙模板拆卸、板底支撑搭设

说明：
图例：■（红色）表示当天本时段正在施工区域
拆卸19~40号剪力墙模板，1~12号楼板支撑

第五天下午人员统计表

序号	操作工种	工种类型	人数	单价	总价	备注
1	施工员	管理人员	1			
2	塔吊指挥员	特种工人	2			
3	架子工人	特种工人	6			
4	塔吊司机	特种工人	1			
5	水电工	特种工人	2			
6	安全员	技术工人	2			
7	混凝土养护	技术工人	1			

长沙远大住宅工业 集团有限公司 RC 所	项目 名称	楷谷小镇1T6
	第五天下午工况	
	剪力墙模板拆卸、楼板支撑搭设	
制图	图别	RC-5-2
审核	图号	
审批		

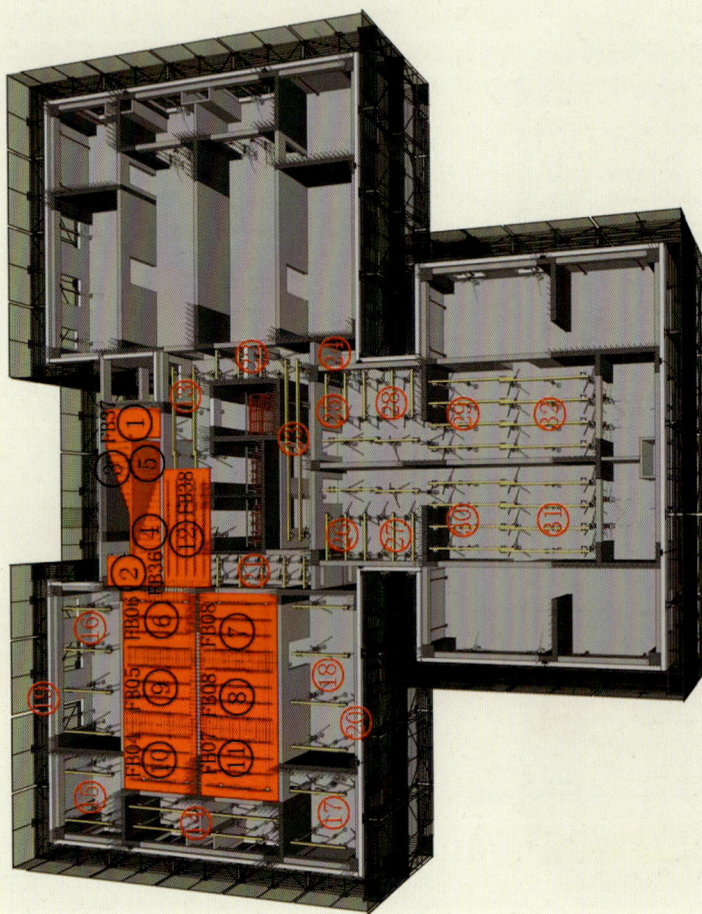

第五天晚上工况图

楼板吊装、楼板反撑搭设

说明:
图例 ■（红色）表示当天本时段正在施工区域

拆卸1-12号楼板吊表，13-32号楼板支撑搭设

第五天晚上材料统计表

序号	材料名称	编号	吊装顺序	规格尺寸	单位	数量	准备周期	单价	总价	备注
1	隔墙板	FB37	1	1220×2830	块	1				
2		FB36	2	1220×2830	块	1				
3		墙板	3		块	1				
4		墙板	4		块	1				
5	叠合楼板	FB06	5	4420×2940	块	1				
6		FB09	6	2870×3530	块	1				
7	预制楼板	FB05	7	2870×3530	块	1				
8		FB08	8	2870×3530	块	1				
9		FB04	9	2870×3530	块	1				
10		FB07	10	2870×3530	块	1				
11		FB07	11	2870×3530	块	1				
12		FB38	12	2870×3530	块	1				

第五天晚上人员统计表

序号	施工工种	工作内容	人数	单位	总价	备注
1	指挥	指挥管理	2	人		
2	塔吊指挥	指挥塔	1	人		
3	安装工	安装工	1	人		
4	安装班组	安装工	8	人		
5	水电工	水电工	1	人		
6	安全员	安全员	1	人		
7	吊装工	吊装工	8	人		
8	木工	木工	1	人		
9	保洁人员	保洁人员	2	人		

	长沙远大住宅工业	项目	麓谷小镇1T6	
	集团有限公司	名称		
RC所			第五天晚上工况	图别	RC-5-3
制图			板底支撑搭设、楼板吊装	图号	
审核				
审批				

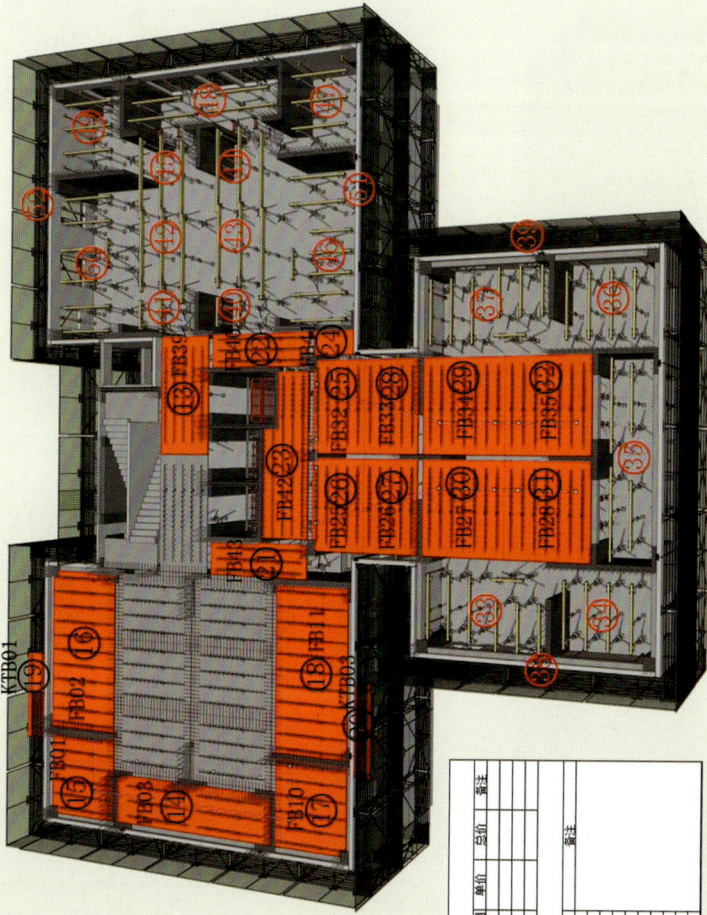

第六天上午工况图
楼板吊装、楼板支撑搭设

说明：
图例（红色）表示当天本时段正在施工区域
拆卸13-32号楼板吊装、33-52号楼板支撑搭设

第六天下午工况图
楼板吊装、钢筋绑扎

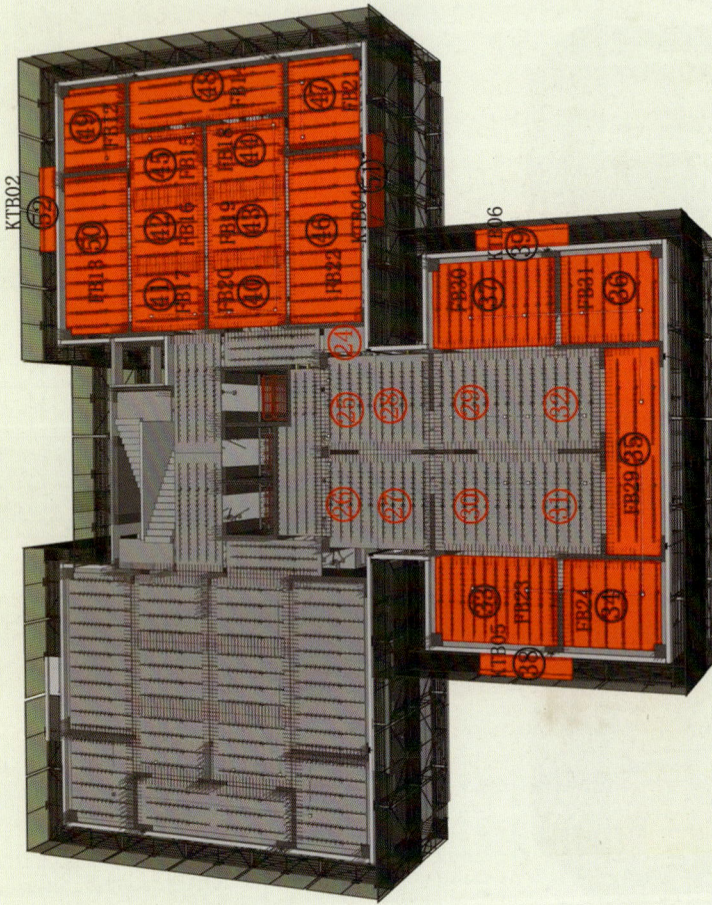

说明：
图例 ■（红色）表示当天本时段正在施工区域
拆卸33-52号楼板支撑，24-52号楼板支撑搭设

长沙远大生态工业
集团有限公司

项目名称	雄谷小镇 1T6
制图	
审核	
审批	
RC所	
第六天下午工况 楼板吊装、钢筋绑扎	

图别 RC-6-2
图号

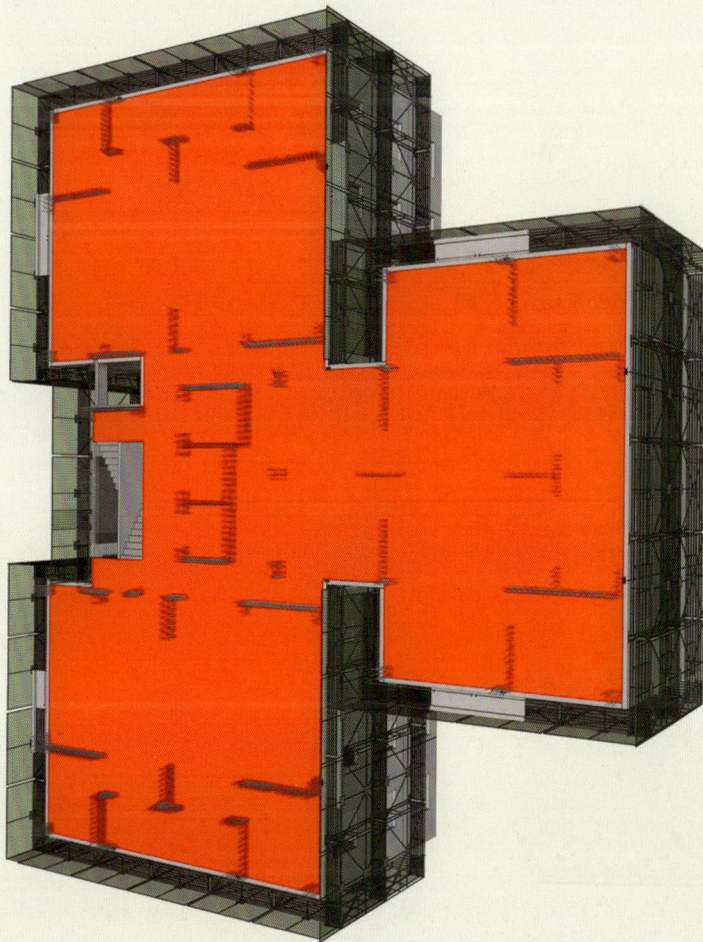

第六天晚上工况图
楼板混凝土浇筑

说明:
图例 （红色）表示当天本时段正在施工区域
楼板混凝土浇筑，楼面混凝土抹平、抹光。

项目名称	麓谷小镇1T6
图别	RC-6-3
图号	

第六天晚上工况

长沙远大住宅工业集团有限公司

RC所 5～10栋

制图	
审核	
审批	

第六天晚上人工统计表

序号	操作工种	工种类别	人数	单价	总价	备注
1	瓦工	技术工人	8			
2	信号指挥	特种工人	2			
3	塔吊司机	特种工人	1			
4	安全员	技术工人	1			
5	施工员	管理人员	1			

参考文献

［1］住房和城乡建设与产业化发展中心.中国装配式建筑发展报告（2017）［M］.北京：中国建筑工业出版社，2017.

［2］文林峰.大力推广装配式建筑必读：制度·政策·国内外发展［M］.北京：中国建筑工业出版社，2016.

［3］徐运明.建筑施工组织［M］.长沙：中南大学出版社，2018.

［4］住房和城乡建设部.装配式混凝土建筑技术标准［M］.北京：中国建筑工业出版社，2017.

［5］住房和城乡建设部.装配式混凝土结构技术规程［M］.北京：中国建筑工业出版社，2014.

［6］郑伟.建筑施工技术［M］.长沙：中南大学出版社，2017.

［7］住房和城乡建设部.建筑施工铝合金模板技术规程［M］.北京：中国建筑工业出版社，2017.